人工智能

科学与技术丛书

MACHINE VISION

BASED ON THE HALCON

机器视觉

使用HALCON描述与实现

杜斌◎编著

Du Bin

U0286128

清华大学出版社

北京

内 容 简 介

随着工业 4.0 的普及，机器视觉越来越流行，越来越多的机器代替人类从事重复性工作，人机协调共同工作的需求产生，HALCON 作为机器视觉中优秀的算法库，因其高效性、易用性、可查阅性而得到广泛的应用。

本书针对机器视觉原理、方法，以及算法的应用进行探讨和说明，并进行实例分析，图文并茂，让读者全面、深入地了解机器视觉算法和 HALCON 的实现方式。通过具体的实例，可以提高读者对于实际项目的开发能力；同时也为机器视觉项目管理者提供项目技术参考。

本书适合需要系统学习机器视觉的初学者、希望掌握 HALCON 算法库的程序员、需要了解机器视觉基础知识的项目开发管理者、专业培训机构的学员，以及对机器视觉感兴趣的人士参考阅读。

图书在版编目（CIP）数据

机器视觉：使用 HALCON 描述与实现/杜斌编著.—北京：清华大学出版社，2021.2（2025.1重印）
（人工智能科学与技术丛书）
ISBN 978-7-302-57153-7

Ⅰ．①机… Ⅱ．①杜… Ⅲ．①计算机视觉 Ⅳ．①TP302.7

中国版本图书馆 CIP 数据核字（2020）第 272925 号

责任编辑：曾　珊
封面设计：李召霞
责任校对：李建庄
责任印制：沈　露

出版发行：清华大学出版社
　　　网　　　址：https://www.tup.com.cn，https://www.wqxuetang.com
　　　地　　　址：北京清华大学学研大厦 A 座　　　　　邮　　编：100084
　　　社 总 机：010-83470000　　　　　　　　　　　　邮　　购：010-62786544
　　　投稿与读者服务：010-62776969，c-service@tup.tsinghua.edu.cn
　　　质量反馈：010-62772015，zhiliang@tup.tsinghua.edu.cn
　　　课件下载：https://www.tup.com.cn,010-83470236
印 装 者：大厂回族自治县彩虹印刷有限公司
经　　　销：全国新华书店
开　　　本：186mm×240mm　　印　　张：27.5　　　　字　　数：615 千字
版　　　次：2021 年 4 月第 1 版　　　　　　　　　　印　　次：2025 年 1 月第 6 次印刷
印　　　数：6301～7100
定　　　价：109.00 元

产品编号：084954-01

学习说明
LEARNING INSTRUCTIONS

HALCON 是德国 MVTec 公司发布的一款机器视觉软件，使用的编程语言类似于 Pascal 语言，有独特的语法。我们可以先了解 HALCON 软件编程语言的语法和关键词，以较好地理解编程语言所要表达的内容。然后以 HALCON 的数据结构为线索，来学习处理这些数据结构的相关函数。在学习函数时，应当了解函数背后的运行算法原理，明确输入变量和输出变量的意义；然后关注函数对于不同图片的处理效果，再运用到实际案例中。我们还可以使用 HALCON 的导出功能，把程序导出为 C++、C、C♯、VB、Python 等编程语言，用于使用这些编程语言编写的程序当中，以实现 HALCON 的联合编程，这将有助于实际项目的开发。

以下是几点具体建议：

（1）对于 HALCON 初学者，建议从头开始依次阅读各章内容，并跟随书中实战案例进行练习。

（2）HALCON 使用者可以根据需求选择重点内容和薄弱环节进行学习，补充、提高 HALCON 的运用技能。

（3）读者在学习书中的编程实例时，可以结合随书提供的图片代码进行实际操作，反复练习、加强记忆，以使运用 HALCON 软件处理实际案例时更加熟练。

（4）对于书中实际编程案例，读者在跟随作者思路操作练习前，可以自行尝试实现方法，在对比、研究、理解书中方法的同时，融入个人思考，有助于大幅提升学习效果。

（5）本书提供完善的课程支持服务。读者可关注微信公众号"外星眼机器视觉网"，回复关键词"书籍资源下载"，获取 HALCON 学习资料。读者在阅读本书的过程中，若遇任何疑问，可以联系该公众号以获得帮助。

通过学习本书，读者即可掌握 HALCON 理论知识与实战运用。想了解更多 HALCON 的相关知识，可以关注网易云课堂"外星眼机器视觉"主页中的相关视频课程。

HALCON 20.05 版本的安装视频

QT 在线安装视频

前言
PREFACE

"中国制造 2025"迎来了前所未有的机遇,在这种情况下,中国制造只有加快步伐,完善自身建设,同时更要加强"中国智造",才能抵御外界的强烈冲击。智能制造绝不仅仅是工业化和自动化这么简单,还需要给客户提供高附加值的服务,这也是未来工业发展的大趋势和助推器。

随着中国自动化技术迅猛发展,人们对于机器视觉的认识更加深刻,对它的看法也发生了很大的转变。机器视觉系统提高了工业生产的自动化程度,让不适合人工作业的危险工作在机器视觉的辅助下得以顺利进行,让大批量、高速度、持续生产变成现实,大大提高了工业生产效率和工业产品精度,节省了人力成本。

机器视觉技术通过工业相机镜头快速获取图像信息,并运用系统软件程序自动处理图像信息,为工业生产的信息快速集成提供了方便。随着机器视觉技术的成熟与发展,其应用范围更加广泛,包括新一代信息技术产业、高级数控机床和机器人、航空航天装备、海洋工程装备及高技术船舶、先进轨道交通装备、节能与新能源汽车、电力装备、农机装备、新材料和生物医药及高性能医疗器械等。在应用如此广泛的前景下,市场对于机器视觉领域人才的渴求愈加强烈。

怎样更高效地学习机器视觉技术成为人们关心的问题。作为一名机器视觉领域的一线软件工程师,我已掌握工业自动化智能发展领域实际机器视觉软件应用技术,成为"网易云课堂"签约讲师,并且制作了"HALCON 视频教程图像分析实战"这门视频课程。课程一经上线,荣获众多志同道合人士的好评,本书是继该课程之后的又一提炼和升华之佳作。在此特别感谢清华大学出版社的编辑对本书出版的倾力支持。

本书采用简单易懂的语言讲解复杂的理论,非常适合 HALCON 入门学习以及后续提高,读者研读本书后就可轻松掌握 HALCON 技术,提高职业技能;其中的实战案例让你更快、更精准地掌握 HALCON 实际使用技巧。

人工智能正促进着科学技术的改变和发展,"中国制造 2025"的时代发展趋势将推动机器视觉技术走进每一个智能产品。本书浓缩了作者对于 HALCON 技术的积累和沉淀,值得广大机器视觉爱好者及从业人员阅读和收藏。

杜 斌

2021 年 2 月

目 录
CONTENTS

算 法 篇

实 战 篇

基　础　篇

　　基础篇包括第 1～4 章,通过介绍数字图像的基本内容、HALCON 的安装、HALCON 的语法和 HALCON 的数据结构,让读者了解图像处理的基础内容,能够正常安装 HALCON 软件,对 HALCON 的语法数据结构和界面布局有初步印象,并了解 HALCON 的基本操作。

## 第 1 章

数字图像处理基础

1.1 数字图像

近年来随着计算机技术的发展,各行各业都在进行数字化转变,图像的数字化也不例外。

1.1.1 图像数字化

自然界中的信息都以模拟量存在,在这个计算机普及应用的时代,图像的数字化使得自然界的模拟图像能通过计算机显示和存储,这为计算机处理图像提供了可能。

数字图像显示的方式一般是把图像分割成若干个"小块"来显示,这个"小块"称为像素。像素是描述数字图像的最小单元,每像素有一个或多个值(黑白图像的像素有一个值,彩色图像的像素有三个值)。像素的排列方式有很多,一般情况下,像素是按照正方形阵列来排布的,这种排布方式更便于存储像素,也有特殊的排布方式,如 OLED 屏幕像素的排布方式就不是按照正方矩阵排布的,而是按照菱形排布的,这是为了解决不同颜色发光元件的寿命问题,同时增加图像分辨率而采用的方法。图 1-1 所示是矩形排列和菱形排列的方式。

下面以正方形阵列为例来描述图像数字化的过程。图像数字化一般分为采样、量化和编码三个过程。

1. 采样

采样是通过摄像仪器把自然界的信息转换成数字量的过程。图像的空间坐标采样叫作空间采样,获取每一个空间位置的亮度叫作灰度采样。

采样的过程是一个转换的过程,就像把身边发生的事情转换成语言文字一样,图像采样是通过光电传感器阵列,把自然光转换成电信号。

在空间上,使用一个 $a \times b$ 的长方形区域,区域是由 $m \times n$ 个大小相同的正方形组成,每一个正方形代表一个采样点,在相同的长方形区域里面,采样点越多,获得图像的细节就越多。

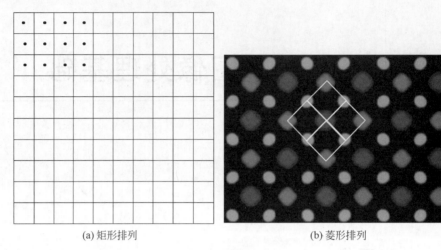

(a) 矩形排列　　　　　　　　　　　(b) 菱形排列

图 1-1　像素排列

如图 1-2 所示，第一幅分图是采用 512×384 个采样点进行采样的图像，之后的图像依次递减采样点的数量，分别为 64×48、32×34 和 16×12 个采样点。

(a) 512×384 个采样点　　　　　　　　　(b) 64×48 个采样点

(c) 32×34 个采样点　　　　　　　　　(d) 16×12 个采样点

图 1-2　用不同采样点对图像进行采样

灰度采样依赖于采样的动态范围。动态范围就是从最暗的阴影部分到最亮的高光部分的光量强度分布范围，摄像设备从自然界采集到自身所能采集到的最大的动态范围的亮度，然后通过量化过程,把这些采集到的信息分布在存储空间上。

2. 量化

灰度采样可把光信号转换为电信号,而电信号的形式是连续的,要对图像进行数字化,就要把电信号量化成一个个数值,这样计算机才能把图像保存下来,用于后续处理。

量化的过程就是分类的过程,就像考试的分数是 0~100 连续的数字,定义分数大于或等于 60 为及格,小于 60 为不及格,这样就通过 60 这个界限把 0~100 这个连续量分成了及格和不及格两类;可以用 0 来代表及格,1 代表不及格,这样方便存储。电信号的分类也是类似的,把大于或等于某界限 a 的值定义为 1,把小于 a 的值定义为 0,这样就完成了量化。

上述只定义了两种类型,但在一般情况下,不止这一种分法,分类的种类也不止两种。以图像每像素存储的位数来描述量化范围,例如 8 位、4 位、2 位、1 位,换算成数值范围就是 0~255、0~15、0~3、0~1,这些数值叫作灰度级。

在灰度级不同的时候,图像会表现得不一样。灰度级越多,图像的过渡会越缓和,不容易出现色块的断层;灰度级越少则过渡越僵硬,色块有明显断层。

图 1-3 所示为不同量化范围下的图像示例,量化范围分别为 256 级灰度级、32 级灰度级、8 级灰度级和 2 级灰度级,从图像上可以直观感受量化范围对图像的影响。

(a) 256级灰度级

(b) 32级灰度级

(c) 8级灰度级

(d) 2级灰度级

图 1-3 不同量化范围下的图像

一般情况下,空间采样的分辨率和灰度量化范围有多种,如用于视频的 1920×1080-8bit×3(3 代表通道数)和 3840×2160-8bit×3,有些 HDR(High-Dynamic Range,高动态范围)的量化范围会有 10bit×3;在数码相机领域有 6000×4000-14bit×3 和 7952×5304-14bit×3。

3. 编码

编码有两个目的：一是把数据变成计算机能够存储、读取和处理的文件，使计算机能够使用；二是压缩图像的大小。

图像编码的过程就是计算统计的过程，类似于把一个个快递放入快递柜的过程，如果图像不进行压缩，就像把每一个快递放入一个快递格中，这样存储的信息原始、丰富，不会失真，但是占用空间较大，这就需要一个比较大的"快递柜"。压缩编码就是找到这些数据的共同点，例如同一个人的快递可以放在同一个快递格中，这样就会减少空间。压缩编码算法实现的作用不仅仅是这样，在后面章节还会详细阐述。

1.1.2　黑白图像

黑白图像也称作单通道图像，或者称作单色图像，图像由一个通道组成，灰度级范围一般为 0～255。图 1-4(a)所示是一幅黑白图像的示意图，图 1-4(b)是图 1-4(a)中黑色方框内的局部放大图。

(a) 示意图　　　　　　　　(b) 左图中黑色方框内的局部放大图

图 1-4　黑白图像

可以看出，图像是由黑白相间的方格组成，每个方格对应一个数值。通过这些离散的点阵来描述自然界物体的特征，同一个物体点阵越多，描述得越细腻。例如，用笔画出来的线可以用 6 像素来描，因为笔画线力度的不同，还能看到笔痕的白色间隙。

黑白图像的拍摄原理并不复杂，可以把它想象成一个记忆芯片，光束可以射到记忆芯片的单元中。根据"光电效应"，这些光束在记忆芯片的单元中产生负电荷；一段时间后（一般为几毫秒到几十毫秒），这些电荷被读出，进而由相机处理单元进行处理；进入相机处理单元后，被处理成一幅数字图像输出。图 1-5 所示是黑白图像取像的过程。

在图像处理中，黑白图像也是图像处理的基础图像，多通道的彩色图像也是通过转换分割成黑白图像来处理的，可以把黑白图像理解为二维的矩阵，可以使用很多线性代数提供的方式来对黑白图像进行处理，例如卷积。

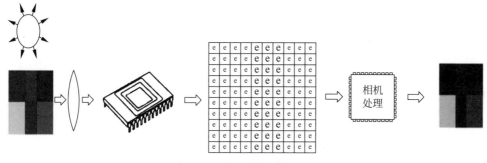

图 1-5　黑白图像取像的过程

1.1.3　彩色图像

色彩是一种电磁波,人类在感知电磁波的时候加上了主观感受,色彩可以认为是某种心理作用。色彩可以理解为人类对不同频率的光的感受。

人类视网膜上有对颜色敏感的锥状体,还有一种对光敏感的杆状体,锥状体对光学敏感的波长分为 430nm(短波)、560nm(中波)和 610nm(长波),其峰值分别对应的是蓝色、绿色和红色。当人们感觉到不平衡的光谱显现时,就感觉出了某种颜色;如果光谱没有出现不平衡的现象,感受到的颜色就是白色。

图 1-6 所示是人眼对光波的敏感度图。

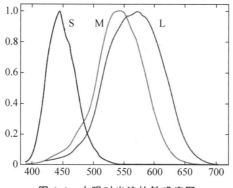

图 1-6　人眼对光波的敏感度图

1. 色彩空间

色彩空间也叫作色彩范围,是人们建立的色彩模型,它以一维、二维、三维甚至四维空间坐标来表示某一色彩。例如,用红色表示 X 轴,用绿色表示 Y 轴,用蓝色表示 Z 轴,这样就可以得到 RGB 的色彩空间。如图 1-7 所示,把三维色彩空间投影到平面上,每种可能的颜色在这个色彩空间中有唯一的位置,这种定义的色彩模型称为色彩空间,一般情况下,常用的色彩空间有 RGB、CMY、YUV、HIS 和 HSV,这些色彩空间是可以相互转化的。

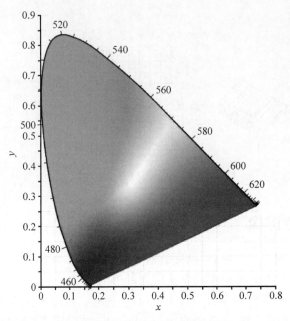

图 1-7　三维色彩空间投影到平面

1）RGB 色彩空间

RGB 色彩空间通常用于显示领域，如电视、计算机显示器和手机屏幕，是通过 RGB 三种色光进行混色来显示不同的颜色。在 RGB 色彩空间中，任意色光 F 都可以用 R、G、B 三色不同分量的相加混合而成：F＝r[R]＋r[G]＋r[B]。RGB 色彩空间根据每个分量在计算机中占用的存储字节数分为如下几种类型。

（1）RGB565。RGB565 也是一种 16 位的 RGB 格式，R 占用 5 位，G 占用 6 位，B 占用 5 位。因为人眼对绿色感知比较好，所以绿色多占了一位。

（2）RGB24。RGB24 是一种 24 位的 RGB 格式，RGB 的三个分量各占用 8 位，取值范围为 0～255。这种类型也叫 RGB888。

（3）RGB32。RGB32 是一种 32 位的 RGB 格式，RGB 的三个分量各占用 8 位，剩下的 8 位作为 Alpha 通道。

RGB 色彩空间采用物理三基色表示，因而物理意义很清楚，适合彩色显示管理。然而这一体制并不适合人眼的视觉特点。因而产生了其他不同的色彩空间表示法。

2）YUV 色彩空间

YUV（也称 YCrCb）是欧洲电视系统采用的一种颜色编码方法。在现代彩色电视系统中，通常采用三管彩色摄像机或彩色 CCD 摄影机进行取像；然后把取得的彩色图像信号经分色分别放大校正后得到 RGB；再经过矩阵变换电路得到亮度信号 Y 和两个色差信号 R-Y（即 U）、B-Y（即 V）；最后发送端将亮度和两个色差共三个信号分别进行编码，用同一信道发送出去。这种色彩的表示方法就是 YUV 色彩空间表示。采用 YUV 色彩空间的重要原因是它的亮度信号 Y 和色度信号 U、V 是分离的。如果只有 Y 信号分量而没有 U、V 信号分量,这样表示的图像就是黑白灰度图像。彩色电视采用 YUV 空间正是为了用亮度信号 Y 解决彩色电视机与黑白电视机的兼容问题,使黑白电视机也能接收彩色电视信号。

YUV 主要用于优化彩色视频信号的传输,使其向后兼容老式黑白电视。与 RGB 视频信号传输相比,它的三个分量可以单独压缩,所以只需占用极少的带宽(RGB 要求三个独立的视频信号同时传输)。其中"Y"表示明亮度,也就是灰阶值,也可称作图像的轮廓;而"U"和"V"表示色度,作用是描述影像色彩及饱和度,用于指定像素的颜色。平时的 YUV 空间有以下几种格式。图 1-8 是彩色图与亮度分量和色彩分量的关系。

(a) 彩色图　　　　　　(b) 亮度分量　　　　　　(c) 色彩分量

图 1-8　彩色图与亮度分量和色彩分量的关系

(1) YUV444。Y 明亮度的分辨率为 8 像素,色彩 UV 的两个分量的分辨率也各取 8 像素,也就是图像色彩不压缩,如图 1-9 所示。

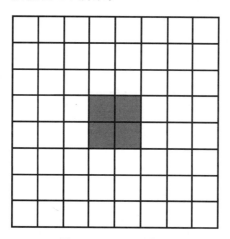

图 1-9　YUV444 排列

(2) YUV422。Y 明亮度的分辨率为 8 像素,色彩 UV 的两个分量在水平方向的分辨率 2 像素合为 1 像素,垂直方向的分辨率不变,色彩压缩一半,如图 1-10 所示。

(3) YUV420。Y 明亮度的分辨率为 8 像素,色彩 UV 的两个分量在水平方向的分辨率 2 像素合为 1 像素,垂直方向的分辨率 2 像素合为 1 像素,色彩压缩为 1/4,如图 1-11 所示。

(4) YUV411。Y 明亮度的分辨率为 8 像素,色彩 UV 的两个分量在水平方向的分辨率的 4 像素合为 1 像素,垂直方向的分辨率不变,色彩压缩为 1/4,如图 1-12 所示。

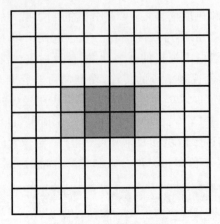

图 1-10　YUV422 排列

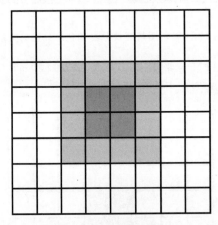

图 1-11　YUV420 排列

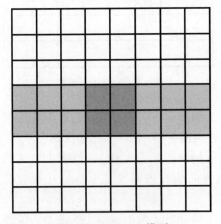

图 1-12　YUV411 排列

压缩时一般只压缩色彩分辨率,因为人眼的灰度分辨率要远远好于色彩分辨率。

3）CMY 色彩空间

CMY（CMYK）颜色空间是另一种基于颜色减法混色原理的颜色模型。在工业印刷中,它描述的是需要在白色介质上使用何种油墨,通过光的反射显示出颜色的模型,与 RGB 模型类似。RGB 是有源模型,通过自发光混色产生色彩,CMY 是无源模型,通过反光来混色产生色彩。CMY 颜色的格式也和 RGB 相似,可以和 RGB 进行线性转化。

4）HSV 色彩空间

HSV 是一种将 RGB 色彩空间中的点在倒圆锥体中表示的色彩空间。HSV 即色相（hue）、饱和度（saturation）、明度（value）,又称 HSB（B 即 brightness）。色相是色彩的基本属性,即平常所说的颜色的名称,如红色和黄色等。饱和度（S）是指色彩的纯度,数值越大色彩越纯,数值越小则逐渐变灰,取值范围为 0～100%。明度（V）取 0～最大值（计算机中 HSV 取值范围和存储的长度有关,一般为 8 位,也就是 0～255）。HSV 色彩空间可以用一个圆锥空间模型来描述。圆锥的顶点处,V 为 0,H 和 S 无定义,代表黑色。圆锥的顶面中心处 V 为最大值,S 为 0,H 无定义,代表白色。

图 1-13 所示是 HSV 色彩空间模型。

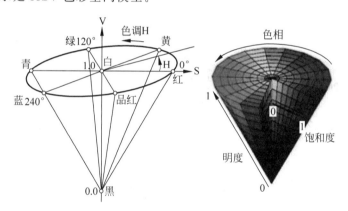

图 1-13 HSV 色彩空间模型

RGB 颜色空间中,三种颜色分量的取值与所生成的颜色之间的联系并不直观。而 HSV 颜色空间更类似于人类感觉颜色的方式。在进行颜色区分时,这个色彩空间能更好地描述颜色的差别。

2. 彩色图像类型

1）伪彩色图像

伪彩色图像同灰度图像一样,也是单通道的图像,但是这个单通道图像是用彩色来描述的,不再类似于灰度图,它的每一个灰度值都对应颜色空间中的某一种颜色。人眼对彩色图像的色阶区分远远好于对灰度图像的区分。所以把灰度图像映射为伪彩色图像,对于人们观察图像的特征有一定的帮助。

2）真彩色图像

真彩色是指在组成一幅彩色图像的每像素值中，有 R、G、B 三个基色分量，每个基色分量直接决定显示设备的基色强度从而产生彩色。真彩色图像就是平时见到的可见光 R、G、B 三个波段对应生成 R、G、B 三个通道的图像。

3）假彩色图像

假彩色图像也是三通道的，但是它的三个通道不再是 R、G、B 三个波段的信息，而是用相邻像素的波段来组成的三通道图像。如拜尔滤波掩膜是一种红绿蓝相间的格子，掩膜格子大小与相机像元相同，其中相邻的彩色信息就是通过插值获得的假彩色图像。从实现技术上讲，假彩色与真彩色是一致的，都是由 R、G、B 分量组合显示，而伪彩色显示调用的是颜色表。

3. 彩色图像的获取

图 1-14 所示是彩色图像获取的过程。

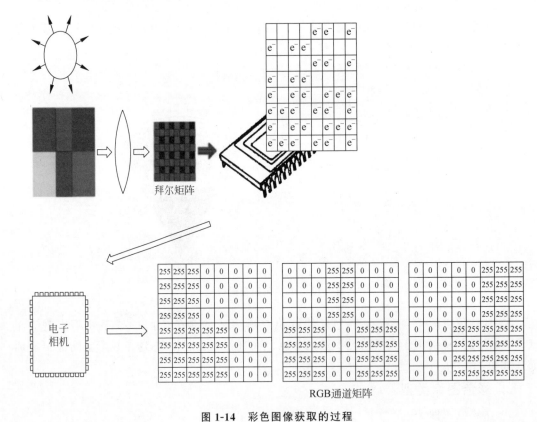

图 1-14 彩色图像获取的过程

1.1.4 图像噪声

图像噪声是指图像中一种亮度或颜色信息的随机变化，与被拍摄物体本身并没有关系的像素点,表现的行为和电子噪声类似。图像噪声是图像拍摄过程中不希望存在的信息,给图像带来了错误和额外的信息,对分析图像有负面的影响。如图 1-15 所示,左边是有噪声的图像,右边是无噪声的图像。

(a) 有噪声　　　　　　　　(b) 无噪声

图 1-15　有、无噪声的图像对比

按照成像的过程分类,噪声可以来自图像获取的过程,也可以来自信号处理的过程。

在图像获取过程中,一般使用 CMOS 和 CCD 图像传感器来采集图像,CMOS 图像传感器的主要噪声来源有像素光敏单元的光电二极管、场效应管及图像传感器工作时产生的噪声。噪声的类型有热噪声。光电子散粒噪声、暗电流流噪声、复位噪声(KTC 噪声)、1/f 低频噪声和固定模式噪声。

图像传感器的主要噪声类型有热噪声、暗电流噪声、复位噪声、光子散粒噪声、电荷转移损失噪声、1/f 低频噪声和固定模式噪声。

下面详细说明这些噪声的产生原因和抑制方法。

1. 热噪声

热噪声是由于光电器件中电子的随机热振动产生的,存在于任何电子器件和电阻中,例如场效应管的导电沟道电阻。在场效应管中,电子的随机运动导致沟道电势的起伏和栅极电压的波动,从而产生热噪声。它是一种白噪声,类似于高斯分布。热噪声可以通过降低器件的工作温度来抑制。

2. 暗电流噪声

在没有光照射的状态下,CCD 和 CMOS 中流动的电流称作暗电流。暗电流是由热激励产生的电子空穴对,其中耗尽区内产生的热激励是主要的。其次是耗尽区边缘的少数电荷的热扩散,还有界面上产生的热激励。暗电流的产生需要一定的时间,势阱存在时间越长,暗电流也越大。为了减小暗电流,应尽量缩短信号电荷的存储与转移时间,或者降低使用温度,从而有效地抑制暗电流。

3. 复位噪声

复位噪声通常产生于输出检测单元为浮置扩散放大器结构的电路中。每次信号的读取都以单个电荷包的形式出现在放大器的栅节点上,每个信号电荷包产生的电压变化被读出后,输出金氧半场效晶体管 MOSFET(metal-oxide-semiconductor field-effect transistor)的栅节点需加以复位。由于电阻热噪声的影响,每一次复位操作都将产生复位噪声。输出电容越大、温度越高,复位噪声就越大。采用相关双采样法,即将两次分别采样得到的积分和复位信号求差,可消除放大和复位电路引入的噪声。

4. 光子散粒噪声

光子散粒噪声是由于光电传感器件工作时所加的偏置电流中的电子越过光电二极管的 PN 结时所产生的。光子散粒噪声服从泊松分布,降低散粒噪声的一个方法是减小偏置电流,但是可能会引起光电响应度的降低和光电响应非线性度的升高。

5. 电荷转移损失噪声

电荷转移损失噪声是第一个 CCD 中电荷转移到下一个 CCD 中时会残留一些电荷在第一个 CCD 中,这样电荷包在转移时会损失一些电荷信息,每次残留在 CCD 中的电荷是不固定的,这样在转移的过程中就会导致信息变化,最后读取的 CCD 电荷信息就会有所损失。

6. 1/f 低频噪声

1/f 低频噪声也称低频噪声或电流噪声,其产生原因比较复杂。光敏元件中的低频噪声是由于器件工艺杂质或缺陷损伤引起的,而在场效应管中,低频噪声则与 MOS 管的表面状态相关。因其大小与频率成正比,所以称作 1/f 噪声。通过提高工作频率可以减小低频噪声,但是由于 CMOS 传感器帧频的限制,CMOS 器件的工作频率不可能很高,低频噪声是不可避免的。

7. 固定模式噪声

固定模式噪声是由制作工艺缺陷或者材料掺杂浓度等原因引起的,是不随时间改变的固有噪声。所以只要在获取图像后,检测分离出固定图形噪声再加以消除就可以了。

在拍摄多张同样的拍摄物时,因为噪声的影响,实际获取的照片是不一样的,尤其是在测量的时候,噪声会引起测量的重复精度的下降,在精密检测时,噪声也会影响检测的正确性,所以应该尽量减少噪声。

1.2 图像的参数

1.2.1 分辨率

一般情况下,可以用分辨率来描述图像的精细程度。图像是由很多像素组成的,一般情况下,像素是按照矩形阵列来排布的,矩形阵列的长乘以宽就是图像的分辨率。例如 512×512 描述的是:图像的宽,即水平方向是 512 像素;图像的长,即垂直方向是 512 像素,如图 1-16 所示。

图 1-16　分辨率为 512×512

图像分辨率越高并不一定带有更多的细节,因为图像内可能存在一些不必要存在像素。例如在描述边界上,理论上可以通过 1 像素就描述出边界,但实际上边界并不是 1 像素来描述的,而会受到拍摄时镜头分辨率的影响或者是保存图像时图像压缩的影响等,所以在同样分辨率的条件下获得的图像细节不一定相同,如图 1-17 所示。通常来说,分辨率可以大致地描述图像的细节量。

图 1-17　同分辨率图像质量对比

1.2.2　深度

图像的深度也称为位深,用来描述图像的每一像素是通过多少位来存储的,也就是描述了图像的灰阶的细腻程度,这里说的"深度"是对单通道而言的。

一般的显示器能显示的深度为 8 位,也有一些显示器能显示 10 位。如果拍摄的图像位是 16 位,显示的时候图像的深度会被压缩到 8 位,压缩的时候可以选择压缩的方式让图像显示暗部细节或者亮部细节,或者等亮暗比例压缩。在图像处理的时候,还可以不压缩深度直接处理图像,可以计算出更精确的灰度信息,但是运算时间会更长。

1.2.3　通道数

通道数表示一幅图像的每一像素是由几个数值来描述的。如彩色图像有 R、G、B 三个通道,图像就是 3 通道图像,多通道图像可以理解为是多个单通道图像的叠加,例如 3 通道彩色图像可以认为是 R、G、B 这三个单通道图像的叠加。

图像的通道数越多,信息越丰富,一般情况下多通道图像不一定是彩色图像,但是可以通过彩色图像方式来进行显示。

1.2.4　数据类型

数据类型是像素存储数值的类型,一般类型是 8 位的整型,也有 16 位的整型。在HALCON 中 byte 类型就是 8 位的整型,所存储像素的范围是 0～255。数据类型也会存在浮点型,用于存储频域图像。

1.3　数字图像的压缩

1.3.1　图像压缩的原理

图像数据之所以能被压缩,就是因为数据中存在着冗余。图像数据的冗余主要表现为:图像中相邻像素间的相关性引起的空间冗余;不同彩色平面或频谱带的相关性引起的频谱冗余。数据压缩的目的就是通过去除这些数据冗余来减少表示数据所需的比特数。由于图像数据量庞大,在存储、传输和处理时非常困难,因此图像数据的压缩就显得非常重要。

1.3.2　有损压缩和无损压缩

图像压缩可以分为有损压缩和无损压缩。

(1) 有损压缩利用了人类对图像或声波中的某些频率成分不敏感的特性,允许压缩过程中损失一定的信息。虽然不能完全恢复原始数据,但是所损失的部分对理解原始图像的影响小,却换来了较大的压缩比,即指使用压缩后的数据进行重构,重构后的数据与原来的数据有所不同,但不会对原始资料表达的信息造成误解。当重构信号不一定非要和原始信号完全相同时,就可以进行图像的有损压缩;或者因为图像包含的数据往往多于视觉系统所能接收的信息,丢掉一些数据而不至于对图像所表达的意思产生误解,这时也可以进行有损压缩。

(2) 无损压缩格式则是利用数据的统计冗余进行压缩,可完全恢复原始数据而不引起任何失真,但压缩率受到数据统计冗余度的理论限制,一般为 2∶1～5∶1。这类方法广泛用于特殊应用场合的图像数据(如指纹图像和医学图像等)的压缩,即指使用压缩后的数据进行重构(又称还原或解压缩),重构后的数据与原来的数据完全相同。无损压缩用于要求重构的信号与原始信号完全一致的场合。

1.3.3　图像压缩的评价

图像是一个比较占用存储空间的文件,经常会使用图像压缩来节约存储空间。在压缩图像的时候,需要对压缩方式进行质量的评价,这样才能正确地选择压缩方式。一般情况下,压缩方式通过三个参数来评价——压缩比、失真比和压解码效率。

(1) 压缩比:指压缩过程中输入数据量和输出数据量之比。

(2) 失真比:主要是针对有损编码而言的,是指图像经有损压缩,然后将其解码后的图像与原图像之间的差异的比值。有损压缩会使原始图像数据不能完全恢复,信息受到一定的损失,但压缩比会比较高,复原后的图像存在一定的失真。

(3) 压解码效率:指压缩和解码的时候运算的效率,也即压缩解码时计算机的工作量。效率越高,压解码越快;效率越低,压解码越慢。

如果要保存原始图像不受干扰,一般会选用无损压缩;如果不是实时压缩会选择压缩比高的方式;如果对效率有要求,会选择压解码效率高的方式;如果对图像质量要求不高,不需要保存完整的图像,一般会选用有损压缩,一般的失真比选在 80%。

1.3.4　常用的压缩方式

图像的压缩方式有很多种。HALCON 中常用的压缩方式有 LZW、JPEG、JPEG XR、JPEG 2000、PackBit 和 DEFLATE。

1. LZW 压缩

LZW 压缩是由 Abraham Lempel、Jacob Ziv 和 Terry Welch 发明的基于表查询算法的一种压缩方法。它是基于表查找的方式来编码解码的,编解码的时候是一边读数据一边解码。该方法广泛应用于图像压缩,是一种无损压缩方法。如果一张 3×3 图像由[1,2,3,1,2,3,1,2,3]构成,对于这一段数据,如果不作任何处理和压缩,假设每个字符用 1 字节来表示,直接进行存储的空间应该是 9 字节。LZW 压缩的主要工作思路是把图像的像素变成一个序列,图像中只存在 1、2、3 三种像素,所以先把 1、2、3 存入表中,连续序列按照表 1-1 所示的方式运行。

表 1-1　LZW 压缩过程

步骤	前级数据	后续数据	输出编码	组合数据是否在表格内	在字典内序号
1	无	1		有	
2	1	2	1	无	1+2 为 4
3	2	3	2	无	2+3 为 5

步骤	前缀数据	后续数据	输出编码	组合数据是否在表格内	在字典内序号
4	3	1	3	无	3+1 为 6
5	1	2		有	
6	1+2	3	4	无	1+2+3 为 7
7	3	1		有	
8	3+1	2	6	无	3+1+2 为 8
9	2	3	5	有	

最后 3×3 图像的编码为[1,2,3,4,6,5]。只需要 6 字节来存放数据。解码是编码的逆过程,根据[1,2,3,4,6,5]的数据来完成解码,如表 1-2 所示。

表 1-2　LZW 解码过程

步骤	前缀数据	后续数据	输出编码	组合数据是否在表格内	在字典内序号
1	无	1		有	
2	1	2	1	无	1+2 为 4
3	2	3	2	无	2+3 为 5
4	3	1	3	无	3+1 为 6
5	4		1+2	有	为字典数据
6	6		3+1	有	为字典数据
7	1+2	3		无	1+2+3 为 7
8	5		2+3	有	为字典数据
9	3+1	2		无	3+1+2 为 8

最后输出为[1,2,3,1,2,3,1,2,3]。

LZW 算法适合重复性多的编码序列,压缩比会比较高。

2. JPEG 压缩

JPEG(joint photographic exports group,联合图像专家小组)是国际组织,该小组隶属于国际标准化组织(ISO),主要负责制定静态数字图像的编码方法,即 JPEG 压缩算法。JPEG 采用的是 YCrCb 颜色空间。

JPEG 算法的一般过程包含以下几个步骤。

1) 分块

把图像分割成 8×8 的图像块,并把 YUV3 个分量分开,存放到 3 张表中。由左及右、由上到下依次读取 8×8 的子块,存放在长度为 64 位的表中,一共有 3 张 64 位的表。然后就可以进行 DCT 变换。注意,编码时程序从源数据中读取一个 8×8 的数据块后,进行 DCT 变换、量化、编码,然后再读取、处理下一个 8×8 的数据块。如果原始图像的长宽不是 8 的倍数,都需要先补成 8 的倍数,并且还必须将图像的每个数值减去 128,因为 DCT 公式所接受的数字范围是 −128~127。

2）DCT 变换

DCT 变换使用正向离散余弦变换（forward discrete cosine transform，FDCT）把空间域表示的图像变换成频率域表示的图像。正向离散余弦变换是码率压缩中常用的一种变换编码方法。任何连续的实对称函数的傅里叶变换中只含有余弦项，因此，余弦变换同傅里叶变换一样具有明确的物理意义。FDCT 先将整体图像分成 8×8 的像素块，然后针对 8×8 的像素块逐一进行 FDCT 操作。JPEG 的编码过程需要进行正向离散余弦变换，而解码过程则需要反向离散余弦变换。

正向离散余弦变换公式如下：

$$F(u,v) = \sum_{x=0}\sum_{y=0} C(x)C(y)f(x,y)\cos\left[\frac{(2x+1)u\pi}{2N}\right]\cos\left[\frac{(2y+1)v\pi}{2N}\right]$$

反向离散余弦变换公式如下：

$$f(x,y) = \sum_{x=0}\sum_{y=0} C(u)C(v)F(u,v)\cos\left[\frac{(2u+1)x\pi}{2N}\right]\cos\left[\frac{(2v+1)y\pi}{2N}\right]$$

其中

$$C(x) = \begin{cases} \sqrt{\dfrac{1}{N}} & (x=0) \\ \sqrt{\dfrac{2}{N}} & (x\neq0) \end{cases}$$

(x,y) 为变换前的图像坐标；(u,v) 为变换后的图像坐标；N 为分块的长和宽（对于 8×8 的像素块，$N=8$）。

DCT 变换是由于大多数图像的高频分量比较小，相应的图像高频分量的 DCT 系数经常接近于 0，再加上高频分量中只包含了图像的细节变化信息，而人眼对这种高频成分的失真不太敏感，所以，可以考虑将这些高频成分予以抛弃，从而降低需要传输的数据量。这样一来，传送 DCT 变换系数所需要的编码长度要远远小于传送图像像素的编码长度。到达接收端之后通过反离散余弦变换就可以得到原来的数据，这么做虽然会使图像产生失真，但是从观感上影响不大。

3）Zigzag 扫描排序

DCT 将一个 8×8 的数组变换成另一个 8×8 的数组，但是内存里所有数据都是线形存放的，如果一行行地存放这 64 个数字，每行的结尾的点和下行开始的点就没有什么关系，所以 JPEG 规定按图 1-18 中的数字顺序依次保存和读取 64 个 DCT 的系数值。Zigzag 扫描排序方式如图 1-18 所示，图中的数值就是排序的顺序，第一个数值就放在 0 所在的区域，第二个数值就放在 1 所在的区域，以此类推。

4）量化

图像数据转换为 DCT 频率系数之后，还要经过量化阶段才能进入编码过程。量化阶段需要两个 8×8 量化矩阵数据，一个是专门处理亮度的频率系数，另一个则是针对色度的频率系数，将频率系数除以量化矩阵的值之后取整，即完成了量化过程。当频率系数经过量

0	1	5	6	14	15	27	28
2	4	7	13	16	26	29	42
3	8	12	17	25	30	41	43
9	11	18	24	31	40	44	53
10	19	23	32	39	45	52	54
20	22	33	38	46	51	55	60
21	34	37	47	50	56	59	61
35	36	48	49	57	58	62	63

图 1-18   Zigzag 扫描排序

化之后,将频率系数由浮点数转变为整数,以便执行最后的编码。不难发现,经过量化阶段之后,所有的数据只保留了整数近似值,也就再度损失了一些数据内容。在 JPEG 算法中,由于对亮度和色度的精度要求不同,分别对亮度和色度采用不同的量化表,两张表依据心理视觉原理,前者细量化,后者粗量化。

5)编码压缩

编码压缩主要是对直流系数、交流系数和图像数据进行压缩。

直流系数也叫作 DC 系数,也就是 8×8 矩阵中 x 和 y 等于 0 的变换值。8×8 的图像块经过 DCT 变换之后得到的 DC 系数有两个特点:一是系数的数值比较大;二是相邻的 8×8 图像块的 DC 系数值变化不大。根据这两个特点,对于 DC 系数一般采用差分脉冲调制编码(difference pulse code modulation,DPCM),即取同一个图像分量中每个 DC 值与前一个 DC 值的差值来进行编码。对差值进行编码所需要的位数会比对原值进行编码所需要的位数少很多。假设某个 8×8 图像块的 DC 系数值为 15,而上一个 8×8 图像块的 DC 系数为 12,则两者之间的差值为 3。

交流系数也叫作 AC 系数,也就是 8×8 矩阵中 x 和 y 不等于 0 的变换值。量化之后的 AC 系数的特点是 63 个系数中含有很多值为 0 的系数。因此,可以采用行程编码(run length coding,RLC)来进一步降低数据的传输量。该编码方式可以将一个字符串中重复出现的连续字符用 2 字节来代替,其中,第一个字节代表重复的次数,第二个字节代表被重复的字符串。例如,(4,6)就代表字符串"6666"。但是,在 JPEG 编码中,RLC 的含义就同其原有的意义略有不同。在 JPEG 编码中,假设 RLC 编码之后得到了一个(M,N)的数据对,其中 M 是两个非零 AC 系数之间连续的 0 的个数(即行程长度),N 是下一个非零的 AC 系数的值。采用这种方式进行表示,是因为 AC 系数当中有大量的 0,而采用 Zigzag 扫描也会使得 AC 系数中有很多连续的 0 的存在,如此一来,便非常适合用 RLC 进行编码。

分别对 DC 和 AC 系数编码之后,还会采用熵编码进一步压缩数据,熵编码中 JPEG 选用的是霍夫曼编码(Huffman coding)来进行压缩。霍夫曼编码:对出现概率大的字符分配字符长度较短的二进制编码,对出现概率小的字符分配字符长度较长的二进制编码,从而使得字符的平均编码长度最短。例如字符串"555667",对于高概率的 5 用 0 来代替,第二高概率的 6 用 1 来代替,对于小概率 7 用 10 来代替,结果就是[0,0,0,1,1,10]。这样字符串的长度就得到了优化,霍夫曼编码时 DC 系数与 AC 系数分别采用不同的霍夫曼编码表,对于亮度和色度也采用不同的霍夫曼编码表。

图 1-19 所示为 JPEG 的压缩过程。

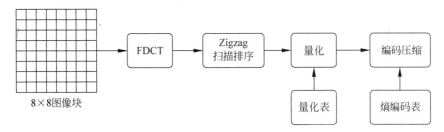

图 1-19　JPEG 的压缩过程

译码(或称为解压缩)的过程与压缩编码过程正好相反。

JPEG 格式的失真主要在于量化和高频分量的忽略,但是在观感上不会有太大影响,压缩比也比较高。

3. JPEG XR

JPEG XR(joint photographic exports group extended range,联合图像专家小组扩充图像类型)是一种连续色调静止图像压缩算法和文件格式,是 JPEG 的一个扩展格式,它扩展了 JPEG 的动态范围。JPEG XR 使用了新的 YCoCg 颜色变换,与常用的 YCrCb(YUV)相比具有更高的压缩效率和更低的计算复杂度。与 RGB 的转换方式如下:

$$Y = \frac{1}{2}G + \frac{1}{4}(R + B)$$

$$Cg = G - \frac{1}{2}(R + B)$$

$$Co = R - B$$

JPEG XR 还使用全整数运算。所有内部计算都是整数运算,即使对于像素值以浮点格式存储的图像进行压缩也是如此。JPEG XR 有多种优势,例如同一算法中可以实现有损和无损压缩。JPEG XR 支持 32 位像素(例如 RGB+Alpha)和 16 位的黑白图像等其他深度格式,并支持感兴趣区域解码。

JPEG XR 算法的一般过程包含以下几个步骤。

1) 前置/后置缩放

该步骤只在输入数据范围大于 2^7 或 24 位时使用,在编码器端将输入数据右移 m 位以使其范围降低到 2^7 或 24 位以下。在解码器端输出数据左移 m 位。

2) 分块

JPEG XR 用于编码的单元是宏块,而变换的单元是块,每个块由 4×4 的像素点构成,而宏块则由 4×4 的块构成。也就是宏块由 16×16 像素点组成。为了实现感兴趣区域（ROI）的解码，使用 N 个宏块组成拼接块 tile。在通道方面 YCoCg 的 3 个分量分开，单独处理。

3）LBT 变换

JPEG XR 采用的变换是 LBT（lapped biorthogonal transform，重叠双正交变换），LBT变换分为两个过程——POT 前置滤波变换和 PCT 图像核心变换。其中，POT 是为了去除块的相关性，保证高压缩比时没有方块效应。POT 采用 4 个相邻的像素来获取信息进行计算，图 1-20 所示为 POT 和 PCT 获取像素块的示意图。PCT 过程与 DCT 相似，都是将图像从空间域转换到频域。进行 LBT 变换后，会得到 16 个 DC 系数和 240 个 AC 系数，这 240个 AC 系数称为 HP（high pass，高通）层；剩下的 16 个 DC 系数进一步去除相关性再进行一次 LBT 变换，得到 1 个 DCDC 系数和 15 个 DCAC 系数，1 个 DCDC 系数称为 DC 层，15个 DCAC 系数称为 LP（low pass，低通）层。于是，每个宏块经过 LBT 变换后的系数都划分为三个频域层，其中整个 DC 层的系数只能有一个量化值，而每个宏块的 LP 层和 HP 层系数的量化值可以不同，这样也给码率控制提供了很大的灵活性。

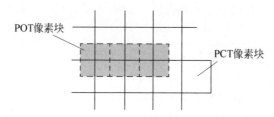

图 1-20　POT 和 PCT 获取像素块的示意图

4）量化

量化的过程和 JPEG 相同，使用对应的亮度量化表和色彩量化表把 16×16 的矩阵进行量化。

亮度和色度通道使用不同的量化表进行量化，直流系数、低频系数和高频系数也采用不同的量化表进行量化。每个拼接块（tile）也可以有自己单独的量化表，一般情况下可以使用相同的量化表。

5）系数预测

系数预测通过相邻的宏块相应位置进行一些计算来达到提升图像质量和解除块状效应的目的，该操作对 DC、LP 和 HP 三种系数的预测是分开进行的。

6）系数扫描

系数扫描是为了将量化后的二维数据矩阵转换成一维自适应熵编码，同时使更多的 0连续排列以简化熵编码的复杂度。JPEG XR 中 LP 和 HP 使用了自适应扫描，扫描时会建立另一个数组记录表来描述相应位置系数非零的发生率，通过非零发生的概率来改变系数的扫描顺序，这种方式使得每一个宏块中都会有不同的扫描系数，使得压缩比进一步提高。对于 DC 系数使用从上到下、从左到右的扫描方式。

7) 编码压缩

JPEG XR 标准中采用可变长编码：霍夫曼编码和定常编码。在编码之前对系数进行了归一化，对变换后的系数进行了分组，一组是 plain bits，这一组使用定长编码，也可以进行舍去实现更好的压缩；另一组是待编码的归一化系数，这一组采用霍夫曼编码，编码过程大致如图 1-21 所示。

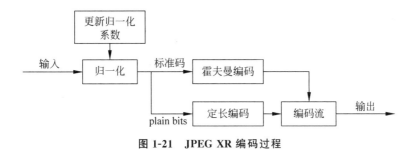

图 1-21　JPEG XR 编码过程

图 1-22 所示为 JPEG XR 的压缩过程。

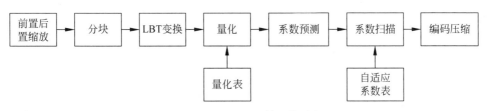

图 1-22　JPEG XR 的压缩过程

JPEG XR 的解压过程和编码过程相反。

4. JPEG 2000

JPEG 2000 基于离散小波变换（discrete wavelet transform，DWT）的图像压缩标准，它支持无损压缩和有损压缩，支持 16 位黑白图像和 32 位、64 位彩色图像。在有损压缩时，JPEG 2000 一个比较明显的优点就是没有 JPEG 压缩中的马赛克失真效果。JPEG 2000 的失真主要是模糊失真。模糊失真产生的主要原因是在编码过程中高频量有一定程度的衰减。传统的 JPEG 压缩也存在模糊失真的问题。JPEG 有精确压缩比控制，可以根据需求调整压缩比。JPEG 具备在感兴趣区域单独解码的能力。

JPEG 2000 算法的一般过程包含以下几个步骤。

1) 分块

JPEG 2000 采用的是 YCrCb 色彩空间，先要把 RGB 转换成 YCrCb 色彩空间，然后把 YCrCb 3 个分量分开，存放到 3 张表中。像素分块与 JPEG 不同，JPEG 2000 算法并不需要将图像强制分成 8×8 的小块。但为了降低对内存的需求和方便压缩域中可能的分块处理，可以将图像分割成若干互不重叠的拼接块。分块的大小任意，可以整个图像是一个块，也可以每像素是一个块。一般分成 64～1024 像素宽的大方块，在边缘部分的块可能小一些，而且不一定是方形。小波变换是 0 对称变换,所以数据分块后要进行 0 对称操作,例如 0～255 的数据值要减去 128,使得范围为－128～127。

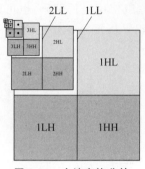

图 1-23　小波变换分块

2) DWT

每个拼接块进行小波变换,如图 1-23 所示。小波变换是一种迭代的解相关运算,可以分解拼接块成一系列较小的图像(子带)。每个子带包含限于给定频率范围(包括低通)的拼接块信息。一级小波分解允许从先前分解步骤期间导出的低通子带构建四个子带。子带[1HL,1LH,1HH,1LL]是在整个拼接块上应用小波分解的结果;子带[2HL,2LH,2HH,2LL]是在子带 1LL 上应用小波分解的结果。如果有需要可以继续在 2LL 分解下去。

3) 量化

将来自相同频率范围的信息分别组合在一起,系统根据量化表来量化这些数据。亮度通道和色彩通道采用不同的量化表,每个子带使用不同的量化表进行单独量化,以进行有损压缩;绕过量化则为无损操作。

4) 系数扫描

扫描过程和 JPEG 相一致,均是通过 Z 字形顺序扫描量化后的数据。

5) 压缩编码

得到的量化子带进一步分成较小的矩形块(代码块),它们分别被熵编码。该过程由 Modeler 和 MQ 编码器实现,MQ 编码器是自适应算术编码器。Modeler 从最重要的非零位平面开始检查当前代码块的所有位平面。每个平面有三个通道。在每次传递期间,它计算当前位的上下文。上下文反映了相邻位的主要价值。自适应算术编码器最终使用从相关联的上下文导出的概率值对每个扫描的比特进行编码。算术编码器在每次比特编码后更新其概率表。Modeler 还计算压缩度量,该压缩度量反映了仅通过当前编码部分重构代码块所涉及的图像失真。

图 1-24 所示为 JPEG 2000 的压缩过程。

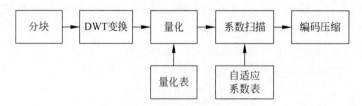

图 1-24　JPEG 2000 的压缩过程

解压过程和编码过程相反。

5. 位压缩算法

位压缩算法(PackBit)是一种应用于数据长度编码的快速、简单无损的数据压缩方案。

苹果公司在 Mac 计算机上首先推出了这种算法。这是一种可以用在 TIFF 文件上的压缩算法。PackBit 压缩位数据流是以一字节的头(header)后接数据(data)的形式组织数据,数据可以被标记、不标记或者进行压缩。

PackBit 压缩的方法大致如图 1-25 所示。

图 1-25　PackBit 压缩的方法

表 1-3 描述了 PackBit 对数字的定义。

表 1-3　PackBit 对数字的定义

头　字　节	数据在标题字节之后	头　字　节
$0\sim127$	$(1+n)$文字的数据的字节	$0\sim127$
$-1\sim-127$	一字节的数据,在解压缩的输出中重复$(1-n)$次	$-1\sim-127$
-128	无操作(跳过并将下一个字节视为标题字节)	-128

例如,压缩一段 EE EE FF 01 03 03 03。有两个 EE 连接,根据规律编码,编码为 -1 EE,中间的 FF 01 是没有重复的,编码为 1 FF 01,最后三个重复的 03,编码为 -2 03,把所有编码连起来,再转换成十六进制,则为 FF EE 01 FF 01 FE 03。

6. DEFLATE

DEFLATE 是同时使用了 LZ77 算法与霍夫曼编码的一种无损数据压缩算法。DEFLATE 不受任何专利所制约,并且在 LZW(GIF 文件格式使用)相关的专利失效之前,这种格式除了在 ZIP 文件格式中得到应用之外也在 gzip 压缩文件以及 PNG 图像文件中得到了应用。这也是 Adobe 常用的压缩方式。

DEFLATE 编码大致分为如下两个步骤。

1) LZ77 编码

LZ77 编码的大致原理是如果文件中有两块内容相同,只要知道前一块的位置和大小,就可以确定后一块的内容,所以,可以使用两者之间的距离和相同内容的长度这样一对信息来替换后一块内容。由于两者之间的距离和相同内容的长度这一对信息的大小,小于被替换内容的大小,所以文件得到了压缩。LZ77 算法使用"滑动窗口"的方法,来寻找文件中的相同部分,也就是匹配串(它是指一个任意字节的序列)。如图 1-26 所示是一串字符"121232133214"的编码过程,用(p,l,c)表示缓存中字符串的最长匹配结果,p 代表滑动窗口中匹配到字符的位置,从滑动窗口的第一位开始从 0 记起,l 代表匹配长度,c 代表结束的后一个字符。其中,滑动窗口大小为 8 字节,前向缓冲区大小为 4 字节。在实际中,滑动窗口典型的大小为 4KB(4096 字节)。前向缓冲区大小通常小于 100 字节。方框代表滑动窗口,灰色为缓存区,结果写在后面的方框内。

图 1-26　LZ77 编码过程

在进行 DEFLATE 编码时首先对图像数据进行 LZ77 编码,对于得到的数据进行第二次编码。

2）霍夫曼编码

对得到的 LZ77 编码后的结果进行霍夫曼编码。霍夫曼编码在之前的 JPEG 中有详细的解释。

DEFLATE 编码的大致过程如图 1-27 所示。

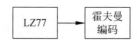

图 1-27　DEFLATE 编码的大致过程

解码过程和编码过程相反。

DEFLATE、JPEG、LZW 和 PACKBITS 是 HALCON 常用的压缩方式。

1.4　数字图像格式

图像数据有多种存储格式,常见的有 BMP、PNG、JPEG、JPEG 2000、JPEG XR 和 TIFF,HALCON 中有自带的图像格式 HOBJ。不同的存储格式有不同的效果,例如兼容性的不同和存储空间的不同等。

1.4.1　BMP 文件

BMP(Bitmap)是 Windows 操作系统中的标准图像文件格式,可以分成设备有向量相关位图(DDB)和设备无向量相关位图(DIB),使用非常广泛。它采用位映射存储格式,除了图像深度可选以外,不采用其他任何压缩,因此,BMP 文件所占用的空间很大。BMP 文件的图像深度可选 1 位、4 位、8 位及 24 位。BMP 文件存储数据时,图像的扫描方式按从左到右、从下到上的顺序。

BMP 文件由 BMP 文件头、位图信息头、颜色表和位图数据四部分组成。

1. BMP 文件头

BMP 文件头数据结构占 14 字节,包含 BMP 文件的类型、文件大小和位图起始位置等信息。

其结构定义如下:

```
typedef struct tagBITMAPFILEHEADER
{
    WORD bfType;            //位图文件的类型,必须为 BM(1~2 字节)
    DWORD bfSize;           //位图文件的大小,以字节为单位(3~6 字节,低位在前)
    WORD bfReserved1;       //位图文件保留字,必须为 0(7~8 字节)
    WORD bfReserved2;       //位图文件保留字,必须为 0(9~10 字节)
    DWORD bfOffBits;        //位图数据的起始位置,以相对于位图(11~14 字节,低位在前)
    //文件头的偏移量表示,以字节为单位
}__attribute__((packed)) BITMAPFILEHEADER;
```

2. 位图信息头

BMP 位图信息头数据占 40 字节,用于说明位图的尺寸等信息,其结构如下。

```
typedef struct tagBITMAPINFOHEADER
{
    DWORD biSize;           //本结构所占用的字节数(15~18 字节)
    LONG biWidth;           //位图的宽度,以像素为单位(19~22 字节)
    LONG biHeight;          //位图的高度,以像素为单位(23~26 字节)
    WORD biPlanes;          //目标设备的级别,必须为 1(27~28 字节)
    WORD biBitCount;        //每像素所需的位数,必须是 1(双色),(29~30 字节)
                            //4(16 色),8(256 色)16(高彩色)或 24(真彩色)之一
    DWORD biCompression;    //位图压缩类型,必须是 0(不压缩),(31~34 字节)
                            //1(BI_RLE8 压缩类型)或 2(BI_RLE4 压缩类型)之一
    DWORD biSizeImage;      //位图的大小(其中包含了为了补齐行数是 4 的倍数而添加的空字节),
                            //以字节为单位(35~38 字节)
    LONG biXPelsPerMeter;   //位图水平分辨率,每米像素数为单位(39~42 字节)
    LONG biYPelsPerMeter;   //位图垂直分辨率,每米像素数为单位(43~46 字节)
    DWORD biClrUsed;        //位图实际使用的颜色表中的颜色数(47~50 字节)
    DWORD biClrImportant;   //位图显示过程中重要的颜色数(51~54 字节)
}__attribute__((packed)) BITMAPINFOHEADER;
```

3. 颜色表

颜色表用于说明位图中的颜色,它有若干个表项,每一个表项是一个 RGBQUAD 类型的结构,定义一种颜色。RGBQUAD 结构定义如下。

```
typedef struct tagRGBQUAD
{
    BYTE rgbBlue;              //蓝色的亮度(值范围为 0～255)
    BYTE rgbGreen;             //绿色的亮度(值范围为 0～255)
    BYTE rgbRed;               //红色的亮度(值范围为 0～255)
    BYTE rgbReserved;          //保留,必须为 0
}__attribute__((packed)) RGBQUAD;
```

颜色表中 RGBQUAD 结构数据的个数由 biBitCount 来确定：当 biBitCount＝1、4、8 时,分别有 2、16、256 个表项；当 biBitCount＝24 时,没有颜色表项。

位图信息头和颜色表组成位图信息,BITMAPINFO 结构定义如下：

```
typedef struct tagBITMAPINFO
{
    BITMAPINFOHEADER bmiHeader;         //位图信息头
    RGBQUAD bmiColors[1];               //颜色表
}__attribute__((packed)) BITMAPINFO;
```

4. 位图数据

位图数据记录了位图的每一像素值,记录顺序在扫描行内是从左到右,在扫描行之间是从下到上。位图的一像素值所占的字节数含义如下：

当 biBitCount＝1 时,8 像素占 1 字节；

当 biBitCount＝4 时,2 像素占 1 字节；

当 biBitCount＝8 时,1 像素占 1 字节；

当 biBitCount＝24 时,1 像素占 3 字节,按顺序分别为 B、G、R。

Windows 规定一个扫描行所占的字节数必须是 4 的倍数(即以 long 类型为单位),不足的以 0 填充,图像所占的字节为

$$biSizeImage = ((((bi.biWidth \times bi.biBitCount) + 31) \& \sim 31) / 8) \times bi.biHeight;$$

BMP 格式的数据不进行任何压缩,所以在保存和读取时不需要编码和解码,所以在图像不大的情况下读取存储图像的速度会比较快,适合动态读取存储。但是 BMP 支持的格式有限,只支持 8 位黑白图像和 24 位彩色图像。

1.4.2　PNG 文件

PNG 是一种无损压缩的位图文件格式,其设计目的是试图替代 GIF 和 TIFF 文件格式,同时增加一些 GIF 文件格式所不具备的特性。PNG 使用 DEFLATE 的无损数据压缩算法,占用空间小,但是可以保持原有的图像信息。它允许连续读出和写入图像数据,该特性很适合于在通信过程中显示和生成图像。支持 16 位黑白图像和 32 位彩色图像(支持透明通道)。

PNG 图像格式文件由一个 8 字节的 PNG 文件署名(PNG file signature)域和按照特定结构组织的 3 个以上的数据块(chunk)组成。

PNG 定义了两种类型的数据块,一种称为关键数据块(critical chunk),这是必需的数据块;另一种称为辅助数据块(ancillary chunks),这是可选的数据块。关键数据块定义了 4 个标准数据块,每个 PNG 文件都必须包含它们,PNG 读写软件也都必须支持这些数据块。虽然 PNG 文件规范没有要求 PNG 编解码器能够对可选数据块进行编码和解码,但规范提倡支持可选数据块。

每个数据块都由 4 个域组成。

1. 长度

一个 4 字节的无符号整数,给出数据块的数据字段的长度(以字节计),长度只计算数据域,为了兼容一些不支持无符号的语言,所以长度限制在 $(2^{31}-1)$ 字节,不能达到 $(2^{32}-1)$ 字节。

2. 数据块类型码

一个 4 字节的块类型代码。为了便于描述和检查 PNG 文件,类型代码仅限于大写和小写的 ASCII 字母(A～Z 和 a～z,使用十进制 ASCII 代码表示为 65～90 和 97～122)。然而,编码器和解码器必须把代码作为固定的二进制值而非字符串来处理。

3. 数据域

数据块的数据域,存储按照数据块类型码指定的数据(如果数据存在)。该字段的长度可以为零。

4. 循环冗余检测

一个 4 字节的 CRC(循环冗余校验)计算,位于所述块的前面的字节。包括该块类型的代码和数据块的数据字段,但是不包括长度字段。即使不包含数据块,CRC 也始终存在。

PNG 格式的图像在无损的情况下进行了压缩,支持的格式也比较全面,但是在编解码时运算量比较大,不适合实时存储和读取图像,会增加图像处理的时间。

1.4.3 JPEG 文件

JPEG 是一种常见的图像格式,它由联合照片专家组开发并命名为"ISO 10918-1",又称 JPEG。JPEG 文件的压缩技术十分先进,它用去除冗余的图像和彩色数据,获得极高的压缩率的同时能展现十分丰富生动的图像细节。

1. JPEG 文件的两大部分

1)标记码

标记码由 2 字节构成,其中前一字节是固定值,0XFF 代表了一个标记码的开始,后一字节不同的值代表着不同的含义。需要提醒的是,连续的多个 0XFF 可以理解为一个 0XFF,并表示一个标记码的开始。另外,标记码在文件中一般是以标记代码的形式出现的。例如,SOI 的标记代码是 0XFFD8,即如果 JPEG 文件中出现了 0XFFD8,则代表此处是一个 SOI 标记。

2) 压缩数据

一个完整的两字节标记码的后面,就是该标记码对应的压缩数据,它记录了关于文件的若干信息。一些典型的标记码及其代表的含义如下。

(1) SOI(start of image,图像开始)标记代码为固定值 0XFFD8,用 2 字节表示。

(2) APP0(application 0,应用程序保留标记 0)标记代码为固定值 0XFFE0,用 2 字节表示;该标记码之后包含了 9 个具体的字段,具体如下。

- 数据长度:2 字节,用来表示这 9 个字段的总长度,即不包含标记代码但包含本字段。
- 标示符:5 字节,固定值 0X4A6494600,表示字符串"JFIF0"。
- 版本号:2 字节,一般为 0X0102,表示 JFIF 的版本号为 1.2;但也可能为其他数值,从而代表了其他版本号。
- X、Y 方向的密度单位:1 字节,只有三个值可选,0 表示无单位,1 表示点数每英寸,2 表示点数每厘米。
- X 方向像素密度:2 字节,取值范围未知。
- Y 方向像素密度:2 字节,取值范围未知。
- 缩略图水平像素数目:1 字节,取值范围未知。
- 缩略图垂直像素数目:1 字节,取值范围未知。
- 缩略图 RGB 位图:长度可能是 3 的倍数,保存了一个 24 位的 RGB 位图;如果没有缩略位图(这种情况更常见),则缩略图水平像素数目和缩略图垂直像素数目的取值均为 0。

(3) APPn(application n 应用程序保留标记 n(范围为 1~15)),标记代码为 2 字节,取值为 0XFFE1~0XFFFF;包含了两个字段。

- 数据长度:2 字节,表示数据长度和详细信息存储的总长度;即不包含标记代码,但包含本字段。
- 详细信息:长度为数据长度减去 2 字节。

(4) DQT(define quantization table,定义量化表)标记代码为固定值 0XFFDB;最大包含 9 个具体字段:

- 数据长度:2 字节,表示数据长度和详细信息存储的总长度;即不包含标记代码,但包含本字段;
- 量化表:长度为数据长度减去 2 字节,其中包括以下内容;

① 精度及量化表 ID:1 字节,高 4 位表示精度,只有两个可选值,0 表示 8 位,1 表示 16 位;低 4 位表示量化表 ID,取值范围为 0~3;

② 表项:64×(精度取值+1)字节,例如,8 位精度的量化表,其表项长度为 64×(0+1)=64 字节。

本标记段中,量化表可以重复出现,表示多个量化表,但最多只能出现 4 次。

（5）SOFO（start of frame，帧图像开始）标记代码为固定值0XFFC0，包含9个具体字段。

- 数据长度：2字节，共6个字段的总长度；即不包含标记代码，但包含本字段。
- 精度：1字节，代表每个数据样本的位数，通常是8位。
- 图像高度：2字节，表示以像素为单位的图像高度，如果不支持DNL就必须大于0。
- 图像宽度：2字节，表示以像素为单位的图像宽度，如果不支持DNL就必须大于0。
- 颜色分量个数：1字节，由于JPEG采用YCrCb颜色空间，这里恒定为3。
- 颜色分量信息：颜色分量个数×3字节，这里通常为9字节；并依次表示如下信息：
  - 颜色分量ID：1字节。
  - 水平/垂直采样因子：1字节，高4位代表水平采样因子，低4位代表垂直采样因子。
  - 量化表：1字节，当前分量使用的量化表ID。

本标记段中，字段"颜色分量信息"应该重复出现3次，因为这里有3个颜色分量。

（6）DHT（define Huffman table，定义霍夫曼表）标记码为0XFFC4，包含2个字段。

- 数据长度：2字节，表示前两项的总长度，即不包含标记代码，但包含本字段；
- 霍夫曼表：长度为数据长度减去2字节，包含以下字段：
  - 表ID和表类型：1字节，高4位表示表的类型，取值只有两个；0表示DC直流；1表示AC交流；低4位为霍夫曼表ID；需要注意的是，DC表和AC表分开进行编码；
  - 不同位数的码字数量：16字节；
  - 编码内容：代表16个不同位数的码字数量之和（字节）。

本标记段中，霍夫曼表可以重复出现，一般需要重复4次。

（7）DRI（define restart interval，定义差分编码累计复位的间隔）标记码为固定值0XFFDD；

它包含如下两个具体字段。

- 数据长度：2字节，取值为固定值0X0004，表示数据长度、MCU块的单元中重新开始间隔两个字段的总长度；即不包含标记代码，但包含本字段。
- MCU块的单元中重新开始间隔：2字节，如果取值为n，就代表每n个MCU块就有一个RSTn标记；第一个标记是RST0，第二个标记是RST1，RST7之后再从RST0开始重复；如果没有本标记段，或者间隔值为0，就表示不存在重新开始间隔和标记RST。

（8）SOS（start of scan，扫描开始）标记码为0XFFDA，包含字段如下。

- 数据长度：2字节，表示前4个字段的总长度。
- 颜色分量数目：1字节，只有3个可选值，1表示灰度图；3表示YCrCb或YIQ；4表示CMYK。
- 颜色分量信息包括以下字段。

■ 颜色分量 ID：1 字节。

■ 直流/交流系数表 ID,1 字节,高 4 位表示直流分量的霍夫曼表的 ID；低 4 位表示交流分量的霍夫曼表的 ID。

- 压缩图像数据包括以下字段。

■ 谱选择开始：1 字节,固定值 0X00。

■ 谱选择结束：1 字节,固定值 0X3F。

■ 谱选择：1 字节,固定值 0X00。

- 本标记段中,"颜色分量信息"应该重复出现,有多少个颜色分量,就重复出现几次；本段结束之后,就是真正的图像信息了；图像信息直到遇到 EOI 标记才结束。

(9) EOI(end of image,图像结束)标记代码为 0XFFD9。

在 JPEG 中 0XFF 具有标记的意思,所以在压缩数据流(真正的图像信息)中,如果出现了 0XFF,就需要作特别处理。如果在图像数据流中遇到 0XFF,应该检测其紧接着的字符,如果它是：

- 0X00,表示 0XFF 是图像流的组成部分,需要进行译码；
- 0XD9,表示与 0XFF 组成标记 EOI,即代表图像流的结束,同时图像文件结束；
- 0XD0~0XD7,组成 RSTn 标记,需要忽视整个 RSTn 标记,即不对当前 0XFF 和紧接着的 0XDn 的 2 字节进行译码,并按 RST 标记的规则调整译码变量；
- 0XFF,忽略当前 0XFF,对后一个 0XFF 进行判断；
- 其他数值,忽略当前 0XFF,并保留 0XFF 后紧接着的数值用于译码。

3) JPEG 文件组成

JPEG 文件由 8 个部分组成,每个部分的标记字节为两个,首字节固定为 0xFF,当然,准许在其前面再填充多个 0xFF,以最后一个为准。下面为各部分的名称和第二个标记字节的数值,用 UltraEdit 的十六进制搜索功能可找到各部分的起始位置,在嵌入式系统中可用类似的数值匹配法定位。

(1) 图像开始标记,图像开始标记的数值为 0xD8。

(2) APP0 标记,APP0 标记数值为 0xE0,下面是 APP0 的组成成分：

- APP0 长度(length)为 2 字节；
- 标识符(identifier)为 5 字节；
- 版本号(version)为 2 字节；
- X 和 Y 的密度单位(units=0,无单位；units=1,点数/英寸(1 英寸≈2.54 厘米)；units=2,点数/厘米)为 1 字节；
- X 方向像素密度(X density)为 2 字节；
- Y 方向像素密度(Y density)为 2 字节；
- 缩略图水平像素数目(thumbnail horizontal pixels)为 1 字节；
- 缩略图垂直像素数目(thumbnail vertical pixels)为 1 字节；
- 缩略图 RGB 位图(thumbnail RGB bitmap),由前面的数值决定,取值 $3n$,n 为缩略

图总像素占 $3n$ 字节。

（3）APPn 标记。APPn 标记中 $n=1\sim15$，数值对应为 0xE1～0xEF，下面是 APPn 的组成成分：

- APPn 长度（length）；
- 应用细节信息（application specific information）。

（4）量化表，量化表的数值为 0xDB。下面是量化表的组成成分：

- 量化表长度（quantization table length）；
- 量化表数目（quantization table number）；
- 量化表（quantization table）。

（5）帧图像开始 SOF0（start of frame），帧图像开始的数值 0xC0，下面是帧图像开始的组成成分：

- 帧开始长度（start of frame length）；
- 精度（precision），每个颜色分量像素的位数（bits per pixel per color component）；
- 图像高度（image height）；
- 图像宽度（image width）；
- 颜色分量数（number of color components）；
- 对每个颜色分量（for each component），包括 ID、垂直方向的样本因子（vertical sample factor）、水平方向的样本因子（horizontal sample factor）和量化表号（quantization table）。

（6）霍夫曼表，霍夫曼表有一个或多个，数值为 0xC4，下面是霍夫曼表的组成成分：

- 霍夫曼表的长度（Huffman table length）；
- 类型、AC 或者 DC（Type，AC or DC）；
- 索引（index）；
- 位表（bits table）；
- 值表（value table）。

（7）扫描开始 SOS（start of scan）。扫描开始的数值 0xDA，下面是扫描开始的组成成分：

- 扫描开始长度（start of scan length）；
- 颜色分量数（number of color components）；
- 每个颜色分量，包括 ID、交流系数表号（AC table）和直流系数表号（DC table）；
- 压缩图像数据（compressed image data）。

（8）图像结束 EOI，图像结束的数值 0xD9。

JPEG 格式的压缩率很高，在不放大的情况下，观感不受影响，放大后有很明显的方块效应，对于只输出图像处理标记结果来说，是一个很好的格式。

1.4.4　JP2 文件

JP2 是一种图像格式,是 JPEG 图像的升级版本。20 世纪 80 年代,ISO 和 IEC 两个国际组织联合组成专家组,建立了第一个国际数字图像压缩标准即 JPEG 压缩标准,至今一直在使用。由于 JPEG 可以提供有损压缩,相对一些传统算法,它的压缩比可以达到比较高的程度。随着人们对图像品质要求的提高,为了满足静止图像在特殊领域编码的需求,2000 年,ISO 和 IEC 再次联合提出了 JPEG 2000 压缩标准。JP2 格式支持 16 位黑白和 32 位透明彩色图像。

JPEG 2000 压缩标准使用小波变换、画布坐标系统和 EBCOT 编码,具有低比特率性能,无损和有损压缩之间良好兼容能力,以及像素精度和分辨率的渐进式传输等优点。

JP2 格式的图像目前还没有被广泛使用,原因是 JPEG 2000 所用的小波变换与 EBCOT 算法复杂度太大,硬件实现速度不够快,而且编码的核心部分的各种推演算法被大量注册专利,一般认为,不太可能避开这些专利费用开发出免授权费的商用编码器,因此目前尚未普及。

1.4.5　JXR 文件

JXR 文件使用的是 JPEG XR 的压缩方式。JXR 支持多种颜色编码格式,包括单色、RGB、CMYK 和 n 分量编码,使用各种无符号整数、定点和浮点解码数字表示,具有各种位深度。主要目标是提供适用于各种应用的压缩格式规范,同时保持编码器和解码器的实现要求简单。该设计的一个重点是支持新兴的高动态范围(high-dynamic range,HDR)图像应用。

JXR 文件使用了新的编码算法,提高了编码效率,而且支持 HDR 高动态图像。对于有高动态要求的图像,一般都存储为这种格式。

1.4.6　TIFF 文件

标签图像文件格式(tag image file format,TIFF)是一种灵活的位图格式,TIFF 文件以. tif 为扩展名,主要用来存储包括照片和艺术图在内的图像。它最初由 Aldus 公司与微软公司一起为 PostScript 打印开发。TIFF 与 JPEG、PNG 一起成为流行的高位彩色图像格式。TIFF 格式在业界得到了广泛的支持,如 Adobe 公司的 Photoshop、The GIMP Team 的 GIMP、Ulead PhotoImpact 和 Paint Shop Pro 等图像处理应用,QuarkXPress 和 Adobe InDesign 桌面印刷和页面排版应用,扫描、传真、文字处理、光学字符识别和其他一些应用等都支持这种格式。从 Aldus 获得了 PageMaker 印刷应用程序的 Adobe 公司现在控制着 TIFF 规范。

TIFF 的数据格式是一种 3 级体系结构,从高到低依次为文件头、一个或多个称为 IFD 的包含标记指针的目录和图像数据。

1. 文件头

在每一个 TIFF 文件中第一个数据结构称为图像文件头或 IFH，它是图像文件体系结构的最高层。这个结构在一个 TIFF 文件中是唯一的，有固定的位置，位于文件的开始部分，包含了正确解释 TIFF 文件的其他部分所需的必要信息。

2. 文件目录

IFD 是 TIFF 文件中第二个数据结构，它是一个名为标记(tag)的用于区分一个或多个可变长度数据块的表，标记中包含了有关于图像的所有信息。IFD 提供了一系列的指针(索引)，这些指针表明各种有关的数据字段在文件中的开始位置，并给出每个字段的数据类型及长度。这种方法允许数据字段定位在文件的任何地方，且可以是任意长度。

3. 图像数据

根据 IFD 所指向的地址，存储相关的图像信息。

TIFD 是一个特殊的格式，支持多种有损压缩和无损压缩，并且可以存储多通道图像，如 10 通道的纹理图像，此外还可以用于存储图像标定表。

1.4.7 HOBJ 文件

HOBJ 是一种二进制文件格式，它提供了编写和读取各种标志性 HALCON 对象如图像、区域和亚像素数据(extended line descriptions，XLD)的功能。由于数据既不使用压缩也不使用转换来编写，在大多数情况下，编写这种文件格式比其他支持的文件格式要快。因此，如果应用程序需要尽可能快地读写各种标志性的 HALCON 对象，并且不需要压缩，应该使用这种格式。该文件格式的默认文件扩展名是". hobj"。对于图像，可以编写所有HALCON 像素类型。它支持多通道图像，通道可以有混合的像素类型，但必须具有相同的宽度和高度。图像的域及创建日期也存储在文件中。对象元组被写入单个文件。

在存储 HALCON 独有的类型的时候，如亚像素数据和 Region，这些存储结构可以快速地存储和读取，还可以快速存储一些多通道复杂的数据类型的图像。

表 1-4 所示为常见图像文件格式与图像类型的关系。

表 1-4 常见图像文件格式与图像类型的关系

图像类型	位深度	数据类型	BMP	JPEG	TIF	PNG	JP2	JXR	HOBJ
灰度图像	8	无符号整型	√	√	√	√	√	√	√
	16	无符号整型			√	√	√	√	√
	16	有符号整型			√	√	√	√	√
	32	浮点型			√				√
彩色图像	24	RGB	√	√	√	√	√	√	√
	64	RGB			√			√	√
	32	RGBA			√	√		√	√
复数图像	64	Complex			√			√	√

## 第 2 章

HALCON 的预备环境

2.1 HALCON 安装环境

HALCON 是基于个人计算机(personal computer,PC)平台开发的软件,也可以在 ARM(Acorn RISC Machine)的 Linux 系统上的运行,HALCON 19.05 版本支持在 ARM 处理器上运行深度学习模块。

2.1.1 硬件环境

在硬件上,首先需要有一台个人计算机。

1. 电脑

1)台式机

台式机也称为桌面计算机,它的显示器和主机分离,一般安装在固定位置,适合在需要编写大量程序时使用。它散热好、性能强、价格便宜,可以很好地提升机器视觉工作效率。但是由于体积比较大,不便于移动,不适合随身携带。

2)笔记本电脑

笔记本电脑也称为手提电脑或膝上型电脑,是一种小型、可携带的个人计算机,重量和尺寸比较小,可以收入背包,便于携带。笔记本电脑包含了台式机的所有硬件,包括显示器、键盘和触摸板式的鼠标。笔记本电脑还自带电池,可以在没有外部供电的情况下使用。笔记本电脑的运行性能相对较弱,不方便散热,不适用于对大型程序进行编译的场景,更适用于对程序进行小部分修改的场景,比较适合现场紧急维护时使用。

3)迷你主机

迷你主机又称为微型主机或者小型主机,尺寸约为 300mm×300mm×60mm,方便携带。迷你主机没有显示器,一般配合现场的显示器使用,或者配合便携式显示器使用,迷你主机的性能优秀,可以使用台式机的 CPU 型号,处理能力和台式机接近,适合性能需要较高,同时也需要移动编程的情况。迷你主机的重量和体积一般大于笔记本电脑。

2. 显卡

HALCON 的一些模式是支持显卡运行的,例如深度学习模块。如果需要使用到深度学习模块,就应为主机配备一款英伟达的显卡,显存在 4GB 以上。

2.1.2 软件环境

HALCON 支持三种操作系统——Windows、MacOS 和 Linux,因此所使用的计算机的操作系统必须是其中一种。HALCON 软件分为 32 位和 64 位,但是 32 位软件只支持 4GB 的内存,在需使用大图像的情况下,内存一般是不够用的。因此,一般建议安装 64 位的操作系统,同时使用 64 位软件。

2.2　HALCON 的安装

2.2.1　安装包下载

首先需登录到 HALCON 的官方网站,即 MVTec 网站,图 2-1 是 HALCON 的官方网站图。

图 2-1　HALCON 的官方网站

网站地址是 https://www.mvtec.com/products/halcon/,打开网页后,单击 Products 选择页。然后拖动下滑块,可以看到 Download 按钮,如图 2-2 所示,单击 Download 按钮。

然后,输入预先注册好的用户名和密码,单击"登录"按钮,就进入了 HALCON Download 的界面,选择 HALCON 版本,这里选择的是"Windows-20.05 progress",也可以根据需要选择其他系统,如 MacOS、Linux,或者是 LinuxforArm,这里根据实际使用的系统选择即可。接下来就可以看到下面有 3 个可选的下载选项,如图 2-3 所示。

选择一个 HALCON 主体,这里使用的是 HALCON 20.05;然后选择下面的 HALCON Deep Learning 的两个主体,之后就得到这三个安装文件。

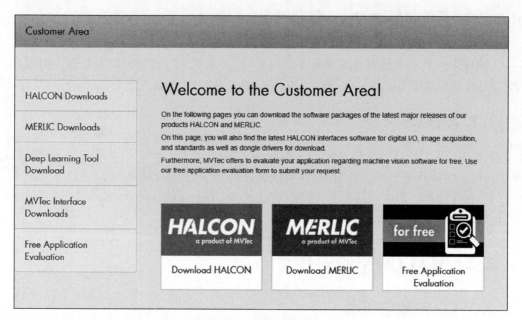

图 2-2　Download 界面

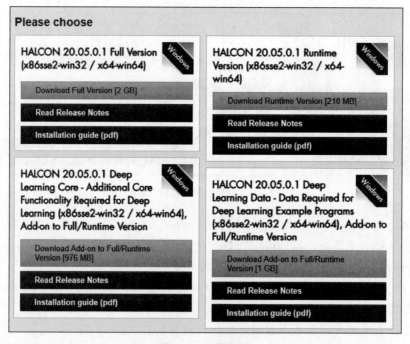

图 2-3　下载选项

2.2.2　HALCON 安装

先单击 HALCON 20.05-windows.exe，然后 HALCON 会加载其中的图像，接着进入安装界面，进行常规安装，选择安装 64 位的版本（也可以根据系统情况选择适合自己的版本）。

然后，中间会出现一个数字签名，单击"安装"按钮进行安装，安装完毕后，单击"关闭"按钮。

接下来，安装 Deep Learning 安装包，至此完成了所有的安装。找到 HALCON 安装目录里面的 license 文件夹，把 license 文件放入即可。然后，就可以使用 HALCON 了。

对于 MacOS 系统的安装也是类似的，打开 HALCON-20.05.0.0macos.pkg 文件，进入安装界面，按照提示进行安装，这里就不需要额外安装 Deep Learning 模块了。然后导入 license，依次单击"前往"→"电脑"，可以看到"我的 SSD 硬盘"。进入 SSD 硬盘后可以看到"资源库"，依次展开文件夹"资源库"→Application Support，可以看到 HALCON-20.05 文件夹，进入 HALCON-20.05 文件夹可以看到 license 目录，从外部存储设备中复制.dat 文件到此处粘贴。弹出"授权"窗口，登录账户和密码后就可以完成复制了。之后就可以使用 HALCON 了。

2.3　HALCON 界面介绍

2.3.1　欢迎界面

打开 HALCON 就可以看见 HALCON 欢迎使用界面，如图 2-4 所示。欢迎使用界面由三部分组成：第一部分是"打开程序"；第二部分是"入门向导"；第三部分是"了解更多"。

（1）通过"打开程序"可以新建一个程序，或打开一个保存的程序，或打开一个例子，也可以打开之前使用的程序，非常方便。

（2）"入门向导"是一个官方介绍，讲解得比较基础，可以让使用者对 HALCON 有一个初步的认识。

（3）"了解更多"介绍了一些 HALCON 的官方文档，有编程向导、HALCON 的文档和 HALCON 的快速向导，方便使用者查阅。

这些官方的介绍和大多数软件的官方介绍类似，可以起到辅助学习的作用，也为日后查询提供了方便。

2.3.2　主界面

图 2-5 所示为 HALCON 的主界面示意图，由菜单栏、动作按钮栏、图形窗口、变量窗口、算子窗口、程序窗口和底栏组成。

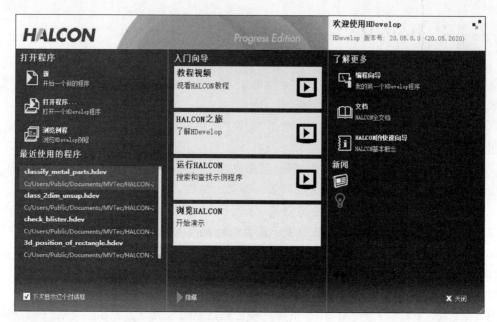

图 2-4 欢迎界面

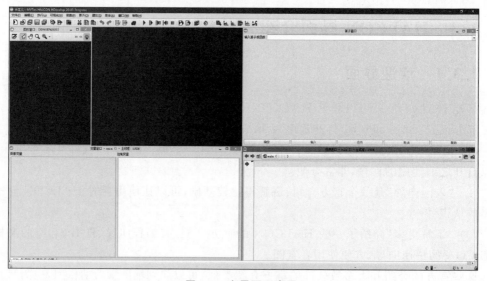

图 2-5 主界面示意图

1. 菜单栏

菜单栏中包含多个菜单,分为如下几个。

(1) 文件:用于文件的导入导出。

(2) 编辑:复制、粘贴文件。

（3）执行：控制程序的运行。

（4）可视化：调节界面点显示。

（5）函数：管理、创建和删除函数。

（6）算子：提供 HALCON 基础的算子选择。

（7）建议：在编辑程序时提供 HALCON 的官方建议。

（8）助手：提供 HALCON 编辑好的模块助手。

（9）窗口：打开和关闭功能窗口。

（10）帮助：HALCON 的帮助文档。

2．动作按钮栏

动作按钮栏提供了菜单栏的一些常用功能的快捷按钮，方便快速操作。

3．图形窗口

图形窗口是用来显示图像的，如图 2-6 所示。在该窗口可以观察图像，可以放大、缩小或移动图像。

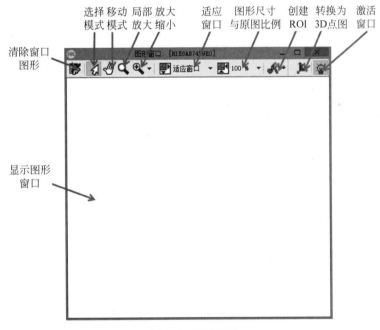

图 2-6　图形窗口

4．变量窗口

变量窗口如图 2-7 所示，分为图像变量窗口和控制变量窗口。图像变量窗口显示的是图形变量，控制变量窗口显示的是数值变量，可以通过它们查看当前程序使用的变量。

图像变量   控制变量

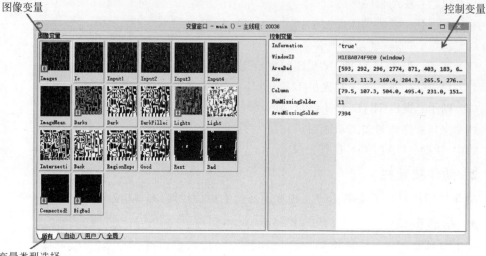

变量类型选择

图 2-7　变量窗口

5. 算子窗口

算子窗口显示的是当前选中算子的详细内容，如图 2-8 所示。可以通过算子窗口改变当前算子的参数。

算子名称
算子描述
算子参数

替换并执行　　应用并关闭算子　　应用修改　　取消修改　　算子帮助

图 2-8　算子窗口

6. 程序窗口

程序窗口显示的是当前编写的程序，如图 2-9 所示。

7. 底栏

底栏用于显示辅助数据，如图 2-10 所示。

前进和后退　新建签页　　　函数栏　　　　　编辑函数接口　固定程序列表 显示运行时间

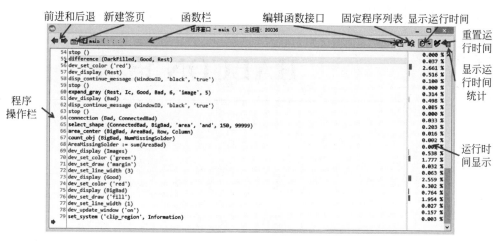

图 2-9　程序窗口

图 2-10　底栏

## 第 3 章

HALCON 语法

3.1 变量的创建与赋值

在 HALCON 中可以创建变量并为变量赋值,可通过下面的程序来了解 HALCON 的变量创建和赋值。

```
* Image 变量的赋值
read_image( Image,'C:/Users/admin/Pictures/Saved/Pictures/logo001.png')
CopyImage: = Image
* 区域的赋值
gen_rectangle1(Rectangle, 100, 100, 300, 300)
CopyRegion: = Rectangle
* 亚像素数据的赋值
gen_contour_region_xld(Rectangle, Contours, 'border')
CopyXLD: = Contours
* Tuple 的创建赋值
* Tuple 赋空值
EmptyTuple : = []
* Tuple 赋单个值
Value: = 1
* Tuple 赋多个值
ValueArray: = [2,10]
* 创建相同值的数组
tuple_gen_const(10,5, Newtuple)
```

第一行代码使用 read_image 来读取一张图像,如图 3-1 所示。

图像的地址是在 C 盘里面设置好的一个 logo 的图像,需要把它复制给一个新的变量 CopyImage,HALCON 的变量是不需要声明的,直接输入 CopyImage:=image,即可完成图像的复制。创建矩形区域用的是 gen_rectangle1 函数,这个函数的参数中:

(1) 第一个参数 Rectangle 是输出的创建区域;

图 3-1　读取出来的图像

（2）第二个参数 Row1 是创建的这个 Rectangle 左上角的 Row 值，即 Y 值；

（3）第三个参数 Column1 是创建的这个 Rectangle 左上角的 Column 值，即 X 值；

（4）第四个参数 Row2 是创建的这个 Rectangle 右下角的 Row 值，即 Y 值；

（5）第五个参数 Column2 是创建的这个 Rectangle 右下角的 Column 值，即 X 值。

创建区域输入的参数值分别为 100、100、300、300。图 3-2 是创建的矩形区域。

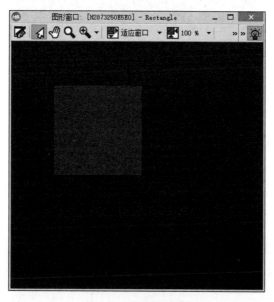

图 3-2　区域的创建

要把这个矩阵赋给一个新的区域变量 CopyRegion,操作的方式和赋值 Image 的方式相同,输入 CopyRegion:=Rectangle,就完成了区域的赋值。

创建一个亚像素数据(Extended Line Descriptions):使用 gen_countour_region_xld 函数来创建亚像素数据,这里创建亚像素数据的方式是通过之前创建的 Region 来转化为一个亚像素数据。这个函数的参数中:

(1) 第一个参数 Regions 是输入的区域;

(2) 第二个参数 Contours 是输出的亚像素数据;

(3) 第三个参数 Mode 是选择转换的方式,这里选择 border,是指输出它的边缘。

图 3-3 所示为亚像素数据的创建。

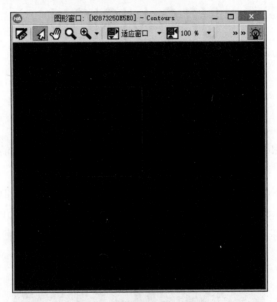

图 3-3 亚像素数据的创建

赋值 Contours 的方式和赋值 Region 和 Image 的方式相同,输入 CopyXLD:=Contours 就可以完成赋值了。

数组的赋值共有四种类型:第一种是给数组赋空值,通过代码 EmptyTuple:=[]来实现数组赋空值;第二种是给数组赋单值,通过代码 Value:=1 来给数组赋单值;第三种是给数组赋多值,通过在"[ ]"中写入多个值来实现,值与值之间使用","隔开;最后是创建相同数值的数组,可通过 tuple_gen_const 函数实现,这个函数的参数中:

(1) 第一个参数 Length 是输入相同的数值的个数;

(2) 第二个参数 Const 是相同数值的值;

(3) 第三个参数 Newtuple 为输出的结果。

3.2　if 语句

if 语句用于条件选择,即根据不同条件选择执行不同的主体语句。if 语句的结构如下:

```
if(条件)
    主体语句
elseif(条件)
    主体语句
else
    主体语句
endif
```

通过下面的例子对 if 语句进行讲解。

```
* if 语句的判断使用
Value: = 10
Result: = 0
* 大于
if(Value > 10)
    Result: = 1
endif
```

给 Value 赋值为 10,初始化结果变量 Result,将其赋值为 0。上例是一个"大于"的比较条件,如果 Value 大于 10 就会执行 if 语句中的主体语句,结果变量 Result 就等于 1。这是 HALCON 的一个 if 语句,是 if 加上 endif 的结构,后面不需要任何的括号来结尾,而是通过 if 和 endif 来自动分割语句部分。

```
* 小于
Result: = 0
if(Value < 10)
    Result: = 1
endif
```

上例是一个"小于"的比较条件,第一行语句是 if(Value<10),即如果 Value 小于 10, Result 的值为 1。

```
* 大于或等于
Result: = 0
if(Value > = 10)
    Result: = 1
endif
```

上例是"大于或等于"的比较条件,先把 Result 初始化为 0,然后判断条件改为 Value 大于或等于 10,例子中,"大于或等于"使用的是">"加上"="的方式,然后用 endif 结束循环。

```
* 小于或等于
Result: = 0
if(Value < = 10)
    Result: = 1
endif
```

上例是"小于或等于"的比较条件,Result 初始化为 0,然后写入 if(Value＜＝10),例子中,"小于或等于"使用"＜"加上"＝"来表示。

```
* 等于
Result: = 0
if(Value = 10)
    Result: = 1
endif
Result: = 0
if(Value == 10)
    Result: = 1
endif
```

上例是"等于"的比较条件,Result 初始化为 0,方便验证结果。HALCON 中 if 的"等于"语句有两种写法;第一种是 if(Value＝10),在 HALCON 中"＝"为判断语句,而不是赋值语句;第二种写法是 if(Value＝＝10),即用两个等号表示判断,在 C 语言中也是这样用的,表示判断 Value 是否等于 10。

```
* 不等于
Result: = 0
if(Value ♯ 9)
    Result: = 1
endif
Result: = 0
if(Value != 9)
    Result: = 1
endif
```

上例是"不等于"的比较条件,"不等于"有两种写法;第一种是 if(Value♯9),用♯来表示"不等于";还有一种写法和 C 语言类似,使用"!"加上"＝"来表示"不等于"。

```
* 与条件,两个条件均为 true,则为 true
Tuple: = 5
Value: = 10
Result: = 0
if(Value > 9 and Tuple > 4)
    Result: = 1
endif
```

上例是两个条件判断的"与"关系,初始化 Result 变量为 0,然后创建 Tuple 变量且值为 5,然后进入 if 条件选择,一个条件为 Value＞9,另一个条件为 Tuple＞4,与关系使用 and 来表示。Result 的结果等于 1,说明 Value>9 和 Tuple>4 两个条件都满足,如果 Result 的结果等于 0,说明两个结果并不同时满足。

```
* 条件或,一个条件为 true,则为 true
Result: = 0
Value: = 10
Tuple: = 5
if(Value > 10 or Tuple > 4)
    Result: = 1
endif
```

上例是两个条件判断的"或"关系,使用 or 来表示,表示在多个条件中,只要有一个条件是正确的,总的结果就是正确的。Value 大于 10 和 Tuple 大于 4 这两个条件只要有一个满足,可以得到 Result 的结果等于 1。

```
* 条件异或,两个结果相同为 false
Result: = 0
Value: = 10
Tuple: = 5
if(Value > 10 xor Tuple > 5)
    Result: = 1
endif
```

上例是两个条件判断的"异或"关系,使用 xor 来表示,描述的是如果多个条件的结果都相同,则总结果为 false,即结果为 0;如果有不同的结果则为 true,即总结果为 1。例子中两个条件判断的结果都为 0,结果相同,所以变量 Result 为 0。

```
* 非语句
Result: = 0
Value: = 10
Tuple: = 5
if(not(Value > 10 and Tuple > 5))
    Result: = 1
endif
```

上例是非语句,使用 not 来表示,表示在当前的结果条件下取相反的结果,例如结果是正确的,那就取错误的结果;如果结果是错误的则取正确的结果。例子中两个判断的结果都为 0,这两个条件的与结果也为 0,经过非语句变换结果为 1,所以 Result 的结果为 1。

```
* if 多重选择
Result: = 0
Value: = 10
Tuple: = 5
if(Value > 9)
    Result: = 1
elseif(Tuple > 5)
```

```
    Result: = 1
else
    Result: = 0
endif
```

上例是 if 的多重选择,先初始化 Result 变量为 0,多重选择中用到了 if、elseif、else 和 endif 语句。elseif 是在 if 的条件判断为错误的时候进行的判断,判断语句的编写和 if 一致。例子中先判断 Value>9 是否为正确的,如果不正确,进入 elseif 的判断条件;再判断 Tuple>5 是否是正确的,如果 Tuple 大于 5 不正确,就会进入 else 的主体语句,即默认的主体语句;如果不存在默认的主体语句,则直接跳出 if 判断。例子中 Value>9 为 true,所以 Result 的值为 1。

3.3 for 循环语句

下例介绍 HALCON 的 for 循环语句。在编程中经常会用到循环语句,来进行循环往复的操作。

for 循环的结构如下:

```
for( Index: = StartNumber to EndNumber by Step)
    循环的语句
endfor
```

其中,Index 是循环的变量,每次循环结束都会加上 Step 的值;StartNumber 是开始的数值;EndNumber 是结束的数值;当 Index 大于 EndNumber 时,循环就结束了。下面是 for 循环例子。

```
* 循环的次数
EndNumber: = 10
* 初始化数组
Array: = [ ]
for i: = 1 to EndNumber by 1
    Array: = [Array, i]
endfor
```

首先把循环次数设置为 10,初始化 Array 数组为空,循环起始的数值设置为 1,步长也设置为 1,在循环结构里把 i 插入数组 Array 中。运行的结果为[1,2,3,4,5,6,7,8,9,10]。

可以把 Step 设置成其他的数值来加大步长,例子如下:

```
Array1: = [ ]
EndNumber: = 10
for i: = 0 to EndNumber − 1 by 2
    Array1: = [Array1, i]
endfor
```

把 Step 设置为 2,结束数值设置为 EndNumber−1,i 设置成 0,得到的结果为[0,2,4,6,8]。

Step 不仅可以设置为正数,也可以设置为负数,例子如下:

```
Array2: = [ ]
EndNumber: = 10
for i: = EndNumber to 1 by − 1
    Array2: = [Array2,i]
endfor
```

把 Step 设置为−1,把 i 设置为 EndNumber,即 10,EndNumber 设置为 1,得到的结果是[10,9,8,7,6,5,4,3,2,1]。

3.4 中断语句

在 HALCON 中,continue 和 break 是用来继续运行下次循环和跳出当前循环的,break 和 continue 可以用在 for、while 和 switch 循环中,起到控制程序运行的作用。下面是 break 和 continue 在 for 循环中使用的例子,在其他循环语句中的用法也是一致的。

```
* break 和 continue 语句
Array3: = [ ]
for i: = 1 to Number by 1
    if(i = 3)
        continue
    endif
    if(i = 7)
        break
    endif
    Array3: = [Array3,i]
endfor
```

在 for 循环中,如果满足条件 i=3,则执行 continue 语句,继续进行下一次的循环,数值不能存入 Array3 这个数组中;如果 i=7,就执行 break 语句,直接结束当前 for 循环,运行的结果是[1,2,4,5,6];当 i=3 的时候数值没有存入数组,当 i=7 的时候循环结束,所以7 之后的数值也没有存入数组。结果符合预期。

3.5 while 循环语句

while 循环语句是用于多次循环的语句,通过判断条件来控制循环是继续还是结束;当条件为正确时继续执行循环,当条件为错误时退出循环。While 循环语句的结构如下:

```
while(条件)
```

　　　循环体语句
```
endwhile
```

while 循环语句例子如下：

```
* while 语句
Flag: = 0
Array: = [ ]
Number: = 5
i: = 0
while(Flag = 0)
    if( i = Number)
        Flag: = 1
    endif
    Array: = [Array,i]
    i: = i + 1
endwhile
```

　　首先,设置条件变量 Flag 为 0,Flag 是用来控制 while 语句继续运行或中断的条件变量。然后,初始化 Array 为空,Number 设为 5,用作结束的数值；将 i 设为 0 用来计数,通过一个 while 循环来实现把数写入数组中。首先是 while,条件是 Flag＝0,可以通过改变 Flag 的值来终止 while 的循环。在 while 循环体里面写入主体语句,主体语句是把 i 放入数组中,i 每次循环结束增加 1。if 语句用来结束 while 语句,判断的条件是 i＝Number,主体语句是 Flag:＝1,通过改变 Flag 的值来结束 while 语句。最后得到的结果是[0，1，2，3，4，5]。

```
* repeat and until
Flag: = 1
Array1: = [ ]
i: = 0
repeat
    Array1: = [Array1,i]
    i: = i + 1
until (Flag = 1)
* 和 while 循环对比
Array3: = [ ]
i: = 0
while(Flag = 0)
    Array3: = [Array3,i]
    i: = i + 1
endwhile
```

　　repeat 和 until 类似于 C 语言中的 do⋯while,但是有所不同。do⋯while 语句是 while 的条件为正确的时候继续执行,而 repeat⋯until 语句是当 until 语句为正确的时候就跳出循环。和 while 相比,repeat⋯until 是先执行 repeat 语句,然后再进行条件判断,而 while 是直接进行判断。上面例子对比的是 repeat…until 和 while 的结果：Array1 为 0，Array3 为空。这说明，在使用 repeat…until 时，会先执行一次主体语句。

```
* break 和 continue 语句
Flag: = 0
Array2: = [ ]
i: = 0
while(Flag = 0)
    if(i = 3)
        i: = i + 1
        continue
    endif
    if(i = 5)
        break
    endif
    Array2: = [Array2,i]
    i: = i + 1
endwhile
```

上例通过使用 break 和 continue 来控制 while 的循环结束和继续运行。使用方法与 for 循环类似。while 循环可以在 Flag＝0 时连续进行循环，当 i＝3 时，执行一次 continue 语句，不赋值给 Array2 这个数组；当 i＝5 时，直接执行 break，跳出整个 while 循环。最后 array2 结果是[0，1，2，4]，符合预期。

3.6　switch 语句

switch 语句是一个条件选择语句，当 if 多层嵌套时，可以用 switch 来代替，使得结构简单。switch 的结构如下：

```
switch(条件)
case 常量表达式一:
    主体语句
break
case 常量表达式二:
    主体语句
break
default:
    主体语句
endswitch
```

使用的方法是将条件与常量表达式一一对比，当条件的值与 switch 的某一个常量表达式的值相等时，就执行这个常量表达式对应的主体语句。每个 case 只是入口，不代表执行完当前 case 主体语句就结束整个 switch 语句，如果需要在执行完 case 的主体语句之后结束 switch，可使用 break；当没有 case 与条件匹配时，可以通过 default 来执行默认的主体语句。switch 语句的例子如下：

```
* switch 语句
result: = ''
Index: = 1
switch( Index)
case 1:
    result: = result + '1'
    break
    * break 后 switch 会在此跳出
case 2:
    result: = result + '2'
    break
case 3:
    result: = result + '3'
    * 没有 break 程序会继续运行
case 4:
    * case 4 为空直接进入 case 5,这样 case 4 和 case 5 的结果相同
case 5:
    result: = result + '5'
    break
default:
    * 没有匹配的 case,就会进入 default 默认语句
    result: = '-1'
endswitch
```

首先初始化 result 字符串为空,然后把 Index 设为 1,开始执行 switch 语句,判断 Index 和 case 是否匹配。Index 匹配到了 1,继续往下运行,运行到 result＝result＋'1',然后执行 break,跳出整个 switch 语句,就完成 switch 语句的执行,result 的结果是 1。

把 Index 改为 2 时,执行一次 switch 语句,结果是 result 等于 2,因为它进入 case 2 的主体语句中。

如果把 Index 改为 3,执行一次 switch 语句,语句会执行到 case 3 的主体语句,然后执行 result＝result＋'3'这一语句,由于 case 3 后面没有写 break,会继续执行接下来的程序;执行到 case 4,case 4 是一个空的语句,后面也没有写 break,程序还会继续往下执行;执行到 case 5,然后执行 result＝result＋'5'这一语句,case 5 后面有 break 语句,跳出 switch 语句,result 结果为 35。

如果把 index 改为 6,没有 case 等于 6,程序会运行 default 的主体语句,程序进入 default 之后,运行的结果是 result＝'-1',然后结束 switch 语句。

## 第 4 章

HALCON 的数据结构

HALCON 数据参数主要有图形参数和控制参数。其中,图形参数包括图像、区域、亚像素轮廓,控制参数包括数组和字典。

4.1 图像

图像(Image)通道可以看作一个二维数组,也是表示图像时所使用的数据结构。图 4-1 所示为一幅放大了的像素图像。

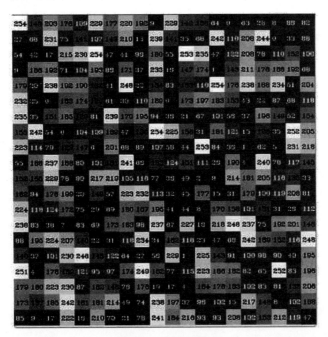

图 4-1 像素图像

该图像由很多个方格组成,每个方格称为像素,每一个方格用一个数值来表示,例如 1、37 和 212 等,这些数值是这一像素的灰度值。它包含了三个信息:第一个信息是 x 坐标;第二个信息是这一像素点的 y 坐标;第三个信息是像素点的灰度值。

像素点的灰度值可取很多个数值,取值范围为 0~255,这也说明了图像是 8 位的。

图像分为黑白和彩色两种,彩色图像通过红、绿、蓝三个通道来实现存储。如果图像中不存在蓝色,那么蓝色通道的数值是 0。

上面所说的图像都是以 8 位为单位存储的,8 位指的是图像的每一像素的数据长度为 8 位。一幅黑白图像每像素可取 0~255 的数值,一幅彩色图像三个通道组合起来有 1600 万种颜色,颜色已经很多了。但是,这些色彩只是人眼可见的色彩域中的一小部分,所以有 10 位、12 位的黑白图像和 10 位的彩色图像,有时这些图像也称为 HDR(high-dynamic range)图像,它们能存储的数值更多。

图 4-2 HALCON 的
图像数据类型

HALCON 的图像数据类型有 10 种,如图 4-2 所示。

(1) byte 数据类型:即 8 位的图像数据类型,存储的像素值的范围为 0~255。

(2) direction 数据类型:它是一个存储方向的数据类型,用来存储角度方向,上限是 180°,一般情况下方向是 0°~360°。如果用这种数据类型来保存数据,保存的角度信息是实际角度的一半。

(3) cyclic 数据类型:以循环的方式来存储数据,即如果灰度值超过了 255,数据又会从零开始不断地循环。

(4) int1 数据类型:带符号的数据类型,范围为 -127~128。

(5) complex 数据类型:混合型的数据类型,包含实部和虚部两部分,是在复数存储时使用到的一个数据类型。

(6) int2 数据类型:16 字节深度的数据类型,是带符号的数据类型,存储数据的范围为 -32 767~32 768。

(7) uint2 数据类型:16 字节深度的数据类型,是不带符号的数据类型,存储数据的范围为 0~65 535。

(8) int4:32 字节深度的数据类型,是带符号的数据类型,存储数据的范围是 -2 147 483 647~2 147 483 648。

(9) int8 数据类型:64 字节深度的数据类型,是带符号的数据类型,存储数据的范围是 -9 223 372 036 854 775 807~9 223 372 036 854 775 808。

(10) real 数据类型:一个浮点型的实数数据类型,用于存储实数数据。

4.2 区域

图像处理的任务就是识别图像中的某些特征区域(Region),计算区域特征的时候,会把图像像素转换成区域来计算,这样可以减少资源的占用,方便存储和计算。区域是符合某些性质的像素子集,区域可以是任意的形状,单独的1像素也可以是区域。

4.2.1　区域的存储

区域在内存中都是逐行存储的,所以一般使用行程编码来实现区域的存储。

行程编码和之前所说的图像压缩类似,就是把相同的数据用数字来代替。例如,QQQWWWERR 可以写成 Q3W3ER2。

行程编码的数据包含该行程的纵坐标,行程开始和行程结束对应的横坐标,图 4-3 所示为一个区域的行程编码。

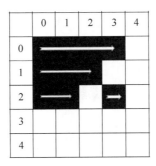

图 4-3　行程编码

使用行程编码来表示图 4-3 中的区域,表示的结果是,第 0 行第 0 列开始就有像素:

(1) 第一个行程是从第 0 行第 0 列到第 0 行第 3 列;

(2) 第二个行程是从第 1 行第 0 列到第 1 行第 2 列;

(3) 第三个行程是从第 2 行第 0 列到第 2 行第 1 列,中间空格把第三个行程和第四个行程分割开来。

(4) 第四个行程是从第 2 行第 3 列到第 2 行第 3 列。

用表格来表示行程如表 4-1 所示。

表 4-1　行程编码

行　　程	行	开　始　列	结　束　列
1	0	0	3
2	1	0	2
3	2	0	1
4	2	3	3

使用这样的方法来实现区域的存储,存储的信息不受影响,同时存储的空间得到压缩。

4.2.2　连通区域

存储行程不仅节约存储空间还可以很好地管理行程。定义一个行程为一个区域,如果需要把多个行程合并为一个区域需要根据某种规则来合并行程,合并行程一般使用的是四连通区域和八连通区域的方式。

1. 四连通区域

四连通区域是指某一指定像素的上、下、左、右共 4 个相邻的像素区域,把像素的这四个区域合并到指定像素上的方法,叫作四连通区域合并方法。图 4-4 所示是四连通区域示意图,"十"字阴影部分为黑色部分像素的四连通区域。

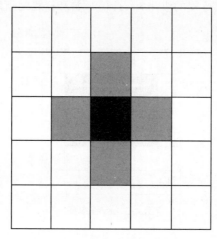

图 4-4　四连通区域示意图

2. 八连通区域

八连通区域是指某一指定像素的上、下、左、右、左上、左下、右上、右下这 8 个相邻的区域,把 8 像素区域合并到指定像素上的方法称为八连通区域合并方法。图 4-5 所示为八连通区域示意图,阴影部分为黑色部分像素的八连通区域。

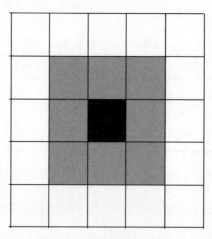

图 4-5　八连通区域示意图

下面通过一个例子来描述四连通区域和八连通区域的区别。图 4-6 所示是多个区域示意图,通过四连通区域合并方法和八连通区域合并方法来合并区域。

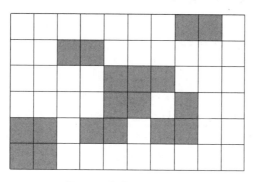

图 4-6　多个区域示意图

通过四连通区域合并方法来合并区域,如图 4-7 所示,获得了 5 个区域。

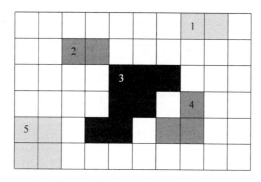

图 4-7　用四连通区域方法合并

通过八连通区域合并方法来合并区域,如图 4-8 所示,获得了 3 个区域。

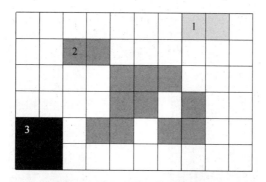

图 4-8　用八连通区域方法合并

4.3　亚像素轮廓(XLD)

4.3.1　亚像素轮廓介绍

图像和区域最小的组成单位是像素,对于测量工具,例如钢尺,最小的测量单位是毫米,但是可以通过估读的方式读到亚毫米级,如2.5毫米。像素也是可以"估读"的,这就是所说的亚像素级。HALCON中使用XLD这个数据结构来存储和表示亚像素的数据。

图4-9所示是亚像素轮廓示意图,每一个方格代表一像素,方格代表轮廓像素,线代表亚像素轮廓,可以看到亚像素轮廓在像素内,但是并不是在中心,而且根据计算存在不同的点位。

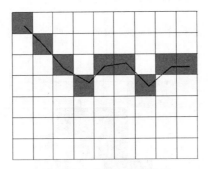

图4-9　亚像素轮廓示意图

亚像素轮廓带给我们更精确的点,从而在测量和定位当中提供更准确的图像位置。亚像素轮廓是一组有序的控制点的集合,数值为浮点型,精度一般为小数点后两位。通过图4-10可以看出,亚像素轮廓是通过周围的像素插值计算得到的。

图4-10　通过像素插值获取亚像素轮廓

4.3.2　亚像素轮廓的数据结构

亚像素轮廓的数据结构中包含了亚像素轮廓的很多属性。为了更好地描述边缘亚像素轮廓，HALCON 规定了两种不同的亚像素轮廓：一种是插值计算的亚像素轮廓；另一种是通过多边形逼近方式得到的亚像素轮廓。

亚像素轮廓（XLD 轮廓）的数据结构如下：

```
typedef struct con_type
{
    HITEMCNT num;                     //XLD 轮廓点的数量
    HSUBCOOK * row;                   //XLD 轮廓点的行坐标
    HSUBCOOK * column;                //XLD 轮廓点的列坐标

    Hcont_class location;             //XLD 轮廓是否交叉和交叉的位置
    INT4 num_attrib;                  //附加属性的个数
    Hcont_attrib * attribs;           //XLD 轮廓附加属性
    INT4 num_global;                  //XLD 轮廓附加全局属性个数
    Hcont_global_attrib * attrib;     //XLD 轮廓附加全局属性
    INT4 h;                           //辅助属性
}Hcont;
```

4.4　数组

有人认为 HALCON 的数组（Tuple）和 C 语言的数组是相同的，其实两者有所差别。C 语言的数组只能存放一种变量，而且数组可以是二维的或三维的，而 HALCON 的数组就不太一样了。在数据存储方面，可以认为 Tuple 是一个结构体，可以同时存储多种数据类型，如字符串、整数和浮点数；在维度方面，Tuple 是一个单一维度的数组，它只能是一维数组，而不像 C 语言中的数组那样进行多维度存储。

4.4.1　数组的赋值与创建

（1）定义一个空数组，代码如下：

```
Tuple:=[]
```

（2）给数组赋值并创建数组，代码如下：

```
Tuple:=[1,'a',2.1]
```

（3）给指定数组元素赋值，代码如下：

```
Tuple[1]=0
```

（4）获取数组的长度，代码如下：

```
Number: = |Tuple|                    //结果 Number = 3
```

（5）用函数方式获取数组长度，代码如下：

```
tuple_length(Tuple, Length2)        //Length2 = 3
```

Tuple 是一个用于数据存储的数据结构，一般情况下黑白图像 Image、区域 Region 和亚像素轮廓（XLD）称为 HALCON 的对象，也就是 HObject。这些都是用来存储和图像有关的数据，而数值数据都是用 Tuple 来存储。

4.4.2　数组的存储与读取

HALCON 中的数组结果是可以直接存储的。

可以通过 write_tuple 这个函数来存储 Tuple 数值，该函数的第一个变量是需要存储的数组，第二个变量是存储的地址，存储下来的文件后缀名为 .tup，可以用写字板的方式打开该文件，图 4-11 所示为用写字板打开数组[0,2,3,9]的结果。如果采用记事本的方式打开，如图 4-12 所示，数据的换行就无法正确地体现出来。

图 4-11　用写字板打开 .tup 文件　　　　图 4-12　用记事本打开 .tup 文件

可以看到，.tup 文件首先存储了数组中数值的数量，例如数组[0,2,3,9]，共有 4 个元素，所以，第一行是 04；第二行是存储的元素，其中第一个数值是 1，代表存储的数值是整数类型，空格后的第二个数值是存储的数值 0。

4.5　字典

4.5.1　字典介绍

字典（Dictionary）是一个容器，是对于数据模型中键和键描述的集合，类似于通过联系人名字查找联系人地址或联系人详细情况的地址簿，即把键（名字）和值（详细情况）联系在一起。键必须是唯一的，如果键重复，就无法找到正确的信息。

字典是由键和值组成的，键是这个集合的唯一标识，可以用不可变的字符串和数值来表示，值可以用可变的数值或字符串来表示。

在 HALCON 中字典的值可以是 HObject，即图像、区域、亚像素轮廓，也可以是数组。键的值可以是数字和字符串，HALCON 中的字典还有一个句柄（Handle）作为这个字典集的标识。

字典这个数据结构主要用于深度学习。在 HALCON 的深度学习中，需要有很多标记过的图像，也就是图像要有一个键来标识，这个结构就是字典的结构。当把很多图像标识好之后，就会形成一个字典集，这个字典集可以给算法提供数据。HALCON 中的深度学习算法都是使用字典来作为数据输入的。

也可以用数组和数组的索引来实现字典的功能，字典和数组对比，可以非常方便地通过键来搜索对应的值，键可以包含特殊含义，也更容易被人们记住。

4.5.2　字典的创建和操作

在 HALCON 中，可以通过 create_dice 函数来创建字典，该函数的参数只有一个，即是这个字典的句柄。

可以通过操作 set_dict_object 和 set_dict_tuple 函数来向字典里面存入数据，存入数据的时候需要值、键和字典句柄。这两个函数共有 3 个变量：第一个变量是存入的值，第二个变量是句柄，第三个变量是键值。

可以通过 get_dict_object 和 get_dict_tuple 函数来查询字典里面的数据，这两个函数的第一个变量是字典的句柄，第二个变量是键值，第三个变量是访问的值。

可以通过 remove_dict_key 函数来删除字典中的数据，这个函数的第一个变量是字典的句柄，第二个变量是数据的键。

可以通过 copy_dict 来复制字典，所有字典数据都是深度复制的。这个函数的第一个变量是要复制的句柄；第二个变量是复制时出现错误的种类。目前只有一种错误，即复制空句柄错误，这里用[]来表示默认就可以了，也可单击下拉框来选择；第三个变量是这个错误类型处理方式，第一种方式是'true'，是复制空句柄时，中断操作，第二种是'low_level'，复制继续，错误类型交给 system_set 来决定触发什么错误，第三种是'false'，就是不触发错误，继续复制空句柄。

4.6　句柄

句柄是指使用一个唯一的整数值，即一个 4 字节（64 位程序中为 8 字节）长的数值来标识应用程序中的不同对象和同类中的不同的实例，例如一个窗口、按钮、图标、滚动条、输出设备、控件或者文件等。当一个应用程序要引用其他系统所管理的内存块或对象时，就要使用句柄。应用程序能够通过句柄访问相应的对象信息，但是句柄不是指针，程序不能利用句柄来直接阅读文件中的信息。如果句柄不在 I/O 文件中，它是毫无用处的。

句柄与普通指针的区别在于，指针包含的是引用对象的内存地址，而句柄则是由系统所管理的引用标识,该标识可以被系统重新定位到一个内存地址上。这种间接访问对象的模式增强了系统对引用对象的控制。

在 HALCON 中有很多实例对象,例如标定、匹配、测量和窗口等都使用到了句柄,这些例子通过句柄来识别使用的是哪个对象。因为在程序中可能会出现多个匹配或者测量的对象,所以用句柄来标识,方便管理。

在 HALCON 中句柄由数字和字母组成,共 12 位,数字和字母后面用一个括号表明这个句柄是用于哪一个对象类型,例如,H1C881D5FA10(window)就是用于窗口的句柄;H1C881D5FA40(shape_model)是用于模板匹配的句柄。

句柄是需要存储的,一般都是存储实例对象。因为每一次打开相同的程序,相同的对象的句柄也是不一样的,例如上面的窗口和模板匹配句柄,再次打开的时候,就变成了句柄 H24BE085FA10(window)和句柄 H24BE085FA40(shape_model)。

算 法 篇

算法篇包括第 5～18 章，主要介绍图像算法原理，并以 HALCON 语言为载体进行实现，主要内容包括图像预处理、图像分割、图像特征、图像匹配、区域变换、亚像素数据拟合等。通过对算法篇的学习，读者可以深入了解图像处理的原理，以及在 HALCON 中如何实现这些算法。

## 第 5 章

图像的获取

　　HALCON 是一款图像处理软件。在介绍图像处理之前,需先介绍图像是如何获取的。获取图像有 3 种方式:①使用硬件采集图像;②直接读取采集好的图像;③通过某些方法生成一张图像。

5.1　硬件采集

5.1.1　硬件

　　工业领域的成像系统多种多样,常见的有 CCD、CMOS 工业相机、X 射线成像仪、红外成像仪和热成像仪。这些系统都可以抽象为物理量的输入,通过传感器使物理量变为电信号,然后存储电信号。图 5-1 所示为成像系统的简化模型。

图 5-1　成像系统的简化模型

　　工业领域中大多数是使用工业相机系统进行成像,工业相机系统由镜头、光源和相机组成。在相机和计算机连接的方式下可能还包含采集卡硬件和图像采集卡,其功能是将图像信号采集到计算机中,以数据的形式存储在硬盘或者内存当中。相机系统负责采集图像,镜头系统负责对外部光线进行偏折,确保被观测的物体可以聚焦到图像传感器上。图 5-2 所示是相机和配套镜头实物图。光源系统负责提供充足和特定方向的光照,使得想要获取的特征可以清晰地呈现。图 5-3 所示是光源实物图。

5.1.2　相机接口

1. USB 接口

　　USB 接口是相机的常用接口,一般使用 USB 3.0,其传输速度可达 4.8Gb/s。由于 USB 的传输电流比较小,不适合长距离传输,如果有长距离传输要求,需要使用 USB 中继器,但是中继器需要额外供电。无中继器时,通信距离为 5m。

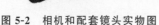

图 5-2　相机和配套镜头实物图　　　　　图 5-3　光源实物图

USB 接口特点包括支持热拔热插、使用便捷、标准统一、可连接多个设备、相机可通过 USB 线缆供电。同时,USB 相机会占用较大的 CPU 空间。

2. IEEE 1394 接口

IEEE 1394 接口是一个串行接口,但能像并联 SCSI 接口那样提供同样的服务,而成本低廉。它的特点是传输速度快,其单信道带宽为 800Mb/s,适合传送数字图像信号。由于 IEEE 1394 接口的传输速率很快,以致其连接线缆对屏蔽性的要求非常高,所以 IEEE 1394 接口的传输距离短,最长为 3m。

IEEE 1394 接口特点包括高速率、支持热插拔、数据传输实时性、采用总线结构、即插即用,但传输距离比较短。随着其他接口速度的提升,IEEE 1394 接口已经很少使用。

3. CameraLink 接口

由 AIA(Automated Imaging Association,国际自动成像协会)推出的数字图像信号通信接口协议是一种串行通信协议。它采用 LVDS 接口标准,具有速度快、抗干扰能力强、功耗低的特点。它从 Channel Link 技术发展而来的,在 Channel Link 技术基础上增加了一些传输控制信号,并定义了一些相关传输标准。协议采用 MDR-26 针连接器。CameraLink 分为 Base、Medium、Full 三种配置。

(1) Base 配置通过单个连接器/电缆传输信号。除了传输串行视频数据的 5 个 LVDS 对(24 位数据和 4 个成帧/使能位)外,该连接器还带有 4 个 LVDS 离散控制信号和 2 个 LVDS 异步串行通信通道,用于与摄像机通信。在最大芯片组工作频率(85MHz)下,数据量为 2.04Gb/s(即 255MB/s)。

(2) Medium 配置使视频带宽加倍,在 Base 配置中添加 24 位数据和相同的 4 个成帧位。这产生了一个 48 位宽的视频数据通道,数据量可达 4.08Gb/s(即 510MB/s)。

(3) Full 配置为数据通道又增加了 16 位,从而得到 64 位宽的视频通道,可以承载的数据量可达 5.44Gb/s(即 680MB/s)。

标准 CameraLink 传输距离为 10m。新一代接口标准 CameraLink HS 由 Dalsa 公司开发,兼容 CameraLink 接口,最大传输速度为 12Gb/s(即 1500MB/s),最大传输距离可达 40m。

CameraLink 接口特点包括高速率、抗干扰能力强、功耗低,其传输距离一般。

4. GigE 千兆以太网接口

该接口由 AIA 创建并推广,是一种基于千兆以太网通信协议开发的相机接口标准;适用于工业成像应用,通过网络传输无压缩视频信号。它是第一个使用价格低廉的线缆进行长距离图像传输的标准。传输数据长度可伸展至 100m,标准的 GigE 带宽达 1Gb/s(即 125MB/s)。

Gig 接口特点包括经济性好,可使用廉价电缆和标准的连接器;很容易集成,且集成费用低;可管理维护性及广泛应用性。其传输距离较远。

5. Nbase-T 接口

Nbase-T 接口技术是由 Nbase-T 联盟引领的一种全新的网络技术,它通过定义一种新的以太网信号方式,使得现有已安装的双绞线(Cat5E/Cat6)能够在长达 100m 的范围内突破线缆 1Gb/s 的限制。Nbase-T 可以让现有大量安装的超 5 类和 6 类线的传输速度达到 2.5Gb/s(即 312.5MB/s)或 5Gb/s(即 625MB/s)。

Nbase-T 接口特点如下:它是 GigE 接口的升级版,在传输距离不变、器材不变的情况下,传输速度可达 5Gb/s(即 625MB/s)。

6. CoaXPress 接口

CoaXPress 接口是一种非对称的高速点对点串行通信数字接口标准,这项技术由 Adimec 公司和 EqcoLogic 公司联合开发,传输速度高达 6.25Gb/s(即 781.25MB/s),传输距离最大为 170m。

CoxXPress 接口特点包括数据传输量大、传输距离长;可选择传输距离和传输量;价格低廉,易集成、支持热插拔。

7. 光纤接口

光纤接口是基于光纤通信的接口,其传输速度可达 16.3Gb/s(即约 2GB/s),单模光纤的连接距离可达 10km,多模光缆的连接距离可达 300m 或 500m。一般情况下,光纤需要配备“特别”的采集卡,而且光纤线不能随意从中间连接,而需要专业设备才能连接,在连接处会比较脆弱,易出现故障。

光纤接口特点包括光纤通道传输速度快,传输距离远,但需要更新原有线缆设备。

5.1.3　HALCON 相机驱动

相机驱动程序是一个允许高端计算机软件与相机硬件交互的程序。程序创建了一个计算机硬件与相机硬件、相机硬件与计算机软件沟通的接口,经由主板上的总线或其他子系统与相机硬件形成连接的机制,这样的机制使得相机硬件设备上的数据与计算机交换成为可能。

由于不同的计算机体系结构与操作系统差异,相机驱动程序分为 32 位和 64 位驱动程序,在 32 位的系统上运行时需要采用 32 位驱动程序,在 64 位的系统上运行时需要采用 64

位驱动程序。有时候在 64 位系统上编译 32 位程序也是可以的,这时就需要使用 32 位驱动程序。目前大多数软件已经支持了 64 位程序,所以一般都会编译成 64 位程序,在 64 位系统下运行。64 位系统下可以支持更大的内存和更宽的地址范围。

HALCON 提供了相机和采集卡的驱动程序,如果要使用采集卡,就要选择对应的采集卡来连接 HALCON 驱动。如果是相机直接连接,就选择对应相机的驱动。

下面详细介绍 HALCON 图像采集硬件驱动。

1. BitFlow

BitFlow 是用于 BitFlow 公司旗下产品的图像采集接口。BitFlow 公司是一家从事图像采集卡研发制造的公司,成立于 1993 年。HALCON 对旗下 Alta-AN、Karbon-CL、Karbon-CXP、Cyton-CXP、Neon-CL、RoadRunner、roadruner-cl、R3 和 R3-cl 产品系列提供驱动接口。图 5-4 所示是 Cyton-CXP 采集卡。

2. DirectFile

DirectFile 是微软 DirectShow 的文件读取软件,用于读取 DirectShow 文件,是一个虚拟硬件接口。

3. DirectShow

DirectShow 是微软公司的一个驱动程序,HALCON 的 DirectShow 接口可以使用兼容 DirectShow 的捕获设备来采集图像。Windows 提供了一个通用的 USB 视频类(UVC),类中的 DirectShow 驱动程序可以使大多数 UVC 设备在没有额外驱动程序的情况下工作。UVC 设备是平时使用的 USB 摄像头,如图 5-5 所示,例如笔记本摄像头,以及以前计算机视频聊天时使用的摄像头。

图 5-4　Cyton-CXP 采集卡

图 5-5　UVC 摄像头

4. Ensenso-Nxlib

Ensenso-Nxlib 是用于 Ensenso 3D 传感器的 HALCON 图像采集接口,HALCON 图像采集接口支持旗下紧凑型 N 系列 3D 相机。N 系列相机是结构光 3D 相机,通过高亮的投影仪投影红外光或者蓝光到物体表面,同双目相机原理获取 3D 信息。图 5-6 所示是 Ensenso N 系 3D 相机。

5. File

File 接口是一个虚拟硬件驱动，允许使用 HALCON 图像采集接口从文件中读取图像。有时没有硬件设备或者需要脱离硬件设备编写和调试程序时，可用该虚拟接口完成取像程序的编写和调试。

6. GenICamTL

GenICamTL（generic interface for cameras transport layer）是标准化的传输层编程接口。无论是怎样的传输层（带或不带帧抓取器），GenICamTL 都可以为这些设备提供标准接口的 API。它允许枚举设备访问设备寄存器、流数据和传递异步事件。GenICamTL 也有自己的 SFNC（standard features naming convention，标准功能命名约定），HALCON 支持使用这种协议的相机传输信息。

GenICam（generic interface for cameras，相机通用接口）的目标是为各种设备（主要是相机）提供通用编程接口。无论采用何种接口技术，它们的编程接口都是相同的。GenICam 还包含 GenDC（generic data container，数据容器）和 GenCP（generic control protocol，控制协议）。如果一个相机不仅可以传送图像信息，还可以进行图像处理，并把图像处理信息传输出来控制其他设备，这样的相机称为智能相机，如图 5-7 所示。

图 5-6　Ensenso N 系 3D 相机

图 5-7　智能相机

7. GigEVision

HALCON 支持使用符合 GigEVision 接口的相机，即网口相机。GigEVision 是一种基于千兆以太网通信协议开发的相机接口标准。由自动化成像协会（AIA）对该标准的持续发展和执行实施监督。图 5-8 所示是 GigEVision 接口相机。

8. LinX

LinX 接口支持 LinX 公司的 GINGA digital-CLe 和 GINGA++ Me 的图像采集卡。LinX 是一家日本公司，旗下的 GINGA digital-CLe 为数字图像采集卡，GINGA++ Me 为模拟信号图像采集卡。

图 5-9 所示为 LinX 新一代 GINGA digital-CL2e 采集卡。

图 5-8 GigEVision 接口相机　　　　　图 5-9 GINGA digital-CL2e 采集卡

9. MILLite

MILLite 接口支持 Matrox 公司的 Morphis、Radient、Solios 和 Vio 系列的采集卡。Morphis 是视频解码采集卡，Radient 是图像采集卡，支持 CameraLink、CoaXPress 和 CameraLink HS接口标准；Solios 是 CameraLink 图像采集卡；Vio 是视频采集卡，支持模拟和数字视频。

10. MultiCam

MultiCam 接口支持 Euresys 公司的 DOMINO 系列和 GRABLINK 系列采集卡。DOMINO 系列是非标模拟图像采集卡，GRABLINK 系列是 CameraLink 图像采集卡。

11. O3D3xx

O3D3xx 接口支持 ifm（德国易福门）飞行时间 3D 摄像机。图 5-10 所示是 ifm O3D 相机。

12. pylon

pylon 接口支持德国巴斯勒（Basler）公司旗下的所有相机，包含面阵、线扫描和 3D 相机。图 5-11 所示为巴斯勒公司的 ace2 lite 相机。

图 5-10 ifm O3D 相机　　　　　图 5-11 巴斯勒公司的 ace2 lite 相机

13. SaperaLT

SaperaLT 接口支持加拿大 Teledyne Dalsa 公司的 Xtium、Xcelera、X64-CL 采集卡和

Spyder3 网口相机。Xcelera 系列利用 PCI Express(PCIe)平台使传统图像采集和处理技术达到新的性能水平和灵活性水平。这个统一且可扩展的平台目前支持高性能 CameraLink 摄像头。Xtium 系列提供高带宽，支持较长电缆距离摄像机，支持种类繁多的区域和线扫描彩色和单色摄像机。图 5-12 所示为 Dalsa linea 线扫描相机。

14. SICK-3DCamera

SICK-3DCamera 接口支持德国西克（SICK）公司的 Ranger C/D/E、Ruler E 和 ColorRanger E 相机。

Ranger 系列用于高级工业解决方案的快速 3D 测量和多重扫描，Ruler 系列用于恶劣环境的千兆三维图像系统。图 5-13 所示是 Ranger-E50414 相机。

图 5-12　Dalsa linea 线
扫描相机

图 5-13　Ranger-E50414 相机

15. SiliconSoftware

SiliconSoftware 接口支持德国 Silicon Software 公司的 microEnable Ⅲ、microEnable Ⅳ/A 系列、microEnable Ⅳ/V 系列、microEnable 5/A 系列和 microEnable 5/V 系列。图 5-14 所示是 microEnable Ⅳ 采集卡。

16. uEye

uEye 接口支持 IDS 公司的 USB uEye、USB3 uEye 和 GigE uEye 摄像机。图 5-15 所示是 IDS 的 USB uEye CP 相机。

图 5-14　microEnable Ⅳ 采集卡

图 5-15　USB uEye CP 相机

图 5-16 USB3 相机

17. USB3 Vision

USB3 Vision 接口支持所有符合 USB3 视觉标准的摄像机。USB3 相机可以提供比网口更快的传输速度。由于 USB 供电问题,导致传输距离比较短,不能长距离传输。图 5-16 所示为 USB3 相机。

5.1.4 HALCON 图像的采集过程

由于 HALCON 的高度封装,HALCON 图像的采集过程还是比较简单的。

1. 打开设备

在打开硬件设备时,会使用 open_framegrabber 函数,该函数的参数中:

(1) 第一个参数 Name 是打开的设备接口的名称;

(2) 第二个参数 HorizontalResolution 是采集图像的水平分辨率,1 为全尺寸,2 为半尺寸,4 为 1/4 尺寸,其他正整数为对应的数值,−1 为默认值;

(3) 第三个参数 VerticalResolution 是采集图像的垂直分辨率,1 为全尺寸,2 为半尺寸,4 为 1/4 尺寸,其他正整数为对应的数值,−1 为默认值;

(4) 第四个参数 ImageWidth 是输出采集到的图像宽度,0 为采集图像的水平分辨率 −2×起点的 col 值(x 值,即第七个参数),−1 为默认值,其他正整数为视觉宽度;

(5) 第五个参数 ImageHeight 是输出采集到的图像高度,填 0 为采集图像的水平分辨率 −2×起点的 row 值(y 值,即第六个参数),−1 为默认值,其他正整数为视觉高度;

(6) 第六个参数 StartRow 是左上角的行数;

(7) 第七个参数 StartColumn 是左上角的列数;

(8) 第八个参数 Field 表示是获取半图还是全图,可以通过 'first'、'second'、'next'、'interlaced' 和 'progressive' 来选择半图的类型;

(9) 第九个参数 BitsPerChannel 是每个通道的像素深度;

(10) 第十个参数 ColorSpace 是颜色空间,可以选择 'gray'、'raw'、'rgb' 和 'yuv';

(11) 第十一个参数 Generic 是具有设备特定含义的泛型参数;

(12) 第十二个参数 ExternalTrigger 表示是否激活外部触发,可选择 'false'、'true';

(13) 第十三个参数 CameraType 表示所需图像采集设备的更详细说明(通常是模拟视频格式的类型或所需摄像机配置文件的名称),可选择 'ntsc'、'pal' 和 'auto';

(14) 第十四个参数 Device 是图像采集设备的设备名称;

(15) 第十五个参数 Port 是将图像采集设备连接到的端口;

(16) 第十六个参数 LineIn 表示有几路摄像机输入线;

(17) 第十七个参数 AcqHandle 是输出的取像句柄。

2. 设置相机参数

通过 set_framegrabber_param 函数来设置相机,用 get_framegrabber_param 来查询

参数。

set_framegrabber_param 函数的参数中：

（1）第一个参数 AcqHandle 是相机的句柄；

（2）第二个参数 Param 是要设置的相机的参数；

（3）第三个参数 Value 对应要设置的相机的参数的值。

get_framegrabber_param 函数的参数中：

（1）第一个参数 AcqHandle 是相机的句柄；

（2）第二个参数 Param 是要读取的相机的参数；

（3）第三个参数 Value 对应要读取的相机的参数的值。

不同的相机可以设置的参数有所不同。

3．获取图像

图像获取的过程分为两个阶段：光信号转换为数字信号的过程和图像在各种存储器中的运转。

图像获取涉及的存储器如下：

（1）主存：挂载在存储设备主板上的专用存储器，即相机里面的存储器。

（2）图像采集设备里的存储器：即采集卡的存储器。

（3）上位机存储器：即计算机的内存。

首先光电传感器把光信号装换为电信号，数模转换器把电信号转换为数字信号。相机把数字图像存储在主存中，采集设备可以实时获取主存内的数据，上位机发出采集信号时，可以读取到采集卡的图像。这里会出现一个问题：上位机采集图像时，不需要等待相机的采集过程，可以直接采集设备存储器的图像。这涉及两种采集方式——异步获取和同步获取。

1）异步获取

图像采集到上位机的时候，是从采集设备获取的，而不是实时获取到发出采集信号时的图像，即取像和处理是并行的，所以异步获取的时候，采集信号会提前发出，这样保证采集到的图像是想要的图像。异步获取对图像处理时间把控比较严，图像处理时间如果波动很大，采集到的图像会因为处理的时间延迟，而得不到实际的图像。图 5-17 是异步获取的流程图。

2）同步获取

同步获取是上位机发出采集信号，然后通过相机取像，将数据传输到上位机，即取像和处理是串行的，如图 5-18 所示。这样取像能保证取到的图像是实时图像，但是取像周期较长。

在 HALCON 中，进行异步取像的时候先使用 grab_image_start 函数，在该函数的参数中：

（1）第一个参数 AcqHandle 是取像句柄；

（2）第二个参数 MaxDelay 在新的版本中已经没有作用，填－1 即可。

然后，使用 grab_image_async 来异步获取图像，在该函数的参数中：

（1）第一个参数 Image 是获取到的图像；

（2）第二个参数 AcqHandle 是取像句柄；

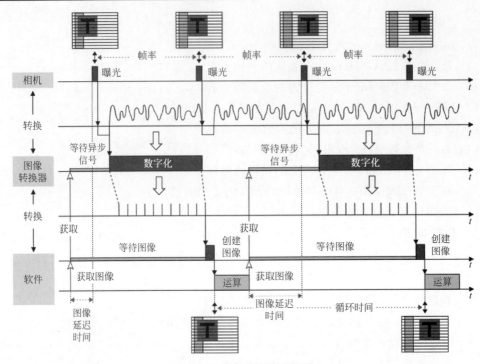

图 5-17　异步获取的流程图

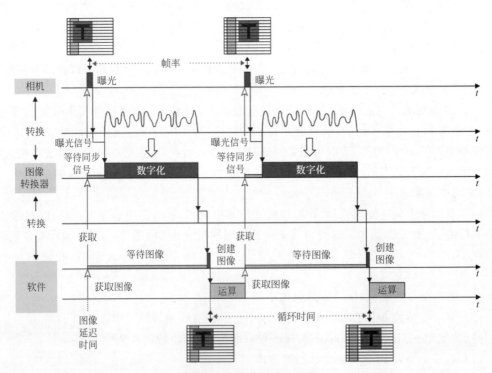

图 5-18　同步获取的流程图

（3）第三个参数 MaxDelay 是异步抓取开始到图像交付之间的最大可容忍延迟，单位 ms，超过这个延迟就不获取图像。

同步获取不需要使用 grab_image_start 函数，如果使用了，也会终止这个函数，重新执行同步获取。同步获取的函数是 grab_image，在这个函数的参数中：

- 第一个参数 Image 是获取到的图像；
- 第二个参数 AcqHandle 是取像句柄。

4. 结束取像

结束取像时使用 close_framegrabber 函数，close_framegrabber 函数关闭取像句柄指定的图像采集设备，释放分配给数据缓冲区的内存，并使图像采集设备可用于其他进程，第一个参数 AcqHandle 就是取像句柄。

图像采集的过程大致如图 5-19 所示。

图 5-19　图像采集的过程

5.1.5　HALCON 相机助手

可以在助手的菜单栏打开采集助手，如图 5-20 所示。

图 5-21 所示是采集助手窗口，从上到下依次是菜单栏、动作按钮栏、功能页、功能页详细信息和底栏。

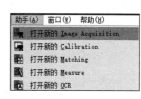

图 5-20　打开采集助手

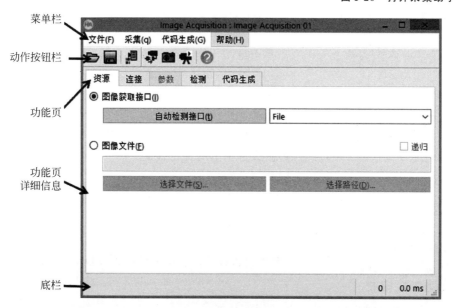

图 5-21　采集助手窗口

1. 菜单栏

如图 5-22 所示是采集助手的菜单栏,分为"文件""采集""代码生成""帮助"四个分菜单。

文件(F)　采集(q)　代码生成(G)　帮助(H)

图 5-22　采集助手菜单栏

1) 文件

"文件"菜单如图 5-23 所示。

(1) 载入助手设置:加载之前保存好的取像助手参数。

(2) 保存当前助手设置:保存现在设置好的取像助手。

(3) 关闭对话框:关闭当前助手对话框,不注销助手句柄,可以再次打开助手。

(4) 退出助手:注销助手句柄。

2) 采集

"采集"菜单如图 5-24 所示。

(1) 连接:连接相机。

(2) 采集:采集一幅图像。

(3) 实时:实时采集图像。

3) 代码生成

"代码生成"菜单如图 5-25 所示。

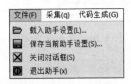

图 5-23　"文件"菜单

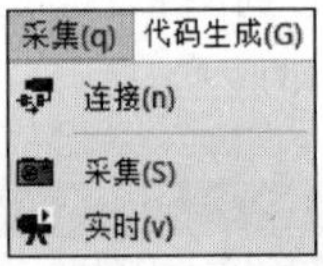

图 5-24　"采集"菜单

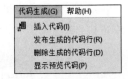

图 5-25　"代码生成"菜单

(1) 插入代码:把设置好的采集助手变成代码形式插入程序中。

(2) 发布生成的代码行:发布生成的代码,修改预览代码不会影响程序窗口代码。

(3) 删除生成的代码行:删除程序窗口代码。

(4) 显示预览代码:跳转到代码生成选项卡的预览代码。

图 5-26　"帮助"菜单

4) 帮助

"帮助"菜单如图 5-26 所示。

(1) 帮助:启动帮助文档。

(2) 参考手册:启动参考手册文档。

(3) 采集设备接口:启动采集设备接口文档。

2. 动作按钮栏

图 5-27 显示了动作按钮栏中各按钮的功能。

图 5-27　动作按钮栏

动作按钮栏的功能与菜单栏的功能相同,它提供了快速启动的方式,使操作更加简便。

3. 功能栏

功能栏分为"资源""连接""参数""检测""代码生成"共 5 个窗口。

1) 资源窗口

"资源"窗口的功能如图 5-28 所示。

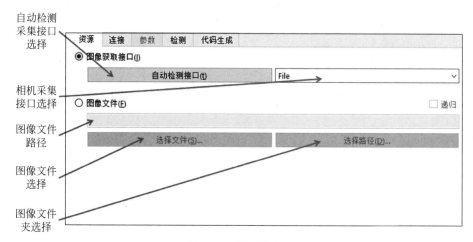

图 5-28　"资源"窗口

2) 连接

"连接"窗口的功能如图 5-29 所示。

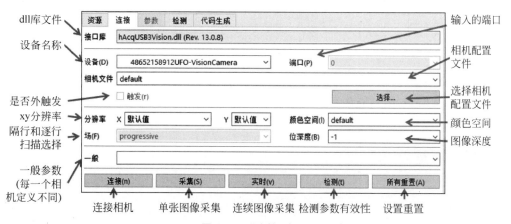

图 5-29　"连接"窗口

3）参数

"参数"窗口的功能如图 5-30 所示。

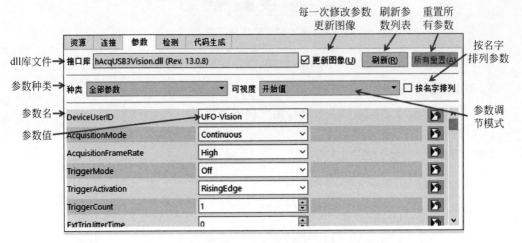

图 5-30 "参数"窗口

4）检测

"检测"窗口的功能如图 5-31 所示。

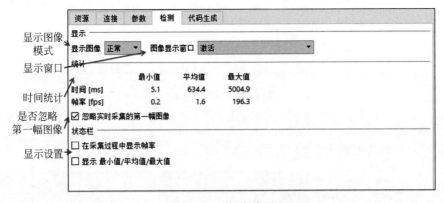

图 5-31 "检测"窗口

5）代码生成

"代码生成"窗口的功能如图 5-32 所示。

4. 底栏

"底栏"的功能如图 5-33 所示。

采集控制
(循环采集，
单张采集)

采集模式
(同步采
集，异步
采集)

采集句柄

生成图像
对象

代码预览

插入生成
代码

插入代码
时断开相
机连接

循环计数
变量

批量读取
图像时文
件数组变量

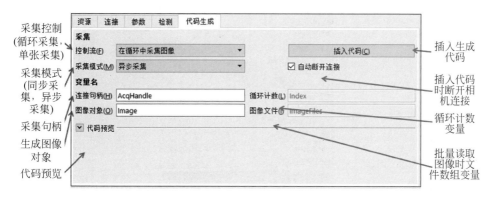

图 5-32 "代码生成"窗口

取像次数   取像时间

图 5-33 底栏

5.2 文件读取

在不能通过硬件获取图像的时候，就需要把拍摄好的图像加载到程序中，HALCON 提供了几种读取图像的方法。

5.2.1 通过读取图像助手读取图像

（1）通过单击"文件"里面的"读取图像"的选项，如图 5-34 所示，会获得如图 5-35 所示的"读取图像"窗口。

通过单击文件名称旁边的文件夹按钮，浏览图像的地址，在"变量名称"里输入读取的图像在 HALCON 中的变量名称，右边的"图像信息"会显示图像的信息，如长、宽、颜色类型和通道的数量。黑色窗口是图像预览窗口。图 5-35 中还没有读取到图像，所以窗口是黑的。

（2）还可以通过把图像文件拖曳到 HALCON 主窗口的方式来实现读取图像窗口的激活。图 5-36 所示是拖曳生成的"读取图像"窗口。

图 5-34 "读取图像"选项

图 5-35 "读取图像"窗口

图 5-36 拖曳生成"读取图像"窗口

变量名默认为文件名,右侧是图像的信息,图像宽 582,高 557,颜色类型 byte 表示 8 位深度;通道是 3,说明这是一张彩色图像。

(3) 还可以通过图像采集助手的文件读取功能读取图像,图 5-37 所示是采集助手的文件读取功能。

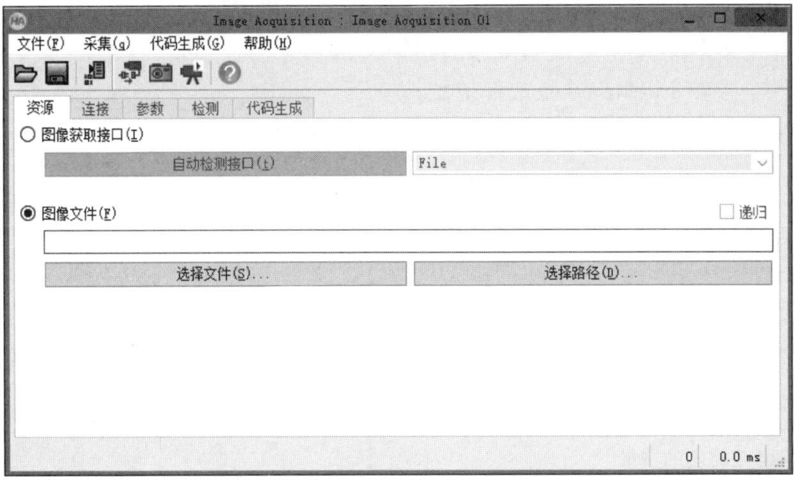

图 5-37 采集助手的文件读取功能

读取图像功能不仅可以读取图像,还可以读取文件夹路径,即读取文件夹里面所有的图像,然后单击代码中生成的插入代码即可完成操作。

5.2.2 通过代码读取图像

可以通过代码编程的方式来获取图像,下例是批量文件夹读取图像。

```
* 文件路径
list_files('C:/Users/Administrator/Desktop
/新建文件夹 (2)', ['files','follow_links'], ImageFiles)
* 筛选图像格式
tuple_regexp_select(ImageFiles, ['\\.(tif|tiff|gif|bmp|jpg|jpeg|jp2|png|pcx|pgm|ppm|pbm|
xwd|ima|hobj) $ ','ignore_case'], ImageFiles)
* 循环读取文件夹图像
for Index : = 0 to |ImageFiles| - 1 by 1
    read_image(Image, ImageFiles[Index])
endfor
```

list_files 函数是获取文件路径函数,这个函数参数中:

(1) 第一个参数 Directory 是文件夹路径;

(2) 第二个参数 Options 是读取类型;

(3) 第三个参数 Files 是输出的文件路径数组。

tuple_regexp_select 函数是文件类型筛选,这个函数参数中:

(1) 第一个参数 Data 是输入文件地址数组;

(2) 第二个参数 Expression 是筛选类型;

(3) 第三个参数 Selection 是输出筛选之后的数组。

read_image 函数是单次读取图像函数,这个函数参数中:

(1) 第一个参数 Image 是读取文件的图像变量;

(2) 第二个参数 FileName 是文件地址;

(3) 如果是读取单张图像可以使用 read_image 直接读取。

5.3　图像生成

随着处理技术的大幅度提高以及图形绘制技术、数字信号处理技术和图形技术的发展,可以利用计算机生成逼真的图像,不需要费力拍摄一些图像,这也是获取图像的一种途径。

下面例子说明在 HALCON 中生成图像的几种方式:

```
*生成一张无灰度的图像
gen_image_const(Image, 'byte', 15, 15)
*生成一种灰度渐变的图像
gen_image_gray_ramp(ImageGrayRamp, 20, 1, 128, 7, 7, 15, 15)
*生成一张有灰度的图像
gen_image_proto(ImageGrayRamp, ImageCleared, 128)
*设置图像某点灰度值
set_grayval(ImageCleared, 7, 7, 255)
```

gen_image_const 函数可以创建指定大小的图像。图像的宽度和高度由参数 Width 和 Height 决定。这个函数的参数中:

(1) 第一个参数 Image 是生成的图像;

(2) 第二个参数 Type 是图像类型;

(3) 第三个参数 Width 是图像的宽;

(4) 第四个参数 Height 是图像的高。

gen_image_gray_ramp 根据下式创建一个渐变图像:

$$\text{ImageGrayRamp}(r,c) = \text{Alpha} \times (r-\text{row}) + \text{Beta} \times (c-\text{col}) + \text{平均值}$$

图像的大小由宽度和高度决定,灰度值的类型为 byte,有效区域外的灰色值会被剪切。这个函数的参数中:

(1) 第一个参数 ImageGrayRamp 是生成的图像;

(2) 第二个参数 Alpha 是 Alpha 的值;

(3) 第三个参数 Beta 是 Beta 的值;

(4) 第四个参数 Mean 是平均值;

（5）第五个参数 Row 是 row 的值；

（6）第六个参数 Column 是 col 的值；

（7）第七个参数 Width 是图像宽度；

（8）第八个参数 Height 是图像高度。

gen_image_proto 函数用于创建一个常量灰度值图像，这个函数的参数中：

（1）第一个参数 Image 是输出图像；

（2）第二个参数 ImageCleared 是输出图像的尺寸与这个图像尺寸相同；

（3）第三个参数 Grayval 是图像的常量灰度值。

set_grayval 用于设置图像上的某点的灰度值，这个函数的参数中：

（1）第一个参数 Image 是输入需要设置的图像；

（2）第二个参数 Row 是需要改变灰度的 y 值；

（3）第三个参数 Column 是需要改变灰度的 x 值；

（4）第四个参数 Grayval 是修改后的灰度值。

图 5-38 所示是以上四个函数生成图像的结果。

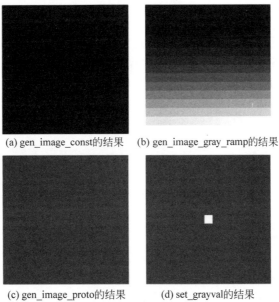

(a) gen_image_const的结果　　(b) gen_image_gray_ramp的结果

(c) gen_image_proto的结果　　(d) set_grayval的结果

图 5-38　由四个函数分别生成图像的结果

## 第 6 章

图像的预处理

图像预处理是在图像分析时,对输入图像进行特征抽取、分割和匹配前所进行的处理。图像预处理的主要目的是消除图像中无关的信息,恢复有用的真实信息,增强有关信息的可检测性,并最大限度地简化数据,从而改进特征抽取、图像分割、匹配和识别的可靠性。

6.1 图像的运算

图像运算指以图像为单位进行的操作(该操作对图像中的所有像素或者局部像素同样进行处理),最后得到与原来灰度分布不同的图像,从而消除图像中无关的信息,恢复有用的真实信息。图像的运算需要有两张或者两张以上的图像进行运算,对图像资源的要求比较高,但是运算较快。

6.1.1 加法运算

图像的加法运算是将两张图像的灰度值进行某种比例的叠加,即

$$h(x,y) = \alpha f(x,y) + \beta g(x,y)$$

其中,$f(x,y)$ 为输入的第一张图像;$g(x,y)$ 为输入的第二张图像;α 为第一张图像的系数;β 为第二张图像的系数;$h(x,y)$ 为输出的图像。

图像的加法运算可以用来降低图像中的随机噪声。一般情况下使用的是多张图像去噪的方式,考虑到一幅图像中因为拍摄时需要较高的 ISO 值(即感光度),这样会产生比较明显的噪点。这些噪点是随机的,通过求获取的多张图像的平均值的方法,来达到多张图像降噪的效果。

如果考虑一张图像用 $g_i(x,y)$ 来表示,多张图像降噪的公式表示为

$$\bar{g}(x,y) = \frac{1}{n} \sum_{i=1}^{n} g_i(x,y)$$

式中,n 表示图像的数量;$\bar{g}(x,y)$ 表示求得的平均灰度值图像;$g_i(x,y)$ 表示第 i 张图像。

在 HALCON 中使用 add_image 函数来实现加法运算,这个函数的参数中:

（1）第一个参数 Image1 为第一张要进行加法运算的图像；

（2）第二个参数 Image2 为第二张要进行加法运算的图像；

（3）第三个参数 ImageResult 为输出的图像；

（4）第四个参数 Mult 为乘数因子；

（5）第五个参数 Add 为加数因子。

通过下面的例子来说明在 HALCON 中如何实现。

```
* 读取图像
read_image(Image, 'Image001G.png')
* 转换图像类型为 int2,扩大位深,保证叠加时不会溢出
convert_image_type(Image, ImageConverted, 'int2')
* 复制图像,保护原图
copy_image(ImageConverted, DupImage)
* 生成空图像数组,保存图像
gen_empty_obj(ImageNoiseArray)
* 循环生成噪声图像
for i: = 1 to 5 by 1
    * 添加噪声
    add_noise_white(DupImage, ImageNoise,80)
    * 噪声图像存入数组
    concat_obj(ImageNoiseArray, ImageNoise, ImageNoiseArray)
endfor
* 图像叠加降噪
for i: = 2 to 5 by 1
    * 第一次循环叠加 1,2 张图像
    if(i = 2)
        * 从数组选择第一张图像
        select_obj(ImageNoiseArray, ObjectSelected_1, 1)
        * 从数组选择第二张图像
        select_obj(ImageNoiseArray, ObjectSelected_2, 2)
        * 图像相加
        add_image(ObjectSelected_1, ObjectSelected_2, ImageResult, 1, 0)
    * 后续循环依次叠加一张
    else
        * 从数组选择第 i 张图像
        select_obj(ImageNoiseArray, ObjectSelected_i, i)
        * 图像相加
        add_image(ObjectSelected_i, ImageResult, ImageResult, 1, 0)
    endif
endfor
* 数值求平均值
scale_image(ImageResult, ImageScaled, 0.2, 0)
```

图 6-1 所示是原始图像,图 6-2 所示分别是噪声图像和降噪图像,图像均是深度为 8 位的图像。

图 6-1 原始图像

(a) 噪声图像   (b) 降噪图像

图 6-2 噪声图像和降噪图像

可以看到,噪声图像在多张平均降噪算法下有了明显改善,但无法还原成原图。

加法运算还可以用来进行图像的合成。把多张图像的信息"加"到一起时,要求图像的尺寸一致才能合成。图像尺寸不一致时,可以进行裁切,举例如下。

```
* 读取前景图像
read_image(ImageProspect, '图像加法图像合成玻璃.png')
* 读取远景图像
read_image(ImageDistantView, '图像加法图像合成雨天.png')
* 裁切图像保证图像大小一致
crop_part(ImageProspect, ImagePartProspect, 0, 0, 1000, 600)
* 裁切图像保证图像大小一致
crop_part(ImageDistantView, ImagePartDistantView, 0, 0, 1000, 600)
* 模糊远景图像
mean_image(ImagePartDistantView, ImageMean, 35, 35)
* 合成图像
add_image(ImagePartProspect, ImageMean, ImageResult, 0.3, 0)
```

图 6-3 所示分别是远景图像和近景图像,图 6-4 所示是加法合成图像。

通过加法合成,把雨天玻璃和雨天树枝的图像进行了合成,在这个图像里面就存在近景和远景信息了。

(a) 远景图像　　　　　　　　　　　(b) 近景图像

图 6-3　远景图像和近景图像

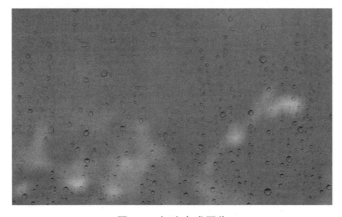

图 6-4　加法合成图像

6.1.2　减法运算

图像的减法运算是将两幅图像的灰度值进行相减,即

$$h(x,y) = f(x,y) - g(x,y)$$

式中,$f(x,y)$为输入的第一张图像;$g(x,y)$为输入的第二张图像;$h(x,y)$为输出图像。

图像的减法可以用来计算两幅图像的差异,尤其是前景物体(运动的物体)的差异。

在 HALCON 中使用 sub_image 函数来实现图像的差,这个函数的参数中:

(1) 第一个参数 ImageMinuend 是被减数图像;

(2) 第二个参数 ImageSubtrahend 是减数图像;

(3) 第三个参数 ImageSub 是差的图像;

(4) 第四个参数 Mult 是乘数因子;

(5) 第五个参数 Add 是加数因子。

图 6-5 是进行减法运算的图像,可通过减法运算获得运动的物体。

通过下面的例子来介绍图像减法的作用。

图 6-5　用于图像减法的图像(左图减去右图)

＊读取图像
read_image(Image1, '减法 2 – 1.png')
＊读取图像
read_image(Image2, '减法 2 – 2.png')
＊裁切图像保证图像大小一致
crop_part(Image1, ImagePart1, 0, 0, 673, 354)
＊裁切图像保证图像大小一致
crop_part(Image2, ImagePart2, 0, 0, 673, 354)
＊把图像转换成 int2 类型,避免图像灰阶溢出
convert_image_type(ImagePart1, ImageConverted1, 'int2')
＊把图像转换成 int2 类型,避免图像灰阶溢出
convert_image_type(ImagePart2, ImageConverted2, 'int2')
＊图像求差
sub_image(ImageConverted1, ImageConverted2, ImageSub, 1, 0)

图 6-6 是图像求差的结果,可以看到,图像当中大部分背景是灰色的,灰色的部分是两张图像相同的部分,黑白物体是两张图像中相对运动的物体。通过减法运算,可以得到图像中运动的物体。物体为黑色或白色,取决于原来物体的颜色和背景的颜色,如果原来车是黑色的,路是灰色的,车由黑向白运动;反之亦然。

图 6-6　图像求差的结果

6.1.3 乘法运算

图像的乘法运算是将两张图像的灰度值进行相乘,即

$$h(x,y) = f(x,y)g(x,y)$$

式中,$f(x,y)$为输入的第一张图像;$g(x,y)$为输入的第二张图像;$h(x,y)$为输出图像。

图像的乘法一般用于图像部分的获取。在 HALCON 中一般使用 mult_image 函数进行图像的乘法。这个函数的参数中:

(1) 第一个参数 Image1 是第一个相乘的图像;

(2) 第二个参数 Image2 是第二个相乘的图像;

(3) 第三个参数 ImageResult 是结果图像;

(4) 第四个参数 Mult 是乘数因子;

(5) 第五个参数 Add 是加数因子。

通过下面的例子来实现图像部分提取,图 6-7 所示是用于图像乘法的图像。

图 6-7 用于图像乘法的图像

```
* 读取图像
read_image(Image2,'logo 头.png')
* 转换为灰度图像
rgb1_to_gray(Image2, GrayImage)
* 生成空图像
gen_image_const(Image, 'byte', 271, 180)
* 生成区域
gen_rectangle1(Rectangle, 58,50, 112, 132)
* 区域绘制到图像上,生成掩膜图像
paint_region(Rectangle, Image, ImageMark, 255, 'fill')
* 图像相乘,掩膜用的是 255 掩膜,所以最后要除以 255,不然会偏色
mult_image(ImageMark, GrayImage, ImageResult1, 1.0/255, 0)
```

图 6-8 是乘法结果图像,通过乘法计算获取到了眼睛的部分。

图 6-8　乘法结果图像

6.1.4　除法运算

图像的除法运算是将两张图像的灰度值进行相除,即

$$h(x,y) = f(x,y)/g(x,y)$$

除法运算可以用于非线性的不均衡亮度的校正,在医学和工业领域经常使用。图像除法还可以用来描述图像之间的区别,它是通过像素比率的方式实现的,而图像减法是通过绝对差值的方式实现的。

在 HALCON 中使用 div_image 实现图像除法,在这个函数的参数中:

(1) 第一个参数 Image1 是被除的图像;

(2) 第二个参数 Image2 是除数的图像;

(3) 第三个参数 ImageResult 是结果图像;

(4) 第四个参数 Mult 是乘数因子;

(5) 第五个参数 Add 是加数因子。

通过下面的例子来实现图像的亮度校正,图 6-9 所示是用于除法运算的图像。

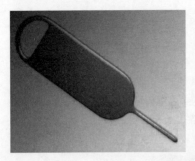

图 6-9　用于除法运算的图像

＊读取图像,原始图像

read_image(Image1,'除法灰度处理图卡针.png')

＊读取图像,白色背景获取的图像

read_image(Image2,'除法灰阶图像.png')

＊把图像转换成 int2 类型,避免图像灰阶溢出

convert_image_type(Image1, ImageConverted1, 'real')

＊把图像转换成 int2 类型,避免图像灰阶溢出

convert_image_type(Image2, ImageConverted2, 'real')

＊除法运算

div_image(ImageConverted1, ImageConverted2, Result, 1, 0)

图 6-10 所示为亮度校正的图像,通过除法的方式得到了一张亮度均衡的图像。

图 6-10　亮度校正的图像

6.2　仿射变换

仿射变换,又称仿射映射,是指一个向量空间进行一次线性变换并接上一个平移,变换为另一个向量空间。

仿射变换是在几何上定义为两个向量空间之间的一个仿射变换或者仿射映射,由一个非奇异的线性变换接上一个平移变换组成。公式如下:

$$\begin{bmatrix} x' \\ y' \\ 1 \end{bmatrix} = \begin{bmatrix} a_1 & a_2 & t_x \\ a_3 & a_4 & t_y \\ 0 & 0 & 1 \end{bmatrix} \begin{bmatrix} x \\ y \\ 1 \end{bmatrix}$$

仿射变换可以保持原来的线和点的关系不变,保持原来相互平行的线依然平行,保持原来的中点依然是中点,保持原来直线上的线段与直线的比例关系不变。但是仿射变换不能保持原来线段的长度不变,也不能保证原来线与线之间的夹角不变。参数 a_1、a_2、a_3、a_4 的数值变化影响线性变化,参数 t_x、t_y 控制的是图像的平移。

HALCON 中使用 affine_trans_image 函数来实现仿射变换,在这个函数的参数中:

(1) 第一个参数 Image 是输入的图像;

(2) 第二个参数 ImageAffineTrans 是变换后的图像;

（3）第三个参数 HomMat2D 是变换矩阵；

（4）第四个参数 Interpolation 是变换之后图像插值算法；

（5）第五个参数 AdaptImageSize 用于设置输出图像的大小模式，如果设置为 true，则图像右下角对齐。

在图像变换之后，原有像素的角度就发生了变化，但还是通过矩阵的方式来显示变换之后的图像，这就涉及如何把变换后的图像转换到水平矩阵中，这就用到了图像插值。

HALCON 中提供了 5 种插值方式：

（1）nearest_neighbor：最近邻插值。根据最近像素的灰度值确定灰度值（质量较低，但速度非常快）。

（2）bilinear：双线性插值。灰度值通过双线性插值从最近的 4 个像素点确定。如果仿射变换包含比例因子小于 1 的缩放，则不进行平滑，这可能会导致严重的混叠效果（中等质量和中等运行时间）。

（3）bicubic：双立方插值。灰度值由 4×4 个最接近的像素通过双三次插值确定。如果仿射变换包含尺度因子小于 1 的缩放，则不进行平滑处理，这可能导致严重的混叠效果（放大质量高，速度慢）。

（4）constant：常规双线性插值。灰度值通过双线性插值从最近的 4 个像素点确定。如果仿射变换包含尺度因子小于 1 的缩放，则使用一种均值滤波器来防止混叠效果（中等质量和中等运行时间）。

（5）weighted：加强双线性插值。灰度值通过双线性插值从最近的 4 个像素点确定。如果仿射变换包含比例因子小于 1 的缩放，则使用一种高斯滤波器来防止混叠效果（高质量，速度慢）。

HALCON 中使用 hom_mat2d_identity 来生成矩阵，这个函数的第一个参数是生成的矩阵。生成的矩阵为 3×3，即

$$\begin{bmatrix} 1 & 0 & 0 \\ 0 & 1 & 0 \\ 0 & 0 & 1 \end{bmatrix}$$

仿射变换中一般分为平移变换、比例变换、旋转变换、剪切变换和镜像变换。

1. 平移变换

平移变换是将图像中的点按照要求进行平移。平移变换是一种"刚体变换"，图像不会产生形变，线段的长度、线与线的夹角都不会变换，只有图像的位置会发生变化。变换的矩阵为

$$\begin{bmatrix} 1 & 0 & t_x \\ 0 & 1 & t_y \\ 0 & 0 & 1 \end{bmatrix}$$

图像平移的效果如图 6-11 所示。

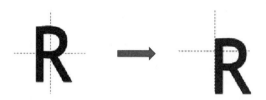

图 6-11　图像平移的效果

HALCON 中使用 hom_mat2d_translate 函数实现图像的平移,这个函数的参数中:

(1) 第一个参数 HomMat2D 是需要变换的矩阵;

(2) 第二个参数 T_x 是 x 的平移量;

(3) 第三个参数 T_y 是 y 的平移量;

(4) 第四个参数 HomMat2DTranslate 是生成的矩阵。

2. 比例变换

比例变换是 x 方向和 y 方向按照固定的倍率进行缩放,比例变换也是一种"刚体变换",图像不会产生形变,线段的长度、线与线的夹角都不会变化,只有图像的大小会发生变化。变换矩阵为

$$\begin{bmatrix} s_x & 0 & 0 \\ 0 & s_y & 0 \\ 0 & 0 & 1 \end{bmatrix}$$

比例变换的效果如图 6-12 所示。

图 6-12　比例变换的效果

在 HALCON 中,使用 hom_mat2d_scale 函数来实现缩放变换,这个函数的参数中:

(1) 第一个参数 HomMat2D 是需要变换的矩阵;

(2) 第二个参数 S_x 是 x 方向需要放大的倍率;

(3) 第三个参数 S_y 是 y 方向需要放大的倍率;

(4) 第四个参数 P_x 是缩放基准点的 x 值;

(5) 第五个参数 P_y 是缩放基准点的 y 值;

(6) 第六个参数 HomMat2DScale 是输出的矩阵。

hom_mat2d_scale 函数会先将图像平移到基准点,然后进行缩放,在平移回去,用公式表示为

$$\mathrm{Mat} = \begin{bmatrix} 1 & 0 & P_x \\ 0 & 1 & P_y \\ 0 & 0 & 1 \end{bmatrix} \begin{bmatrix} S_x & 0 & 0 \\ 0 & S_y & 0 \\ 0 & 0 & 1 \end{bmatrix} \begin{bmatrix} 1 & 0 & -P_x \\ 0 & 1 & -P_y \\ 0 & 0 & 1 \end{bmatrix} \times \mathrm{originalMat}$$

3. 旋转变换

旋转变换沿着某一点为原点进行旋转。旋转变换也是一种"刚体变换",图像不会产生形变,线段的长度、线与线的夹角都不会变化,只有图像的位置会发生变化,变换矩阵为

$$\begin{bmatrix} \cos(\theta) & -\sin(\theta) & 0 \\ \sin(\theta) & \cos(\theta) & 0 \\ 0 & 0 & 1 \end{bmatrix}$$

图像旋转的变换效果如图 6-13 所示。

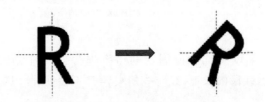

图 6-13　图像旋转的变换效果

在 HALCON 中使用 hom_mat2d_rotate 函数来实现旋转变换,这个函数的参数中:
(1) 第一个参数 HomMat2D 是需要变换的矩阵;
(2) 第二个参数 Phi 是旋转的角度,单位是弧度;
(3) 第三个参数 P_x 是旋转基准点的 x 值;
(4) 第四个参数 P_y 是旋转基准点的 y 值;
(5) 第五个参数 HomMat2DRotate 是输出的矩阵。

hom_mat2d_rotate 函数也是先将图像平移到基准点,然后进行旋转,再平移回去;用公式表示为

$$\mathrm{Mat} = \begin{bmatrix} 1 & 0 & P_x \\ 0 & 1 & P_y \\ 0 & 0 & 1 \end{bmatrix} \begin{bmatrix} \cos(\theta) & -\sin(\theta) & 0 \\ \sin(\theta) & \cos(\theta) & 0 \\ 0 & 0 & 1 \end{bmatrix} \begin{bmatrix} 1 & 0 & -P_x \\ 0 & 1 & -P_y \\ 0 & 0 & 1 \end{bmatrix} \times \mathrm{originalMat}$$

4. 剪切变换

剪切变换将图像的其中一个坐标轴保持固定,而另一个坐标轴逆时针旋转一个角度。变换矩阵如下,左边矩阵为 x 轴剪切矩阵,右边矩阵为 y 轴剪切矩阵:

$$\begin{bmatrix} \cos(\theta) & 0 & 0 \\ \sin(\theta) & 1 & 0 \\ 0 & 0 & 1 \end{bmatrix} \begin{bmatrix} 1 & -\sin(\theta) & 0 \\ 0 & \cos(\theta) & 0 \\ 0 & 0 & 1 \end{bmatrix}$$

剪切变换的效果如图 6-14 所示。

图 6-14 剪切变换的效果

在 HALCON 中使用 hom_mat2d_slant 来实现剪切变换,这个函数的参数中:

(1) 第一个参数 HomMat2D 是需要变换的矩阵;

(2) 第二个参数 Theta 是剪切的角度,单位是弧度;

(3) 第三个参数 Axis 是剪切的轴;

(4) 第四个参数 P_x 是剪切基准点的 x 值;

(5) 第五个参数 P_y 是剪切基准点的 y 值;

(6) 第六个参数 HomMat2DSlant 是输出的矩阵。

hom_mat2d_slant 函数也是先将图像平移到基准点,然后进行剪切,再平移回去;用公式表示为(下式为 x 轴的剪切,y 轴剪切同理):

$$\text{Mat} = \begin{bmatrix} 1 & 0 & P_x \\ 0 & 1 & P_y \\ 0 & 0 & 1 \end{bmatrix} \begin{bmatrix} \cos(\theta) & 0 & 0 \\ \sin(\theta) & 1 & 0 \\ 0 & 0 & 1 \end{bmatrix} \begin{bmatrix} 1 & 0 & -P_x \\ 0 & 1 & -P_y \\ 0 & 0 & 1 \end{bmatrix} \times \text{originalMat}$$

5. 镜像变换

镜像变换是以 x 轴、y 轴,或者对角线为镜像轴,对图像进行镜像变换。镜像矩阵如下,左边矩阵是以 x 轴为镜像轴,中间矩阵是以 y 轴为镜像轴,右边矩阵是以对角线为镜像轴。

$$\begin{bmatrix} -1 & 0 & 0 \\ 0 & 1 & 0 \\ 0 & 0 & 1 \end{bmatrix} \begin{bmatrix} 1 & 0 & 0 \\ 0 & -1 & 0 \\ 0 & 0 & 1 \end{bmatrix} \begin{bmatrix} -1 & 0 & 0 \\ 0 & -1 & 0 \\ 0 & 0 & 1 \end{bmatrix}$$

图 6-15 所示是镜像图像的效果。

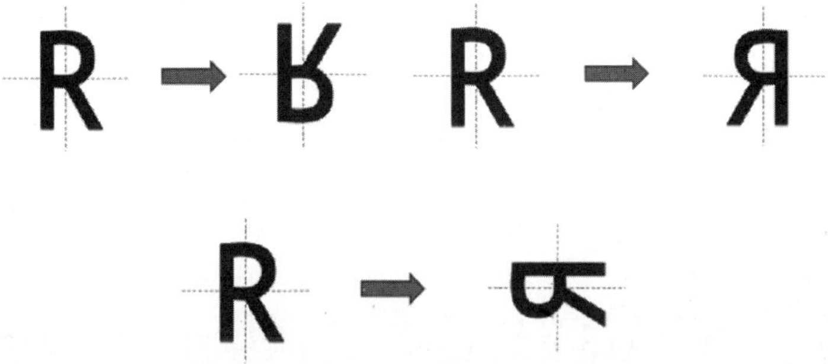

图 6-15 镜像变换的效果(左图为 x 镜像图像,右图为 y 镜像图像,中间图为对角线镜像图像)

在 HALCON 中用 mirror_image 函数来实现镜像变换,这个函数的参数中:

(1) 第一个参数 Image 为输入的将要镜像的图像;

(2) 第二个参数 ImageMirror 为输出的已镜像的图像;

(3) 第三个参数 Mode 为选择的镜像轴。

仿射变换例子如下:

```
* 读取图像
read_image(Image, 'logo 旋转.bmp')
* 获取图像大小
get_image_size(Image, Width, Height)
* 阈值分割图像
threshold(Image, Region, 2, 128)
* 开运算
opening_circle(Region, RegionOpening, 3.5)
* 获取中心坐标和角度
smallest_rectangle2(RegionOpening, Row, Column, Phi, Length1, Length2)
* 形状转换
shape_trans(RegionOpening, RegionTrans, 'rectangle2')
* 裁切图像
reduce_domain(Image, RegionTrans, ImageReduced)
* 生成矩阵
hom_mat2d_identity(HomMat2DIdentity)
* 生成旋转矩阵
hom_mat2d_rotate(HomMat2DIdentity, - Phi, Column, Row, HomMat2DRotate)
* 仿射变换
affine_trans_image(ImageReduced, ImageAffinTrans, HomMat2DRotate, 'constant', 'false')
* 阈值分割图像
threshold(ImageAffinTrans, Region1, 149, 255)
* 开运算
opening_circle(Region1, RegionOpening1, 3.5)
* 获取中心坐标和角度
smallest_rectangle2(RegionOpening1, Row1, Column1, Phi1, Length11, Length21)
* 生成矩阵
hom_mat2d_identity(HomMat2DIdentity1)
* 生成平移矩阵
hom_mat2d_translate(HomMat2DIdentity1, Height/2 - Row1, Width/2 - Column1, HomMat2DTranslate)
* 仿射变换
affine_trans_image(ImageAffinTrans, ImageAffinTrans1, HomMat2DTranslate, 'constant', 'false')
* 生成矩阵
hom_mat2d_identity(HomMat2DIdentity2)
* 生成缩放矩阵
hom_mat2d_scale(HomMat2DIdentity2, 0.5, 0.5, Height/2, Width/2, HomMat2DScale)
* 仿射变换
affine_trans_image(ImageAffinTrans1, ImageAffinTrans2, HomMat2DScale, 'constant', 'false')
* 生成矩阵 constant 在缩小时进行均值滤波
hom_mat2d_identity(HomMat2DIdentity3)
* 生成剪切矩阵 pxpy 为不动点
hom_mat2d_slant(HomMat2DIdentity3, rad(10), 'x', Height/2, Width/2, HomMat2DSlant)
* 仿射变换
affine_trans_image(ImageAffinTrans2, ImageAffinTrans3, HomMat2DSlant, 'constant', 'false')
```

﹡镜像图像
mirror_image(Image, ImageMirror, 'row')

图 6-16 所示是原始图像,图 6-17 所示是镜像变换的结果。

(a) 镜像变换

(b) 旋转变换

图 6-16 原始图像

(c) 缩放变换

(d) 剪切变换

图 6-17 镜像变换结果图

6.3 图像平滑

图像平滑的主要目的是减少图像上的噪声。噪声一般分为白噪声、高斯噪声和椒盐噪声,如图 6-18 所示。噪声会影响获取图像特征的稳定性,导致错误的判定,影响系统运行。

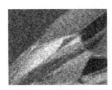
(a) 白噪声

(b) 高斯噪声

(c) 椒盐噪声

图 6-18 噪声的类型

6.3.1 高斯滤波

高斯滤波是一种线性平滑滤波,适用于消除高斯噪声,广泛应用于图像处理的减噪过程。简单来说,高斯滤波是对整幅图像进行加权平均的过程,每一像素点的值都由其本身和邻域内的其他像素值经过加权平均后得到。高斯滤波的具体操作是:用一个模板(或称卷积、掩膜)扫描图像中的每一像素,用模板确定的邻域内像素的加权平均灰度值替代模板中心像素点的值。高斯滤波用于得到信噪比高的图像,反映了真实信号。高斯平滑滤波器对于抑制正态分布的噪声非常有效。

高斯滤波的权值由下面的公式生成:

一维高斯分布:

$$G(x) = \frac{1}{\sqrt{2\pi}\,\sigma} e^{-\frac{x^2}{2\sigma^2}}$$

二维高斯分布:

$$G(x,y) = \frac{1}{\sqrt{2\pi}\,\sigma} e^{-\frac{x^2+y^2}{2\sigma^2}}$$

其中,σ 表示高斯系数;x 表示行坐标;y 表示列坐标。

二维高斯分布用矩阵表示为

1/16	2/16	1/16
2/16	4/16	2/16
1/16	2/16	1/16

这是一个 3×3 的高斯矩阵,在 HALCON 中一般使用 gauss_filter 函数来实现高斯滤波,这个函数的参数中:

(1) 第一个参数 Image 为要进行高斯滤波的图像;

(2) 第二个参数 ImageGauss 为进行过高斯滤波的图像;

(3) 第三个参数 Size 为高斯掩膜的大小。

在 HALCON 当中高斯掩膜的大小并不能无限大,公式中的数值上限为 11。

图 6-19 所示是 5×5 高斯滤波的效果对比图。

(a) 原始图　　　　　　　　　　(b) 高斯滤波后的图像

图 6-19　高斯滤波效果对比图

6.3.2　均值滤波

均值滤波是图像处理中最常用的手段,是典型的线性滤波算法。从频率域观点来看,均值滤波是一种低通滤波器,高频信号将会去掉,因此可以帮助消除图像尖锐噪声,实现图像平滑和模糊等功能。理想的均值滤波是指在图像上对目标像素给定一个模板,该模板包括其周围的邻近像素(以目标像素为中心的周围 8 像素,构成一个滤波模板,即去掉目标像素本身),再用模板中的全体像素的平均值来代替原来像素值。

用公式表示为

$$f(i,j) = \frac{1}{n} \sum_{k=1}^{n} g_k(i,j)$$

其中,$f(i,j)$ 表示计算的均值;$g(i,j)$ 表示矩阵中的值;i 表示行;j 表示列;k 表示矩阵的某个数值;n 表示整个矩阵中的总共的数值个数。

均值滤波的矩阵一般表示为

1/9	1/9	1/9
1/9	1/9	1/9
1/9	1/9	1/9

在 HALCON 中使用 mean_image 函数来实现均值滤波的功能,这个函数的参数中:

(1) 第一个参数 Image 是需要均值滤波的图像;

(2) 第二个参数 ImageMean 是均值滤波后的图像;

(3) 第三个参数 MaskWidth 是均值滤波掩膜的宽度;

(4) 第四个参数 MaskHeight 是均值滤波掩膜的高度。

图 6-20 所示是均值滤波的效果图。

(a) 原始图　　　　　　　　　　　　(b) 均值滤波后的图像

图 6-20　均值滤波的效果图

6.3.3　中值滤波

中值滤波是典型的线性滤波算法,它是指在图像上对目标像素给一个模板,该模板包括其周围的邻近像素(以 3×3 为掩膜,目标像素为中心的周围 8 像素,构成一个滤波模板,即去掉目标像素本身),再用模板中的全体像素的中间值来代替原来像素值。中值滤波也是消除图像噪声最常见的手段之一,特别是对于消除椒盐噪声,中值滤波的效果比均值滤波更好。

中值滤波使用矩阵里的数据进行大小排序,然后取中间值,公式如下:

$$Y_i = M_{ed}\{x_{i-k}, \cdots, x_{i-1}, x_i, x_{i+1}, \cdots, x_{i+k}\}$$

其中,x_i 表示矩阵里面的数值;M_{ed} 表示取数列的中值。

在 HALCON 中,使用 median_image 函数来实现中值滤波,这个函数的参数中:

(1) 第一个参数 Image 为需要中值滤波的图像;

(2) 第二个参数 ImageMedian 为中值滤波后的图像;

(3) 第三个参数 MaskType 为选择掩膜的类型;

(4) 第四个参数 Radius 为掩膜的边长;

(5) 第五个参数 Margin 为边缘处理方式。

图 6-21 所示是中值滤波(以 5×5 为掩膜)的效果图。

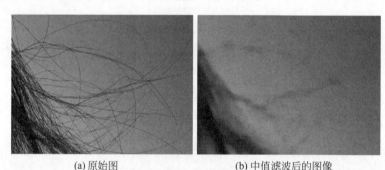

(a) 原始图　　　　　　　　　(b) 中值滤波后的图像

图 6-21　中值滤波(以 5×5 为掩膜)的效果图

6.3.4　多图像均值

多张图像平均的方式是通过在相同条件下采集同一目标的多张图像,然后对采集到的多张图像的对应数值点求平均值,来确定图像在该点的灰度值。公式表示如下:

$$g(x, y) = \frac{1}{n} \sum_{k=1}^{n} f_k(x, y)$$

其中,n 表示总共采集的图像;k 表示某一种图像;x 表示行坐标;y 表示列坐标;$g(x, y)$ 表示进行多张图像平均之后的图像。

在 HALCON 中使用 mean_n 来实现多张图像平均的功能,这个函数的参数中:

(1) 第一个参数 Image 为需要运算的多通道图像;

(2) 第二个参数 ImageMean 为运算后的图像。

在进行这个操作之前一般要进行图像的分解和合并,例子如下:

```
* 图像数量
NumImages : = 8
* 循环读取图像
for Index : = 0 to NumImages - 1 by 1
    * 读取图像
    read_image(Image, Index $ '02d')
    if(Index == 0)
        * 第一次复制图像
        copy_obj(Image, MotionImages, 1, 1)
    else
        * 加入通道
        append_channel(MotionImages, Image, MotionImages)
    endif
endfor
* 求通道平均
mean_n(MotionImages, ImageMean)
```

图 6-22 所示是多张图像合并的效果图。

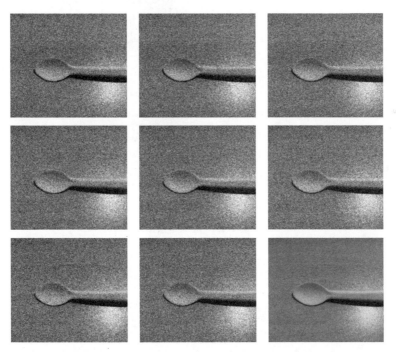

图 6-22 多张图像合并的效果图(前八张为原始图,第九张(右下角)为合并图)

可以看到,经过计算后的图像非常平滑,过渡自然。

6.4　边缘滤波

边缘是图像灰度变化率最大的地方,经常表现为明暗相间的交界处,或者是灰度突变的位置。心理学研究表明,图像中灰度突变的位置对于人感知图像的信息非常重要,人可以通过边缘信息就理解图像的意思。这样一来,可以只保留边缘,减少图像的其他信息,从而大幅减少图像的数据量,提高运算的效率。

边缘是一个有幅值和方向的矢量,幅值描述了边缘突变的情况,方向描述了灰色的变化情况,如黑到白还是白到黑。根据幅值不同,图像的边缘可以分为楼梯状边缘和斜坡状边缘。图 6-23 所示是边缘示意图,实际情况中斜坡状边缘较为常见。

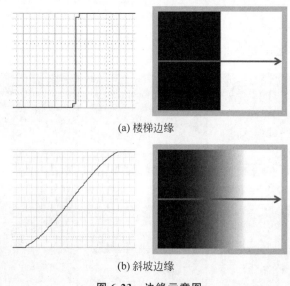

(a) 楼梯边缘

(b) 斜坡边缘

图 6-23　边缘示意图

6.4.1　索贝尔滤波

索贝尔(Sobel)算子是一个离散微分算子,它结合了高斯平滑和微分求导,用来计算图像灰度函数的近似梯度。图像边缘的像素值会发生显著的变化,可以使用导数来表示这一改变。梯度值的大幅变化预示着图像中内容的显著变化。用更加形象的图像来解释,假设有一张一维图像(图 6-24 所示是一维图像的函数图),图中灰度值的突然增加,表示灰度值的突然变化,即图像边缘。

对这个图像进行求导,得到如图 6-25 所示的导数图像。

图像的极值点是一维图像变化最快的点,也是描述的边缘中心。

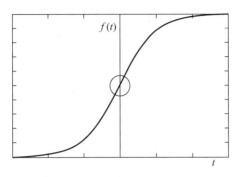

图 6-24 一维图像的函数图

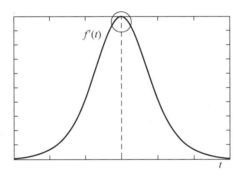

图 6-25 一维图像的导数图像

图像是一个二维矩阵,所以分为 x 方向的导数和 y 方向的导数,用矩阵表示如下:

1	2	1
0	0	0
−1	−2	−1

y 方向矩阵

1	0	−1
2	0	2
1	0	−1

x 方向矩阵

在 y 方向中,矩阵上边缘的数值为正,下边缘为负,就构成了一个在 y 方向求导的矩阵,即上边缘减去下边缘,导数离散的表述方式。当 y 方向灰度有变化时,可以在中心值获得较大的数值,这个值即图像灰度的变换率。同理,在 x 方向可以获得类似的结论。

在 HALCON 中使用 sobel_amp 函数来实现索贝尔滤波,这个函数的参数中:

(1) 第一个参数 Image 是需要滤波的图像;

(2) 第二个参数 EdgeAmplitude 是已经滤波的图像;

(3) 第三个参数 FilterType 是滤波之后计算的方法;

(4) 第四个参数 Size 是滤波掩膜的大小。

计算的方法中一共有 6 种假设,y 方向计算的卷积结果为 a,x 方向计算的卷积结果为 b。

第一种 sum_sqrt 计算的方法是：

$$\frac{\sqrt{a^2+b^2}}{4}$$

第二种 sum_abs 计算的方法是：

$$\frac{(|a|+|b|)}{4}$$

第三种 thin_sum_abs 计算的方法是：

$$\frac{thin(|a|)+thin(|b|)}{4}$$

第四种 thin_max_abs 计算的方法是：

$$\frac{\max(thin|a|,thin|b|)}{4}$$

第五种 x 计算的方法是：

$$\frac{b}{4}$$

第六种 y 计算的方法是：

$$\frac{a}{4}$$

其中，$thin$ 函数也称为非极大值抑制，其计算方式是：$thin(x)$ 表示在 3×3 的矩阵中，如果中心值最大，$thin(x)=x$，否则等于 0。

可以通过上面的计算方式进行不同的边缘提取，若要提取简易的边缘，一般使用 thin_sum_abs，如果要提取完整的边缘一般使用 sum_abs，图 6-26 所示是 thin_sum_abs 和 sum_abs 的效果对比图。

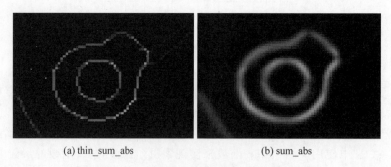

(a) thin_sum_abs   (b) sum_abs

图 6-26　thin_sum_abs 和 sum_abs 的效果对比图

6.4.2　凯尼滤波

凯尼(Canny)边缘检测算法是 John F. Canny 于 1986 年开发的一个多级边缘检测算法。凯尼边缘检测算法可以分为以下 5 个步骤。

（1）应用高斯滤波来平滑图像。

每一张采集的图像都存在噪声,噪声会严重影响提取边缘的准确性,所以在进行边缘提取之前会使用降噪算法,在凯尼算法中使用的是高斯滤波的方式来降低噪声。

（2）获取图像的梯度信息。

在获取图像的强度信息的同时,使用的是索贝尔算子来获取图像的梯度,计算方式是 sum_sqrt,把 y 方向的求导值 a 和 x 方向的求导值 b 的平方和开根号,并除以 4。通过这个方式求取出梯度图像。

（3）应用非最大抑制技术来消除边误检。

最大抑制技术和在索贝尔算子里面介绍的 $thin$ 函数相同,即在沿边缘方向中如果中心值最大,则保留这个值,否则该中心点置为 0;通过这个方法,生成边缘图像。

（4）应用双阈值的方法来决定可能的边界。

经过非极大抑制后的图像中仍然有很多噪声点。凯尼算法中应用了一种双阈值的技术。即设定一个阈值上界和阈值下界,通常由人为指定,图像中的像素点如果大于阈值上界则认为必然是边界,称为强边界;小于阈值下界则认为必然不是边界;两者之间的则认为是候选项,称为弱边界,弱边界需进行进一步处理。双阈值方法是凯尼算子的核心思路。

（5）利用滞后技术来跟踪边界。

滞后技术指的是和强边界八连通相连的弱边界认为是边界,其他的弱边界则被舍弃。

通过这 5 个步骤就获得了凯尼滤波的边界。

凯尼算子在边缘提取时,不会丢失重要的边缘,也不容易把噪声提取成边缘。抗噪声能力强,而且可以比较好地检测到较弱的背景边缘。凯尼算法对于不同分辨率的图像,不需要调节参数,可以统一进行检测,鲁棒性比较好。一般情况下,提取到的边缘和实际的边缘偏差很小,而且偏差一致。但是对于要精准求取边界的场景来说,偏差还是存在的。

在 HALCON 中使用 edges_image 函数来实现凯尼滤波,这个函数的参数中:

（1）第一个参数 Image 为需要边缘滤波的图像;

（2）第二个参数 ImaAmp 是边缘滤波的结果图像;

（3）第三个参数 ImaDir 是方向滤波的结果图像;

（4）第四个参数 Filter 是滤波的方式,这里选择凯尼滤波;

（5）第五个参数 Alpha 是 Alpha 值,在凯尼滤波中,Alpha 值影响高斯滤波器的标准差,Alpha 值越大图像越平滑;

（6）第六个参数 NMS 是非最大抑制类型;

（7）第七个参数 Low 是凯尼滤波的双阈值的低阈值;

（8）第八个参数 High 是凯尼滤波的双阈值的高阈值。

如图 6-27 所示是索贝尔滤波和凯尼滤波的边缘滤波对比图,图 6-28 所示是原始图像。

可以看到,凯尼滤波边缘的均一性更好,边缘的波动更小,这得益于非最大值抑制的效果。索贝尔滤波是根据相邻灰度数值计算出主体边缘,凯尼滤波是通过非最大值抑制获得的边缘,在噪声上索贝尔滤波会把一些噪声捕获为边缘,而凯尼滤波得益于高斯滤波,有效抑制了噪声。在运行时间方面,凯尼滤波的运算时间会比较长,大概是索贝尔滤波的 5 倍以上。

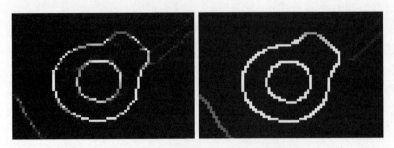

图 6-27　索贝尔滤波和凯尼滤波的边缘效果对比图

图 6-28　原始图像

6.5　图像锐化

在图像的获取或传输中,图像的清晰度可能会受到一定的影响,例如镜头分辨率低、对焦不准和图像被压缩等。这时又希望通过算法来解决这一类问题,此时会使用到图像锐化的方法。图像锐化用于补偿图像的轮廓,增强图像的边缘及灰度跳变的部分,使图像变得清晰,分为空间域处理和频域处理两类。图像的锐化会提高图像的高频信息,由于噪声也属于图像的高频信息,所以锐化图像也会一定程度上放大图像的噪声。图像清晰用于增加图像的边缘的过渡梯度,使得图像边缘锐利,不再平滑。

6.5.1　索贝尔锐化

索贝尔锐化是一阶微分锐化,也是梯度锐化的一种。这是经常使用的一种锐化方式。它主要通过获得图像的导数图像,从而在图像边缘进行图像锐化。它对于平均或积分运算而引起的图像模糊有比较好的效果。

索贝尔锐化是通过索贝尔滤波获取图像边缘,通过边缘图像定位到图像的边缘,以边缘为界限获取到图像的非主边缘,同时消除非主边缘,来达到锐化图像的效果。具体例子如下:

```
* 读取图像
read_image(Image, '面板.png')
* 求取图像的索贝尔梯度图和二阶方向图
sobel_dir(Image, EdgeAmplitude, EdgeDirection, 'sum_sqrt', 3)
* 获取边界区域
threshold(EdgeAmplitude, Region, 1, 255)
* 非最大值抑制,获取主边缘
nonmax_suppression_dir(EdgeAmplitude, EdgeDirection, ImageResultNMS, 'nms')
* 获取图像大小
get_image_size(Image, Width, Height)
* 生成空图像
gen_image_const(ImageConst, 'byte', Width, Height)
* 消除非最大值空区域
paint_gray(ImageResultNMS, ImageConst, MixedImage)
* 转换图像类型避免溢出
convert_image_type(MixedImage, ImageConvertedMixedImage, 'int2')
* 转换图像类型避免溢出
convert_image_type(EdgeAmplitude, ImageConvertedAmp, 'int2')
* 转换图像类型避免溢出
convert_image_type(Image, ImageConverted, 'int2')
* 获取非主边缘
sub_image(ImageConvertedAmp, ImageConvertedMixedImage, ImageSubNMEdge, 1, 0)
* 把图像范围设置为 -128～128 以方便计算
scale_image(ImageConverted, ImageScaledSign, 1, -128)
* 获取边缘的灰度值
mult_image(ImageSubNMEdge, ImageScaledSign, ImageResultMult, 1, 0)
* 把图像转为 0～255
scale_image(ImageResultMult, ImageScaled255, 255/65535.0, 0)
* 和原始图像相加消除模糊边缘
add_image(ImageConverted, ImageScaled255, ImageResultSobel, 1, 0)
* 图像转换为 byte 类型
convert_image_type(ImageResultSobel, ImageConvertedSobelByte, 'byte')
```

索贝尔锐化处理的结果图像如图 6-29 所示。

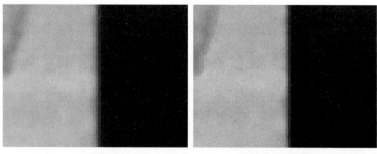

(a) 原图   (b) 锐化过的图像

图 6-29 索贝尔锐化对比

6.5.2 拉普拉斯锐化

拉普拉斯锐化图像的原理与图像某像素的周围像素到此像素的突变程度有关,它的依据是图像像素的变化程度,即二阶微分。一个函数的一阶微分描述了函数图像是朝什么方向变化的;而二阶微分描述的则是图像变化的速度,即是急剧变化还是平缓变化。二阶微分能够找到图像色素的过渡程度,例如白色到黑色的过渡是比较急剧的。当邻域中心像素灰度低于它所在的领域内其他像素的平均灰度时,此中心像素的灰度应被进一步降低,当邻域中心像素灰度高于它所在的邻域内其他像素的平均灰度时,此中心像素的灰度应被进一步提高,以此实现图像的锐化处理。

拉普拉斯的矩阵有以下三种:

0	−1	0
−1	4	−1
0	−1	0

−1	−1	−1
−1	8	−1
−1	−1	−1

10	22	10
22	−128	22
10	22	10

第一个是四邻域的二阶微分,第二个是八邻域的二阶微分,第三个是八邻域的各项异性。

在 HALCON 中通过 laplace 函数来实现拉普拉斯锐化,这个函数的参数中:

(1) 第一个参数 Image 是需要变换的图像;

(2) 第二个参数 ImageLaplace 是变换后的图像;

(3) 第三参数 ResultType 是结果图像的类型;

(4) 第四个参数 MaskSize 是掩膜的尺寸;

(5) 第五个参数 FilterMask 是掩膜的类型。

ResultType 分为六种类型:

(1) 第一种 absolute 代表输出图像是绝对值数值,使用的是高斯滤波进行平滑。

(2) 第二种 signed_clipped 代表带符号的输出图像深度与输入图像深度相同,使用的是高斯滤波进行平滑。

(3) 第三种 signed 代表输出图像是带正负符号的,且输出图像类型的深度比输入图像大,使用的是高斯滤波进行平滑。

(4) 第四种 absolute_binomial 代表使用二项式滤波进行平滑,输出图像是绝对值数值。

(5) 第五种 signed_clipped_binomial 代表输出图像是带正负符号的,且输出图像深度与输入图像深度相同,使用的是二项式滤波进行平滑。

(6) 第六种 signed_binomial 代表输出图像是带正负符号的,且输出图像类型的深度比输入图像大,使用的是二项式滤波进行平滑。

FilterMask 的掩膜有三种形式:

(1) 第一种 n_4 对应于四邻域的二阶微分;

（2）第二种 n_8 对应于八邻域的二阶微分；

（3）第三种 n_8_isotropic 对应于八邻域的各向异性。

拉普拉斯锐化的例子如下：

```
* 读取图像
read_image(Image, '面板.png')
* 拉普拉斯变换
laplace(Image, ImageLaplace, 'signed_binomial', 7, 'n_4')
* 转换图像类型避免溢出
convert_image_type(Image, ImageConverted, 'int2')
* 原始图像减去拉普拉斯变换图像
sub_image(ImageConverted, ImageLaplace, ImageSub, 1, 0)
* 转换图像为 byte 类型
convert_image_type(ImageSub, ImageConvertedbyte, 'byte')
```

拉普拉斯处理结果对比如图 6-30 所示。

(a) 原图　　　　　　　　　　　　　　　　(b) 拉普拉斯锐化

图 6-30　拉普拉斯处理结果对比

6.5.3　高通滤波锐化

高通滤波是一种滤波方式，规则为高频信号能正常通过，而低于设定临界值的低频信号则被阻隔、减弱。图像中的边界信息在图像频谱中一般表示为高频分量，因此采用高通滤波使得高频分量得以保留，就可以把边缘的信息提取出来，然后针对边缘进行锐化。

常用的图像高通滤波器如下：

0	−1	0
−1	5	−1
0	−1	0

−1	−1	−1
−1	9	−1
−1	−1	−1

1	−2	1
−2	5	−2
1	−2	1

和拉普拉斯滤波相似，中心核的数值略有不同。

在 HALCON 中，通过 highpass_image 函数来实现高通滤波，这个函数的参数中：

（1）第一个参数 Image 表示输入的图像；

（2）第二个参数 Highpass 表示高通滤波后的图像；

（3）第三个参数 Width 表示掩膜的宽度；

（4）第四个参数 Height 表示掩膜的高度。

高通滤波相当于应用一个均值操作符（mean_image），然后减去原始灰度值。计算的结果值会加上 128。高通滤波器强调高频分量（边角）。截止频率由滤波器矩阵的大小决定：矩阵越大，截止频率越小。在图像边缘处，像素的灰度值被镜像。如果数值过大或过低，则灰度值会被剪切到 0～255。

一般情况下，使用 7×5 的矩阵表示为

−1	−1	−1	−1	−1	−1	−1
−1	−1	−1	−1	−1	−1	−1
−1	−1	−1	−35	−1	−1	−1
−1	−1	−1	−1	−1	−1	−1
−1	−1	−1	−1	−1	−1	−1

highpass_image 为高通滤波器函数，如果要得到锐化结果图像需要和原图进行运算。HALCON 还提供了一个 emphasize 函数来实现高通滤波锐化，这个函数的参数中：

（1）第一个参数 Image 是输入的图像；

（2）第二个参数 ImageEmphasize 是输出的图像；

（3）第三个参数 MaskWidth 是掩膜的宽度；

（4）第四个参数 MaskHeight 是掩膜的高度；

（5）第五个参数 Factor 用于控制图像边界对比度强度。

emphasize 的运算方式是

$$res := round((orig - mean) \times Factor) + orig$$

其中，res 表示结果图像；round 是四舍五入取整函数；orig 是原始图像；mean 是均值滤波图像；Factor 是控制对比度因子。

高通滤波锐化的例子如下：

```
* 读取图像
read_image(Image, '面板.png')
* 高通滤波
highpass_image(Image, Highpass, 7, 7)
* 转换图像类型避免溢出
convert_image_type(Highpass, HighpassConvert, 'int2')
* 把图像范围设置为 −128～128 以方便计算
scale_image(HighpassConvert, ImageScaledSign, 1, −128)
* 转换图像类型避免溢出
convert_image_type(Image, ImageConverted, 'int2')
```

* 图像相加
add_image(ImageConverted, ImageScaledSign, ImageResultHighpass, 1, 0)
* 图像转换为 byte 类型
convert_image_type(ImageResultHighpass, ImageConvertedHighpassByte, 'byte')
* HALCON 高通滤波锐化运算
emphasize(Image, ImageEmphasize, 7, 7, 1)

高通滤波锐化的对比图如图 6-31 所示。

(a) 原图   (b) 锐化图

图 6-31 高通滤波锐化对比图

6.5.4 几种锐化方法对比

在锐利的边缘上看到,索贝尔的锐化最为锐利,其他两种锐化的锐利程度一般,如图 6-32 所示。

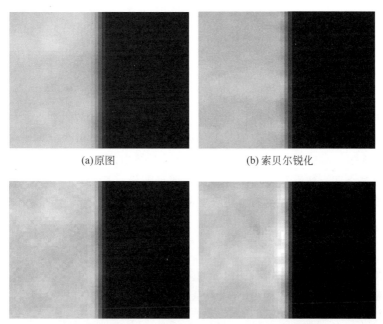

(a)原图   (b) 索贝尔锐化

(c)拉普拉斯锐化   (d) 高通滤波锐化

图 6-32 锐利边缘对比

对于不太锐利的边缘，或者灰度值比较复杂的边缘，索贝尔锐化的涂抹感比较强，细节比较少；高通滤波的锐化会比较好，对比度高；拉普拉斯锐化一般，白色区域有网格效应，如图 6-33 所示。

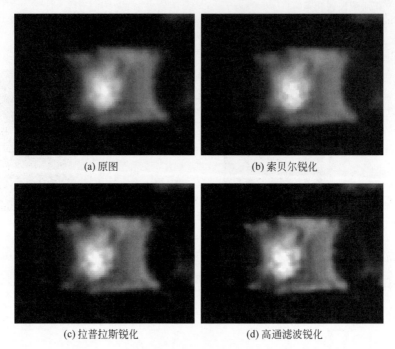

(a) 原图   (b) 索贝尔锐化

(c) 拉普拉斯锐化   (d) 高通滤波锐化

图 6-33　非锐利边缘对比

6.6　灰度变换

图像的灰度变换是图像预处理中的一种，由于成像系统的限制，获取到的图像的对比度和动态范围往往不尽如人意。这种情况下可以使用灰度变换来解决问题。灰度变换是指根据某种目标条件按一定的变换关系，逐像素改变原图像中的灰度值的方法。灰度变换有时也被称为图像对比度变换。灰度变换可以使得感兴趣的目标的对比度变大，或者图像的动态范围得到改善。灰度变换常用的方法有三种：线性变换、分段线性变换和非线性变换。

6.6.1　线性灰度变换

线性灰度变换图像按照某种线性关系进行灰度变换。设图像函数为 $f(x,y)$，灰度范围为 $[a,b]$，变换后的图像函数为 $g(x,y)$，灰度范围为 $[c,d]$。图 6-34 所示是图像的线性灰度变换。

数学表达式为

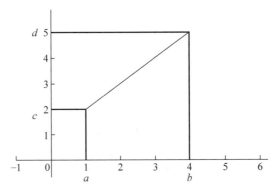

图 6-34　图像灰度变换

$$g(x,y)=k[f(x,y)-a]+c$$

其中,$k=\dfrac{d-c}{b-a}$,为直线的斜率。

在 HALCON 中使用 scale_image 函数来实现图像的线性变换,这个函数的参数中:

(1) 第一个参数 Image 为需要变换的图像;

(2) 第二个参数 ImageScaled 为变换后的图像;

(3) 第三个参数 Mult 为乘数因子;

(4) 第四个参数 Add 为加数因子。

图像变换例子如下:

```
* 读取图像
read_image( Image, 'logoHeadd.png')
* 改变动态范围
*
* 最大动态范围
Max: = 200
* 最小动态范围
Min: = 120
* 获取图像的最大值和最小值
min_max_gray( Image, Image, 0, MinGray, MaxGray, Range)
* 计算转换比例
Mult : = ( Max - Min)/ real( MaxGray - MinGray)
* 计算加数因子
Add : = Min - ( MinGray * Mult)
* 缩小图像动态范围到指定区间
scale_image( Image, ImageScaled, Mult, Add)
* 图像对比度减弱
scale_image( Image, ImageScaledDecreaseContrast, 0.5, 0)
* 图像对比度加强
scale_image( Image, ImageScaledAddContrast, 1.5, 0)
* 图像亮度减弱
```

```
scale_image(Image, ImageScaledDecreasebrightness, 1, -50)
* 图像亮度加强
scale_image(Image, ImageScaledAddbrightness, 1, 50)
* 动态范围提升到最大
scale_image_max(Image, ImageScaleMax)
```

线性灰度变换的处理结果如图 6-35 所示。

(a) 原图　　(b) 动态范围缩减图　　(c) 对比度减弱图

(d) 对比度增加图　　(e) 亮度减弱图　　(f) 亮度增加图　　(g) 动态范围增加图

图 6-35　线性灰度变换处理结果

6.6.2　分段线性灰度变换

为了获得更好的目标区域,会提高目标区域的灰度对比度,而去压缩不感兴趣区域的灰度对比度,此时可以使用分段的线性变换,这个方法一般会将图像的灰度值分为多段,一般情况下是 2~3 段,每一段灰度区域都对应于一种灰度线性变换,如图 6-36 所示。

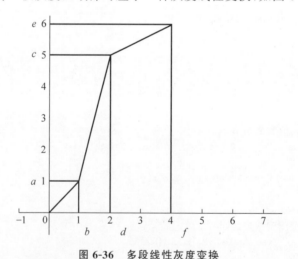

图 6-36　多段线性灰度变换

在图 6-36 中,感兴趣区域[b,d],被拉伸到了[a,c]范围,这样大幅地提升了[b,d]段的对比度。对于不感兴趣的区域,把[d,f]的灰度值压缩到了[c,e],缩减了动态范围。表达式表示多段线性变化如下：

$$g(x,y)=\begin{cases} \dfrac{a}{b}f(x,y), & 0\leqslant f(x,y)<b \\[2mm] \dfrac{c-a}{d-b}[f(x,y)-b]+a, & b\leqslant f(x,y)<d \\[2mm] \dfrac{e-c}{f-d}[f(x,y)-d]+c, & d\leqslant f(x,y)<f \end{cases}$$

分段线性变换的例子如下：

```
* 读取图像
read_image(Image, 'logo Headd.png')
* 中间段最小值
b: = 50
* 中间段最大值
d: = 150
* 扩充中间段最小值
a: = 25
* 扩充中间段最大值
c: = 230
* 阈值压缩第一段
threshold(Image, RegionMin, 0, b)
* 裁切区域
reduce_domain(Image, RegionMin, ImageReducedMin)
* 计算转换比例
Mult : = (a - 0)/ real(b - 0)
* 计算加数因子
Add : = 0 - (0 * Mult)
* 缩小图像动态范围到指定区间
scale_image(ImageReducedMin, ImageScaledMin, Mult, Add)
* 阈值压缩第三段
threshold(Image, RegionMax, d, 255)
* 裁切区域
reduce_domain(Image, RegionMax, ImageReducedMax)
* 计算转换比例
Mult : = (255 - c)/ real(255 - d)
* 计算加数因子
Add : = c - (d * Mult)
* 缩小图像动态范围到指定区间
scale_image(ImageReducedMax, ImageScaledMax, Mult, Add)
* 阈值扩充第二段
threshold(Image, RegionMid, b + 1, d - 1)
* 裁切区域
reduce_domain(Image, RegionMid, ImageReducedMid)
* 计算转换比例
Mult : = (c - a)/ real(d - b)
```

```
* 计算加数因子
Add : = a - ( b * Mult )
* 缩小图像动态范围到指定区间
scale_image(ImageReducedMid, ImageScaledMid, Mult, Add)
* 获取图像大小
get_image_size(Image, Width, Height)
* 生成空图像
gen_image_const(ImageConst, 'byte', Width, Height)
* 消除空区域
paint_gray(ImageScaledMin, ImageConst, MixedImageMin)
* 消除空区域
paint_gray(ImageScaledMid, ImageConst, MixedImageMid)
* 消除非空区域
paint_gray(ImageScaledMax, ImageConst, MixedImageMax)
* 图像相加
add_image(MixedImageMax, MixedImageMid, ImageResult1, 1, 0)
* 图像相加
add_image(ImageResult1, MixedImageMin, ImageResult, 1, 0)
```

多段灰度变化对比结果如图 6-37 所示。

(a) 原图   (b) 变换后的图像

图 6-37　多段灰度变化对比结果

可以看到,变换后的图像的对比度得到了明显的提高,暗部的不感兴趣区域的对比度被压缩,排除了干扰。

6.6.3　非线性灰度变换

单一的线性变换可以解决图像对比度的问题,该方法变换均匀,而不容易做到非均匀变换。如果通过多分段的方法,段数过多不容易处理,因此引入非线性变换的方法。非线性变换是对整个灰度范围进行函数映射,函数可以是连续的或分段的。常用的非线性变换有对数变换和指数变换。

1. 对数变换

对数变换是把图像的灰度范围映射到对数函数上,图像灰度的对数变换可以压制高光

部分,增强暗部细节,尤其是对曝光不足的图像有比较好的作用,对数变换的函数表达式如下:

$$g(x,y) = a + \frac{\log\left[f(x,y) + c\right]}{\log b}$$

式中,a、b、c 是为了便于调整取像的位置和形状设置的参数,a 控制图像的上下位置,c 控制图像左右位置,b 控制图像的变换趋势。对数变换的函数图像如图 6-38 所示。

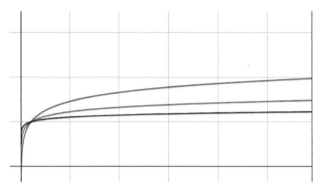

图 6-38 对数变换的函数图像

图 6-38 中,函数从上到下分别表示 $a=5$、$b=2$、$c=0$,$a=5$、$b=4$、$c=0$,$a=5$、$b=20$、$c=0$。

在 HALCON 中,使用 log_image 函数来实现图像的对数变换,这个函数的参数中:

(1) 第一个参数 Image 为需要变换的图像;

(2) 第二个参数 LogImage 为变换后的图像;

(3) 第三个参数 Base 为对数函数的底数选择。

对数变换后的图像效果对比如图 6-39 所示。

(a) 原图   (b) 变换后的图像

图 6-39 对数变换效果对比

可以看到,图像阴影的部分在变换之后得到了加强,阴影内桌面上的纹理已经可以看见。

2. 指数变换

指数变换是把图像的灰度范围映射到指数函数上,指数变换根据参数的不同可以提高或者降低图像的对比度,指数变换的数学表达式如下:

$$g(x,y) = a[f(x,y) + b]^c$$

式中,a、b、c 是为了便于调整取像的位置和形状设置的参数。指数函数图如图 6-40 所示。

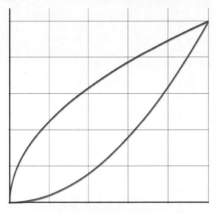

图 6-40　指数函数图

图 6-40 中,函数从上到下分别表示 $a=5$、$b=0$、$c=0.5$,$a=1/25$、$b=0$、$c=2$。

在 HALCON 中,使用 pow_image 函数来实现指数变换,这个函数的参数中:

(1) 第一个参数 Image 为输入的图像;

(2) 第二个参数 PowImage 为变换后的图像;

(3) 第三个参数 Exponent 为指数。

指数的变换结果如图 6-41 所示。

(a) 原图　　　　　　　(b) 指数为2时　　　　　　　(c) 指数为0.5时

图 6-41　指数变换结果对比图

可以看到,指数变换的高光压制和暗部提亮是比较柔和的,主要扩充图像中部的对比度,对于明暗的压制也不会过大。

6.7 傅里叶频域变换

6.7.1 频域

人类看到的世界都以时间贯穿,如股票的走势、人的身高、汽车的轨迹都会随着时间发生改变。这种以时间作为参照来观察动态世界的方法称为时域分析。世间万物都在随着时间不停地改变,并且永远不会静止下来。

同时还存在另一种方法来观察世界,以这种方式观察的世界是永恒不变的,这种方法叫作频域分析。时域中的一个正弦波,在频域中坐标是以频率进行统计的,由于正弦波的频率是不变的,因此在频域中正弦波是一条直线,如图 6-42 所示。

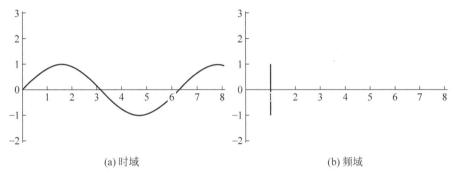

(a)时域　　　　　　　　　　　　(b)频域

图 6-42　正弦波的时域和频域的表示

在时域中,x 轴表示时间,y 轴表示振幅,在频域中 x 轴表示频率,y 轴同时域一样,表示振幅。用正弦曲线波叠加出一个 90° 角的矩形波来,随着叠加的递增,所有正弦波中上升的部分逐渐让原本缓慢增加的曲线不断变陡,而所有正弦波中下降的部分又抵消了上升到最高处时继续上升的部分而使其变为水平线。一个矩形波就这么渐渐叠加而成了,如图 6-43 所示。

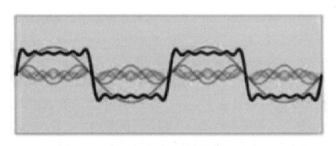

图 6-43　矩形波的叠加

但是要叠加成一个正 90°的矩形波,需要使用无数个正弦波。不仅是矩形波可以通过

正弦波来叠加,任何波形都可以用正弦波叠加来表示,这种方式称为傅里叶变换,数学表达式如下:

$$F(\omega) = \int_{-\infty}^{\infty} f(t) \mathrm{e}^{-\mathrm{j}\omega t} \mathrm{d}t$$

其中,$F(\omega)$是$f(t)$的像。

把叠加矩形波的正弦曲线排列起来,如图 6-44 所示。从正面来看,多个正弦曲线叠加形成了一个方波,从侧面来看所有的正弦曲线投射到频率图像上,得到了频率图,这是时域和频域的关系。

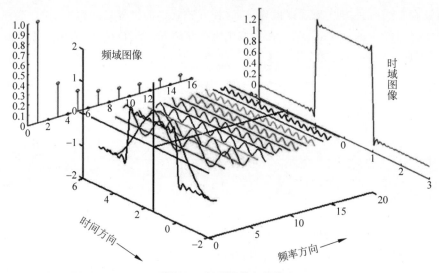

图 6-44　矩形波叠加图像

6.7.2　二维傅里叶变换

一维信号是一个序列,傅里叶变换将其分解成若干个一维的正弦函数。二维的信号可以理解为一个平面,二维的傅里叶变换可将一个平面分解成若干个正弦波平面,如图 6-45 所示。

对于正弦平面波,可以这样理解:在一个方向上存在一个三角函数,在法线方向上将其拉伸。前面说过三个参数可以确定一个唯一的正弦波。确定一个二维的正弦平面波需要四个参数,其中三个参数和一维正弦波的情况一样(即频率、幅度和相位),还有一个参数是方向,具有相同的频率、幅度和相位的正弦平面波却可以有不同的方向,如图 6-46 所示。

在一维中由于分解后的参数只有三个,所以用一个二维函数就能表示它:x 轴表示频率,y 轴表示幅度。而对于二维傅里叶变换后的平面波有四个参数,需要使用一个二维矩阵来表示傅里叶变换后的结果,即用一张频域图来表示。图像中的点坐标代表这个平面波的法向量,这个向量的模表示这个平面波的频率,这个点里面保存的复数内容即为此平面波的幅度和相位。频域图如图 6-47 所示。

一维傅里叶变换　　　　　二维傅里叶变换

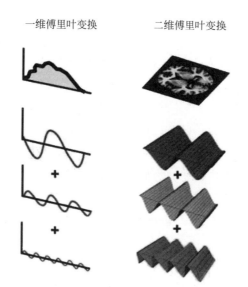

图 6-45　二维傅里叶变换

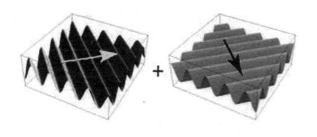

图 6-46　二维正弦平面波

UFO-VISION
(a) 原图

(b) 以中心为原点的频域图

(c) 以角为原点的频域图

图 6-47　频域图

频域图像的中心或角为原点,离原点越近的图像为低频信号,离原点越远的图像表示高频信号,图像越亮表示振幅越大。二维傅里叶变换的公式如下:

$$F(u,v) = \frac{1}{c} \sum_{x=0}^{M-1} \sum_{y=0}^{N-1} f(x,y) e^{s2\pi j\left(\frac{ux}{M}+\frac{vy}{N}\right)}$$

其中,c 是归一化因子,可以设为 $\sqrt{M/N}$,有时为 MN,有时为 1;s 为系数,为 1 或 -1。

6.7.3 频域滤波

频域滤波是让某一频率的信息通过,从而该频率的信息得以保留下来。图像中边缘锐利的地方被认为是高频信息,过渡平滑的地方是低频信息。让高频信息保留下来的滤波为高通滤波,把低频信息保留下来的滤波为低通滤波。

实现频域滤波首先需要把图像转换到频域,在 HALCON 中使用 rft_generic 和 fft_generic 函数来实现傅里叶变换。rft_generic 只计算频域左半部分的值,即实数部分,运算较快,该函数的参数中:

(1) 第一个参数 Image 为输入的图像;

(2) 第二个参数 ImageFFT 为输出的傅里叶变换图像;

(3) 第三个参数 Direction 为变换的方向,说明是从时域变换到频域,还是频域变换到时域;

(4) 第四个参数 Norm 为归一化因子,正向傅里叶变换和反向变换要保持一致;

(5) 第五个参数 ResultType 为输出结果的类型,默认为复数型;

(6) 第六个参数 Width 为图像的宽度,用于识别图像的宽度是偶数还是奇数,便于计算输出图像。

这个模式下输出的是图像大小为$(w/2+1)h$ 的复杂图像,其中 w 和 h 是输入图像的宽度和高度;指数默认为-1,即 $s=-1$。

fft_generic 是全区域计算的,它的参数中:

(1) 第一个参数 Image 为输入的图像;

(2) 第二个参数 ImageFFT 为输出的傅里叶变换图像;

(3) 第三个参数 Direction 为变换的方向,说明是从时域变换到频域,还是频域变换到时域;

(4) 第四个参数 Exponent 为指数的系数,即 s 的值;

(5) 第五个参数 Norm 为归一化因子,正向傅里叶变换和反向变换要保持一致;

(6) 第六个参数 Mode 为原点的位置,说明是图像中心,还是角上;

(7) 第七个参数 ResultType 为输出结果的类型,默认为复数型。

在 HALCON 中使用 convol_fft 函数来实现滤波,它的参数中:

(1) 第一个参数 ImageFFT 为输入的频域图像;

(2) 第二个参数 ImageFilter 为滤波器;

(3) 第三个参数 ImageConvol 为过滤后的频域图像。

傅里叶变换的具体实例如下:

```
* 关闭更新
dev_update_off()
* 关闭窗口
dev_close_window()
* 读取图像
read_image(Image, '低对比度检测/01.png')
* 获取图像尺寸
get_image_size(Image, Width, Height)
* 打开窗口
dev_open_window(0, 0, Width, Height, 'black', WindowHandle)
* 设置字体类型
set_display_font(WindowHandle, 14, 'mono', 'true', 'false')
* 设置绘制方式
dev_set_draw('margin')
* 设置线宽
dev_set_line_width(3)
* 设置颜色
dev_set_color('red')
* 设置最大频率和最小频率
Sigma1 := 10.0
Sigma2 := 3.0
* 生成频域高斯滤波器
gen_gauss_filter(GaussFilter1, Sigma1, Sigma1, 0.0, 'none', 'rft', Width, Height)
gen_gauss_filter(GaussFilter2, Sigma2, Sigma2, 0.0, 'none', 'rft', Width, Height)
* 图像相减得到中间通过的高斯滤波器
sub_image(GaussFilter1, GaussFilter2, Filter, 1, 0)
* 开始检测
*
* 检测图像数量
NumImages := 9
* for循环检测
for Index := 1 to NumImages by 1
    * 读取检测图像
    read_image(Image, '低对比度检测/' + Index $ '02' + '.png')
    * 转换为单通道
    rgb1_to_gray(Image, Image)
    intensity(Image, Image, Mean, Deviation)
    * 傅里叶变换
    rft_generic(Image, ImageFFT, 'to_freq', 'none', 'complex', Width)
    * 频域滤波
    convol_fft(ImageFFT, Filter, ImageConvol)
    * 傅里叶反变换
    rft_generic(ImageConvol, ImageFiltered, 'from_freq', 'n', 'real', Width)
    * 计算最大值和最小值
    min_max_gray(ImageFiltered, ImageFiltered, 0, Min, Max, Range)
    * 比例扩大到0～255
    scale_image_max(ImageFiltered, ImageScaleMax)
```

```
    * 中值滤波
    median_image(ImageScaleMax, ImageMedian, 'circle', 50, 'mirrored')
    * 动态阈值
    dyn_threshold(ImageScaleMax, ImageMedian, RegionDynThresh1,Deviation/Range * 100, 'dark')
    * 独立区域
    connection(RegionDynThresh1, ConnectedRegions)
    * 根据面积选择区域
    select_shape(ConnectedRegions, SelectedRegions, 'area', 'and', 6, 99999)
    * 联合区域
    union1(SelectedRegions, RegionUnion)
    * 闭运算区域
    closing_circle(RegionUnion, RegionClosing, 35)
    * 独立区域
    connection(RegionClosing, ConnectedRegions1)
    * 根据面积筛选区域
    select_shape(ConnectedRegions1, SelectedRegions1, 'area', 'and', 6, 99999)
    * 计算区域中心
    area_center(SelectedRegions1, Area, Row, Column)
    * 显示图像
    dev_display(Image)
    * 计算面积个数
    Number := |Area|
    if(Number)
        * 根据区域形状绘制矩形
        shape_trans(SelectedRegions1, RegionTrans, 'rectangle2')
        * 设置结果信息
        ResultMessage := ['Not OK',Number + '缺陷被找到']
        * 设置颜色
        Color := ['red','black']
        * 显示圆
        dev_display(RegionTrans)
    else
        * 设置结果信息为 OK
        ResultMessage := 'OK'
        * 设置颜色
        Color := 'forest green'
    endif
    * 显示结果信息
    disp_message(WindowHandle, ResultMessage, 'window', 12, 12, Color, 'true')
    stop()
endfor
```

检测结果如图 6-48 所示。

图 6-48   对于弱对比度的检测结果

## 第 7 章

图像的标定

在图像测量过程以及机器视觉应用中,为确定空间物体表面某点的三维几何位置与其在图像中对应点之间的相互关系,必须建立相机成像的几何模型,这些几何模型参数即相机参数。在大多数条件下,这些参数必须通过实验与计算才能得到,这个求解参数的过程就称为"相机标定"。无论是在图像测量还是在机器视觉应用中,相机参数的标定都是非常关键的环节,其标定结果的精度及算法的稳定性直接影响相机工作产生结果的准确性。因此,做好相机标定是做好后续工作的前提。

7.1 标定原理

7.1.1 透镜失真

首先要了解一下图像失真的原因。现在的成像方式一般是通过透镜进行成像。透镜的畸变是失真的主要来源。一般来说,镜头畸变实际上是光学透镜固有的透视失真的总称,即由于透视造成的失真。这种失真对于照片的成像质量是非常不利的,毕竟拍摄的目的是为了再现,而非夸大事实。但因为这是透镜的固有特性(如凸透镜汇聚光线、凹透镜发散光线),所以无法完全消除,只能改善。高档镜头光学设计以及用料考究,利用镜片组的优化设计,选用高质量的光学玻璃(如萤石玻璃)来制造镜片,可以使透视变形降到很低的程度,但是完全消除畸变是不可能的。目前最高质量的镜头在极其严格的条件下测试,在镜头的边缘也会产生不同程度的变形和失真。

一般透镜的畸变分为径向畸变和切向畸变两种。

1. 径向畸变

顾名思义,径向畸变是沿着透镜半径方向分布的畸变,其产生原因是光线在远离透镜中心的地方比靠近中心的地方更加弯曲,这种畸变在普通、廉价的镜头中表现更加明显。径向畸变主要包括枕形畸变和桶形畸变两种。图 7-1 所示分别是正常图像、枕形畸变图像和桶形畸变图像。

| (a) 正常图像 | (b) 枕形畸变图像 | (c) 桶形畸变图像 |

图 7-1　正常图像、枕形畸变图像和桶形畸变图像对比图

（1）枕形畸变，又称枕形失真，它是由镜头引起的画面向中间"收缩"的现象。在使用长焦镜头或使用变焦镜头的长焦端时，最容易发生枕形失真。特别是在使用焦距转换器后，枕形失真便很容易发生。当画面中有直线（尤其是靠近相框边缘的直线）的时候，枕形失真最容易被察觉。普通消费级数码相机的枕形失真率通常为 0.4%，比桶形失真率低。

（2）桶形畸变，又称桶形失真，是由镜头中透镜物理性能以及镜片组结构引起的成像画面呈桶形膨胀状的失真现象。在使用广角镜头或使用变焦镜头的广角端时，最容易发生桶形失真。当画面中有直线（尤其是靠近相框边缘的直线）的时候，桶形失真最容易被察觉。普通消费级数码相机的桶形失真率通常为 1%。通常情况下，广角镜头都或多或少存在桶形畸变，尤其是在变焦镜头的广角端。

失真是由于光线的倾斜度过大引起的，与球差和像散不同，失真不破坏光束的同心性，从而不影响像的清晰度。失真表现在像平面内图形的各部分与原物不成比例。畸变的情况与光缆的位置有关。

镜头光轴中心的畸变为 0，沿着镜头半径方向向边缘移动，畸变越来越严重。畸变的数学模型可以用主点周围的泰勒级数展开式的前几项进行描述，通常使用前两项，即 k_1 和 k_2。对于畸变很大的镜头，如鱼眼镜头，可以增加使用第三项 k_3 来进行描述。对于成像仪上某点，根据其在径向方向上的分布位置，调节公式为

$$x_0 = x(1 + k_1 r^2 + k_2 r^4 + k_3 r^6)$$
$$y_0 = y(1 + k_1 r^2 + k_2 r^4 + k_3 r^6)$$

式中，(x_0, y_0) 是畸变点在成像仪上的原始位置；(x, y) 是畸变校正后新的位置；r 是半径。图 7-2 所示是透镜径向畸变示意图，可以看到，距离光心越远，径向位移越大；在光心附近，几乎没有偏移。

2. 切向畸变

切向畸变是由于透镜本身与相机传感器平面（成像平面）或图像平面不平行而产生的，这种情况多是由于透镜粘贴到镜头模组上的安装偏差而导致的。畸变模型可以用两个额外的参数 p_1 和 p_2 来描述：

$$x_0 = x + [2p_1 xy + p_2(r^2 + 2x^2)]$$
$$y_0 = y + [2p_2 xy + p_1(r^2 + 2y^2)]$$

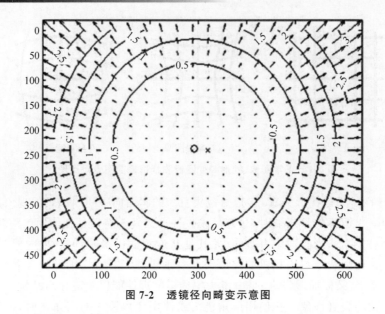

图 7-2   透镜径向畸变示意图

图 7-3 所示是某个透镜的切向畸变示意图,大体上畸变位移相对于左下-右上角的连线是对称的,说明该镜头在垂直于该方向上有一个旋转角度。

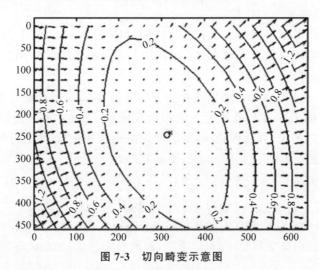

图 7-3   切向畸变示意图

径向畸变和切向畸变模型中一共有 5 个畸变参数,这 5 个参数是相机标定中需要确定的相机的 5 个畸变系数。

7.1.2   机器视觉坐标系

标定过程主要标定各个坐标系之间的变化参数。在机器视觉的任务中存在 4 个坐标系。

（1）世界坐标系。世界坐标系是一个三维直角坐标系，以其为基准可以描述相机和待测物体的空间位置。世界坐标系的位置可以根据实际情况自由确定，有时会和机器运动坐标系重合。

（2）相机坐标系。相机坐标系是一个三维直角坐标系，原点位于镜头光心处，x、y 轴分别与相面的两边平行，z 轴为镜头光轴，与像平面垂直。

（3）图像坐标系。其坐标轴的单位通常为毫米（mm），原点是相机光轴与相面的交点（称为主点），即图像的中心点，x 轴、y 轴分别与像面的两边平行。

（4）像素坐标系。像素坐标系是一个二维直角坐标系，反映了相机 CCD/CMOS 芯片中像素的排列情况。原点位于图像的左上角，x 轴、y 轴分别与像面的两边平行。像素坐标系与图像坐标系实际是平移关系，即可以通过将图像坐标系平移得到像素坐标系。像素坐标系中坐标轴的单位是像素。

图 7-4 所示是四个坐标系的关系图。

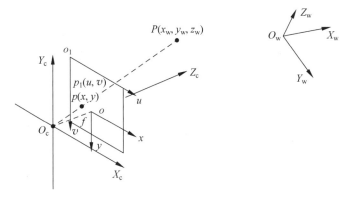

图 7-4　四个坐标系的关系图

图 7-4 中：

（1）$O_w\text{-}X_wY_wZ_w$ 为世界坐标系；

（2）$O_c\text{-}X_cY_cZ_c$ 为相机坐标系；

（3）$O\text{-}xy$ 为图像坐标系；

（4）$o_1\text{-}uv$ 为像素坐标系；

（5）p 点是图像中的成像点，在图像坐标系中坐标为 $p(x,y)$。在像素坐标系中的坐标为 $p_1(u,v)$，在世界坐标系里面的坐标为 $P(x_w,y_w,z_w)$；

（6）f 为相机焦距。

7.1.3　机器视觉坐标系转换

1. 世界坐标系转换为相机坐标系

世界坐标系和相机坐标系的转换是通过旋转 **R** 和平移 **T** 两个过程完成的，转换关系如下：

$$\begin{bmatrix} x_c \\ y_c \\ z_c \\ 1 \end{bmatrix} = \begin{bmatrix} \boldsymbol{R} & \boldsymbol{T} \\ 0 & 1 \end{bmatrix} \begin{bmatrix} x_w \\ y_w \\ z_w \\ 1 \end{bmatrix}$$

其中，$x_c y_c z_c$ 为相机坐标；$\boldsymbol{R}$ 为 3×3 旋转矩阵；$\boldsymbol{T}$ 为 3×1 平移矩阵；$x_w y_w z_w$ 为世界坐标。

图 7-5 所示为世界坐标系转换到相机坐标系的说明图。

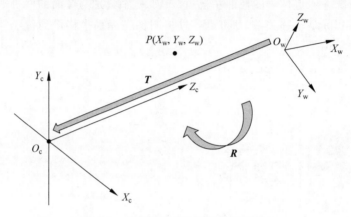

图 7-5 世界坐标系转换到相机坐标系

世界坐标系绕 Y 轴旋转如图 7-6 所示。

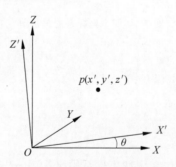

图 7-6 世界坐标系绕 Y 轴旋转

可以得到 $\boldsymbol{R}(\theta)$ 为

$$\begin{cases} x = x'\cos\theta - z'\sin\theta \\ y = y' \\ z = x'\sin\theta + z'\cos\theta \end{cases}$$

用矩阵表示为

$$\begin{bmatrix} x \\ y \\ z \end{bmatrix} = \begin{bmatrix} \cos\theta & 0 & -\sin\theta \\ 0 & 1 & 0 \\ \sin\theta & 0 & \cos\theta \end{bmatrix} \begin{bmatrix} x' \\ y' \\ z' \end{bmatrix} = \boldsymbol{R} \begin{bmatrix} x' \\ y' \\ z' \end{bmatrix}$$

同理，绕 X 轴旋转的 $\boldsymbol{R}(\gamma)$ 和绕 Z 轴旋转的 $\boldsymbol{R}(\delta)$ 为

$$\begin{bmatrix} x \\ y \\ z \end{bmatrix} = \begin{bmatrix} 1 & 0 & 0 \\ 0 & \cos\gamma & \sin\gamma \\ 0 & -\sin\gamma & \cos\gamma \end{bmatrix} \begin{bmatrix} x' \\ y' \\ z' \end{bmatrix} = \boldsymbol{R} \begin{bmatrix} x' \\ y' \\ z' \end{bmatrix}$$

$$\begin{bmatrix} x \\ y \\ z \end{bmatrix} = \begin{bmatrix} \cos\delta & -\sin\delta & 0 \\ \sin\delta & \cos\delta & 0 \\ 0 & 0 & 1 \end{bmatrix} \begin{bmatrix} x' \\ y' \\ z' \end{bmatrix} = \boldsymbol{R} \begin{bmatrix} x' \\ y' \\ z' \end{bmatrix}$$

最后的旋转矩阵 $\boldsymbol{R} = \boldsymbol{R}(\gamma)\boldsymbol{R}(\delta)\boldsymbol{R}(\theta)$。

平移矩阵 $\boldsymbol{T}$：平移矩阵 $\boldsymbol{T}(X_t, Y_t, Z_t)$ 是一个 3×1 的矩阵，这三个数值是世界坐标系和相机坐标系的原点之间的差值。

最后世界坐标系 $P(X,Y,Z)$ 转换到相机坐标系的公式如下：

$$\begin{bmatrix} X_c \\ Y_c \\ Z_c \end{bmatrix} = \boldsymbol{R} \begin{bmatrix} X_w \\ Y_w \\ Z_w \end{bmatrix} + \boldsymbol{T}$$

2. 相机坐标系转换为图像坐标系

空间任意一点 P 与图像点 p 之间有如下关系：p 与相机光心的连线为 op，与像面的交点即为空间点在图像平面上的投影。该过程为透视投影，f 为有效焦距。图 7-7 所示是图像坐标系和相机坐标系转换示意图。

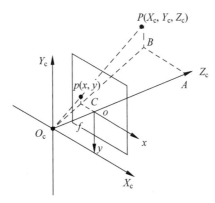

图 7-7　图像坐标系和相机坐标系转换示意图

根据图像可以获得 $\triangle ABO_c \sim \triangle oCO_c$ 且 $\triangle PBO_c \sim \triangle pCO_c$，可以推导出：

$$\frac{AB}{oC} = \frac{AO_c}{oO_c} = \frac{PB}{pC} = \frac{X_c}{x} = \frac{Z_c}{f} = \frac{Y_c}{y}$$

最后可以得到

$$Z_c \begin{bmatrix} x \\ y \\ 1 \end{bmatrix} = \begin{bmatrix} f & 0 & 0 & 0 \\ 0 & f & 0 & 0 \\ 0 & 0 & 1 & 0 \end{bmatrix} \begin{bmatrix} X_c \\ Y_c \\ Z_c \\ 1 \end{bmatrix}$$

可以看到,图像上的 $p(x,y)$ 和焦距与相机到 P 点的距离(即相机工作距离)有关。

3. 图像坐标系转换为像素坐标系

图像坐标系和像素坐标系的转换是二维平面坐标系的转换,并且两个坐标系之间没有任何夹角,所以只有平移和比例尺缩放的操作,图 7-8 说明了图像坐标系和像素坐标系的转换。

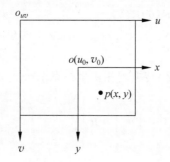

图 7-8 图像坐标系和像素坐标系的转换

可以推导出:

$$\begin{bmatrix} u \\ v \\ 1 \end{bmatrix} = \begin{bmatrix} \dfrac{1}{dx} & 0 & u_0 \\ 0 & \dfrac{1}{dy} & v_0 \\ 0 & 0 & 1 \end{bmatrix} \begin{bmatrix} x \\ y \\ 1 \end{bmatrix}$$

其中,dx 是 x 方向的像素和距离的比例尺;dy 是 y 方向的像素和距离的比例尺;u_0 是 x 方向的平移距离;v_0 是 y 方向的平移距离。

最后可以得到世界坐标系转换关系如下:

$$Z_c \begin{bmatrix} x \\ y \\ 1 \end{bmatrix} = \begin{bmatrix} \dfrac{1}{dx} & 0 & u_0 \\ 0 & \dfrac{1}{dy} & v_0 \\ 0 & 0 & 1 \end{bmatrix} \begin{bmatrix} f & 0 & 0 & 0 \\ 0 & f & 0 & 0 \\ 0 & 0 & 1 & 0 \end{bmatrix} \begin{bmatrix} \boldsymbol{R} & \boldsymbol{T} \\ 0 & 1 \end{bmatrix} \begin{bmatrix} x_w \\ y_w \\ z_w \\ 1 \end{bmatrix}$$

把相机坐标系和世界坐标系旋转平移,即 $\boldsymbol{R}$、$\boldsymbol{T}$ 矩阵描述了相机标定的外部参数,旋转矩阵包含 3 个参数,平移矩阵包含 3 个参数,这 6 个参数是相机的外参数,也决定了相机的姿态。

把与相机位置无关的参数叫作相机的内部参数,它主要包含了图像主点的坐标(C_x,

C_y)、像元的高度 S_x、宽度 S_y、相机的有效焦距 f 和透镜畸变系数 k。相机的内部参数一般都有标明,但是和实际的情况有所差距。可以通过标定的方式获取这些参数。

7.2 标定板介绍

7.2.1 标定板的规格

在 HALCON 中使用的是圆点标定板,原图和方向图如图 7-9 所示。

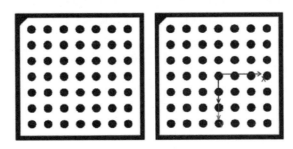

图 7-9 原图和方向图

图 7-9 中的标定板由 7×7 的圆点阵列和一个带切角的方框组成,方框的切角描述的是 $-x$ 与 $-y$ 的方向。标定板的官方尺寸有 2.5mm、6mm、10mm、30mm、100mm、200mm、650mm、800mm 和 2500mm。以 30mm 标定板为例:

(1) 标定板黑色内边框为 30mm×30mm;

(2) 标定板大小为 30.75mm×30.75mm;

(3) 黑色边框大小为 0.9375mm;

(4) 黑色三角形直角边长为 4.75mm;

(5) 左上角的第一个圆距离外边框 4.75mm×4.75mm;

(6) 圆点与圆点之间的中心距为 3.75mm;

(7) 圆点半径为 0.9375mm(和边框一致)。

图 7-10 所示为标定板的示意图。

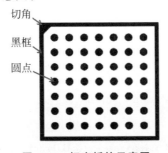

图 7-10 标定板的示意图

7.2.2 标定板的制作

1. 生成 PS 文件和 descr 文件

HALCON 中使用 gen_caltab 函数来生成标定板文件,这个函数的参数中:

(1) 第一个参数 XNum 是每行黑色圆点的数量;

(2) 第二个参数 YNum 是每列黑色圆点的数量;

(3) 第三个参数 MarkDist 是两个相邻黑色圆点的中心距;

(4) 第四个参数 DiameterRatio 是黑色圆点半径和中心距的比值;

(5) 第五个参数 CalPlateDescr 是标定板文件存储路径;

(6) 第六个参数 CalplatePSFile 是标定板 PS 文件存储路径。

2. descr 文件内容

以 30×30 的 descr 文件为例,打开后的内容如下(∗ 为添加的注释而非 descr 文件内容):

```
# Plate Description Version 2
∗版本为第二版本
# HALCON Version 7.1 --  Fri Jul 22 16:25:19 2005
∗首次使用于 HALCON7.1 中
# Description of the standard calibration plate
# used for the CCD camera calibration in HALCON
# (generated by gen_caltab)
∗用于标定,通过 gen_caltab 函数生成
#
#


# 7 rows x 7 columns
∗7 行 7 列
# Width, height of calibration plate[meter]: 0.03, 0.03
∗标定板宽高各为 0.03m、0.03m
# Distance between mark centers[meter]: 0.00375
∗ 相邻的圆点圆心距为 0.00375m
# Number of marks in y-dimension(rows)
r 7
∗ y 方向圆点数量为 7
# Number of marks in x-dimension(columns)
c 7
∗ x 方向圆点数量为 7
#   offset of coordinate system in z-dimension [meter] (optional):
z 0
∗ z 方向偏移为 0
# Rectangular border(rim and black frame) of calibration plate
∗标定板的边框描述
```

\#　　rim of the calibration plate(min x, max y, max x, min y) [meter]:

o − 0.015375 0.015375 0.015375 − 0.015375

* 以标定板的中点为中心建立坐标系,标定板边缘与坐标系的交点到中心的距离,带方向

\#　　outer border of the black frame(min x, max y, max x, min y) [meter]:

i − 0.015 0.015 0.015 − 0.015

* 以标定板的中点为中心建立坐标系,黑色外边框与坐标系的交点到中心的距离,带方向

\#　　triangular corner mark given by two corner points(x, y, x, y) [meter]

\#　　(optional):

t − 0.015 − 0.01125 − 0.01125 − 0.015

* 以标定板的中点为中心建立坐标系,黑色三角形直角边与斜边的交点的坐标

\#　　width of the black frame [meter]:

w 0.0009375

* 黑色边框的宽度为 0.0009375m

\# calibration marks:　x y radius [meter]

* 以标定板的中点为中心建立坐标系,以下是圆点的 x、y 坐标和半径

\# calibration marks at y = − 0.01125 m

− 0.01125 − 0.01125 0.0009375

− 0.0075 − 0.01125 0.0009375

− 0.00375 − 0.01125 0.0009375

0 − 0.01125 0.0009375

0.00375 − 0.01125 0.0009375

0.0075 − 0.01125 0.0009375

0.01125 − 0.01125 0.0009375

\# calibration marks at y = − 0.0075 m

− 0.01125 − 0.0075 0.0009375

− 0.0075 − 0.0075 0.0009375

− 0.00375 − 0.0075 0.0009375

0 − 0.0075 0.0009375

0.00375 − 0.0075 0.0009375

0.0075 − 0.0075 0.0009375

0.01125 − 0.0075 0.0009375

\# calibration marks at y = − 0.00375 m

− 0.01125 − 0.00375 0.0009375

− 0.0075 − 0.00375 0.0009375

− 0.00375 − 0.00375 0.0009375

0 − 0.00375 0.0009375

0.00375 − 0.00375 0.0009375

0.0075 − 0.00375 0.0009375

0.01125 − 0.00375 0.0009375

\# calibration marks at y = 0 m

− 0.01125 0 0.0009375

− 0.0075 0 0.0009375

− 0.00375 0 0.0009375

```
0 0 0.0009375
0.00375 0 0 0.0009375
0.0075 0 0 0.0009375
0.01125 0 0 0.0009375

# calibration marks at y = 0.00375 m
− 0.01125 0.00375 0.0009375
− 0.0075 0.00375 0.0009375
− 0.00375 0.00375 0.0009375
0 0.00375 0.0009375
0.00375 0.00375 0.0009375
0.0075 0.00375 0.0009375
0.01125 0.00375 0.0009375

# calibration marks at y = 0.0075 m
− 0.01125 0.0075 0.0009375
− 0.0075 0.0075 0.0009375
− 0.00375 0.0075 0.0009375
0 0.0075 0.0009375
0.00375 0.0075 0.0009375
0.0075 0.0075 0.0009375
0.01125 0.0075 0.0009375

# calibration marks at y = 0.01125 m
− 0.01125 0.01125 0.0009375
− 0.0075 0.01125 0.0009375
− 0.00375 0.01125 0.0009375
0 0.01125 0.0009375
0.00375 0.01125 0.0009375
0.0075 0.01125 0.0009375
0.01125 0.01125 0.0009375
```

这个文件通过数值的方式介绍了标定板的参数,可以通过文件参数来确认标定板的实际形状。

可以通过购买的方式获取到官方标定板,使用官方标定板时可以直接使用官方标定文件,无须自己生成。在官方标定板不能满足需求的情况下,可以使用自定义的标定板。自定义的标定板需要自己制作标定板实体,比较麻烦,但是可以为案例量身定制标定方案。

7.3 标定流程

1. 相机系统参数的初始化

在标定开始时,要先把相机镜头的初始参数告知系统,以方便系统进行标定,在初始化的过程中要提供 8 个参数给系统,即[Focus, Kappa, Sx, Sy, Cx, Cy, ImageWidth,

ImageHeight]，其中：

(1) Focus：镜头的焦距，单位是 m。

(2) Kappa：径向畸变系数。

(3) S_x：两个相邻像元 x 方向的距离。

(4) S_y：两个相邻像元 y 方向的距离。

(5) C_x：图像上主点的 x 坐标。

(6) C_y：图像上主点的 y 坐标。

(7) ImageWidth：图像的宽度。

(8) ImageHeight：图像的高度。

2. 读取标定文件

在初始化相机系统参数之后，要读取标定板的标定文件，标定板文件要和使用的实体标定板的规格一致，不然标定的结果会适得其反。

3. 获取标定图像

通过灯光照明、相机取像来获取标定图像，在拍摄图像时要注意以下情况，以提高拍摄质量：

(1) 使用一个足够大的校正板，以填补大部分图像，使用的矩形排列的标定板的尺寸至少是图像总面积的 1/4；

(2) 圆形标记的最小直径应大于等于 20 像素；

(3) 对于矩形排列标记的标定板，使用背景较暗且校准板较亮的照明来拍摄图像；

(4) 标定板的白色部分的灰度值至少为 100；

(5) 标定板的前景与背景的对比，即其亮部和暗部的差值应大于 100 个灰度值；

(6) 要采用均匀的照明来拍摄标定板；

(7) 图像不能过度曝光和欠曝光，这意味着标定图像在直方图中不应该有 255 和小于 3 的灰度值；

(8) 拍摄标定图像时，需要拍摄具有不同旋转角度和倾斜角度的标定板，至少各 4 张，图像具有不同倾斜和不同的旋转角度，使用矩形标定板，最好能在每个象限各有两次不同倾斜角度的拍摄和不同角度的旋转；

(9) 拍摄的标定图像至少要有 10 张以上，最好有 15～20 张；

(10) 将标定板放置在视场的所有区域(左上角、右上角、左下角、右下角和图像中间)；在视野的角落和边缘也要拍照。

需要注意的是，一旦开始取像，要保持相机设置(光圈、对焦和姿势)固定不变。这适用于校准过程本身以及随后的应用。任何更改都将导致校准失败，甚至出现错误的输出值。

校准用的图像可以从文件中加载，也可以直接使用图像采集助手获取。当从文件中加载图像时，只需单击"选取图像文件"按钮，然后单击"加载"按钮即可。若要通过图像采集助手获取，请单击"图像采集助手"按钮。然后，助手将出现在一个新的窗口，以获取新的校准图像。需要注意的是,校准是在单个通道进行的,如果图像是彩色 RGB 图像,校准将会使用红色通道;如果不想使用红色通道,而是把彩色图像转换为黑白图像,可以使用 trans_from_rgb 操作符进行颜色转换。

4. 进行标定

拍摄完图像之后,要挑选一张图像作为参考图像,参考图像中标定板的位置,即为后续的世界坐标系和测量平面。调用 HALCON 的算子对图像中的标定板进行识别,识别前系统会先对图像进行高斯平滑,然后将圆点中心和标定板的剪切角提取到图像上。标定图像没有质量问题,就可以根据获取到的标定点的数据进行标定计算。

5. 标定结果

标定完成后,会给出是否标定成功,以及像素的平均误差。平均误差是指在校准过程中以像素为单位的平均误差。标定完成后,计算出标定标志的理想中心,并与实际标志中心进行比较。平均误差是理想标记中心与实际标记中心之间的偏差值。一般平均误差值为 0.1 或更低时可以认为是一个很好的结果。也会计算出标定的结果参数,如像元宽度和像元高度单位为 μm,焦距单位为 mm,光心位置单位为像素,图像宽度和图像高度单位为像素,以及径向畸变和切向畸变的展开系数。使用这些参数可以生成相机的变化矩阵,用于图像校正。

在 HALCON 中使用 create_calib_data 函数来创建标定模型,这个函数的参数中:

(1) 第一个参数 CalibSetup 为标定类型;

(2) 第二个参数 NumCameras 为相机个数;

(3) 第三个参数 NumCalibObjects 为校准板的数量;

(4) 第四个参数 CalibDataID 为输出的标定模型 ID。

使用 set_calib_data_cam_param 函数来设置相机初始化参数,函数的参数中:

(1) 第一个参数 CalibDataID 为标定模型 ID;

(2) 第二个参数 CameraIdx 为相机的索引,填"all"代表全部;

(3) 第三个参数 CameraType 为相机的类型;

(4) 第四个参数 CameraParam 为相机参数。

使用 find_calib_object 函数来提取标定板信息,函数的参数中:

(1) 第一个参数 Image 为标定板拍摄图像;

(2) 第二个参数 CalibDataID 为标定模型;

(3) 第三个参数 CameraIdx 为相机索引;

(4) 第四个参数 CalibObjIdx 为标定板索引;

(5) 第五个参数 CalibObjPoseIdx 为被观察的校准板图像的索引;

(6) 第六个参数 GenParamName 为获取的参数名称;

(7) 第七个参数 GenParamValue 为对应参数的值。

使用 calibrate_cameras 函数来标定相机,函数的参数中:

（1）第一个参数 CalibDataID 为标定模型 ID；

（2）第二个参数 Error 为标定误差。

使用 gen_image_to_world_plane_map 函数来获取相机图像和世界图像的映射图像，这个函数参数中：

（1）第一个参数 Map 为输出的映射图像；

（2）第二个参数 CameraParam 为相机内参；

（3）第三个参数 WorldPose 为外参；

（4）第四个参数 WidthIn 为要转换的图像的宽度；

（5）第五个参数 HeightIn 为要转换的图像的高度；

（6）第六个参数 WidthMapped 为映射图像的宽度；

（7）第七个参数 HeightMapped 为映射图像的高度；

（8）第八个参数 Scale 为变换后的比例或者是变换后的单位，即 1 像素对应多少米；

（9）第九个参数 MapType 为映射图像生成时的差值算法。

使用 map_image 函数进行图像的映射，函数的参数中：

（1）第一个参数 Image 为变换的图像；

（2）第二个参数 Map 为映射图像；

（3）第三个参数 ImageMapped 为变换后的图像。

7.4 标定助手

7.4.1 标定助手的开启

通过菜单栏中的"助手"选择"打开新的 Calibration"来打开标定助手，如图 7-11 所示。

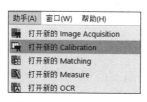

图 7-11 打开标定助手

然后，系统会弹出如图 7-12 所示的标定助手对话框，这是标定助手的主界面。

7.4.2 标定助手介绍

界面由菜单栏、动作按钮栏、功能栏和功能栏面板组成。

1. 菜单栏

菜单栏分为"文件""标定""代码生成""帮助"4 个菜单，如图 7-13 所示。

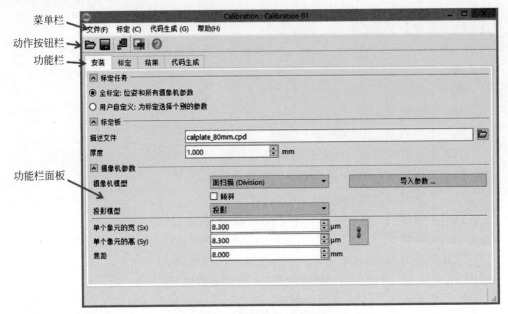

菜单栏
动作按钮栏
功能栏

功能栏面板

图 7-12 标定助手对话框

文件(F)　标定 (C)　代码生成 (G)　帮助(H)

图 7-13 "标定助手"菜单栏

（1）"文件"菜单如图 7-14 所示。

① 载入助手设置：加载之前保存好的标定助手参数。

② 保存当前助手设置：保存现在设置好的标定助手。

③ 关闭对话框：关闭当前助手对话框，不注销助手句柄，可以再次打开助手。

④ 退出助手：注销助手句柄。

（2）"标定"菜单栏如图 7-15 所示。

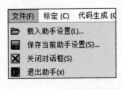

图 7-14 "文件"菜单栏

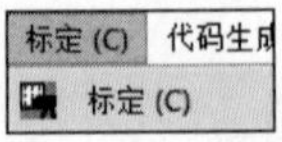

图 7-15 "标定"菜单栏

"标定"：标定相机。

（3）"代码生成"菜单栏如图 7-16 所示。

① 插入代码：把设置好的采集助手变成代码形式插入程序当中。

② 发布生成的代码行：发布生成的代码行。

③ 删除生成的代码行：删除生成的代码行。

④ 显示预览代码：跳转到预览代码。

（4）"帮助"菜单栏如图 7-17 所示。

图 7-16 "代码生成"菜单栏

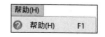

图 7-17 "帮助"菜单栏

"帮助"：启动帮助文档。

2. "动作"按钮栏

图 7-18 所示是"动作"按钮栏。

图 7-18 "动作"按钮栏

3. 功能栏

1）安装

图 7-19 所示是安装功能说明。

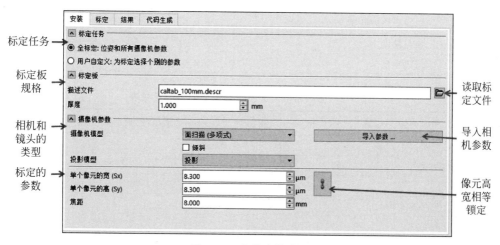

图 7-19 安装功能说明

在安装功能栏的标定任务项目中，可以选择执行完整的校准；或者是以前进行过校准时，如果某些参数还不理想，需要对特定的参数进行标定，就可以选择用户自定义选项。

此外,还需要有关校准板和摄像机的信息。

在标定板规格里面选择标定板的参数。首先,选择校准板的描述文件和校准板厚度(单位为 mm)。描述文件的名称表示板的大小,文件扩展名表示校准板的类型。扩展名为.descr 用于标记为矩形的校准板。矩形标记的校准板是在浅色背景上有深色标记。通过参数厚度可以修改世界坐标系和测量平面的位置关系,测量平面为标定板的底面。

设置完标定板参数,还需要设置相机参数。首先选择相机类型——线扫描或面扫描,并指定面扫描的标定类型为多项式还是除法方式。相机模型区域扫描(除法)已经可以标定结果,但是通过使用面积扫描(多项式)相机模型,可以提高精度并降低错误率。因此,如果校准状态下,结果选项卡上的平均误差过高,建议使用面积扫描(多项式)模型。如果决定使用面积扫描(多项式)模型,要用校准板图像完全覆盖视场,并且不能遗漏边缘。

校准设置参数,还可以通过文件的方式导入参数。只需单击"导入参数"按钮就可以导入相机参数了。

在标定参数栏中,需要预设标定的参数的值,这些值一般可以通过相机参数和镜头参数来获得,有些参数也可以通过实际情况预估,例如倾斜镜头的倾斜角度。如果像元的尺寸并不是一个正方形,可以单击右侧的按钮来取消像元长宽一致的条件。

表 7-1～表 7-3 提供了不同的相机需要的辅助标定的参数。

表 7-1　面阵相机和投影镜头需要提供的参数表

面阵相机和投影镜头参数	倾　斜	不　倾　斜
像元宽度	√	√
像元高度	√	√
焦距	√	√
与像平面的距离	√	
倾斜角度	√	
旋转角度	√	

表 7-2　面阵相机和远心镜头需要提供的参数表

面阵相机和远心镜头参数	不　倾　斜	倾斜物方远心	倾斜像方远心	倾斜双远心
像元宽度	√	√	√	√
像元高度	√	√	√	√
焦距			√	
与像平面的距离		√		
倾斜角度		√	√	√
旋转角度		√	√	√
放大率	√	√		√

表 7-3 线扫描相机需要提供的参数表

线扫描相机参数	正　常
像元宽度	√
像元高度	√
焦距	√
x 方向运动速度	√
y 方向运动速度	√
z 方向运动速度	√

2）标定

图 7-20 是标定功能界面说明图。

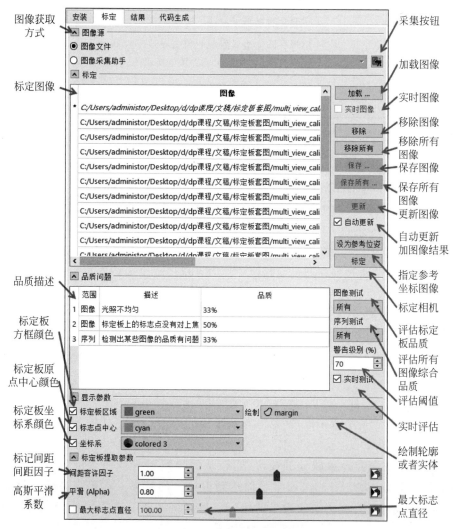

图 7-20 标定功能界面说明图

在标定界面可以通过加载的方式和图像采集的方式进行标定图像的导入,获取到的图像会加载到标定图像的列表当中。可以通过设为参考位姿来把选定的图像设置为参考位姿图像。完全导入图像,并确认参考位姿之后,就可以单击"标定"按钮进行标定了。

如果校准失败,并显示错误"相机校准不收敛"时,可以在校准错误检查表中查看可能的错误源。表 7-4 描述了标定失败的常见问题。

表 7-4　标定失败的常见问题

问　题	解　决　办　法
在校正过程中相机设置(如光圈、对焦或相机姿态)发生变化	拍摄新的校准图像期间及以后使用标定结果中不要更改光学系统参数,如果需要改变任何参数,必须开始一个新的校准
标定图像未达到要求	检查是否已分别取得 10~20 张图像(标记为矩形排列的标定板),标定板是否已覆盖全部视场,以及是否已向各个方向倾斜
使用了超广角镜头	出现在图像边界附近的畸变导致了较高的平均误差,甚至可能导致校准失败,这种情况下必须更换镜头
相机芯片的尺寸和镜头不兼容	使用与相机芯片大小不兼容的镜头(此信息应包含在镜头说明中)将降低图像质量

标定是依据标定板图像来标定的,如果标定板图像出现了问题,也会导致标定失败。标定图像的问题一般会通过品质问题栏来显示。

在质量问题窗口中,可以找到对每个图像的评估,其中包括对有缺陷的图像特征的描述,以及表征问题严重程度的质量百分比。0%的结果表明这是一个非常有缺陷的图像特征,而 100%对应于理想的质量。质量百分比可以帮助改善校准结果,删除不够好的图像,并可能导致更高的错误率的图像。如果需要一个特定的质量级别,可以设置一个警告级别,超过警告级别的缺陷将被列在质量问题栏中。如果希望程序运行得更快,或者不需要质量反馈,可以将图像测试和序列测试更改为"快速"(执行较少的测试),或者设为"无"(根本不执行任何测试)。如果缺陷太严重,例如没有找到校正标记,甚至没有找到校正板,校正按钮就会变成灰色,除非将所有质量差的图像从列表中删除,否则无法进行校正。图 7-21 所示是品质问题列表。可以看出,品质问题分为图像问题和序列问题,图像问题描述的是图像的质量问题,如光照不匀和聚焦不准等,序列问题描述的是图像的数量或覆盖视野不足等。设置的警告级别是 70%,即品质的百分比小于 70%时才会显示到列表当中。

如果标定图像总是平行拍摄,并没有倾斜拍摄的图像。在这种情况下,焦距和 Z 的值可能是不正确的。

较差的图像质量会导致较差的校准结果,从而导致不好或错误的测量值。然而,即使品质警告范围为 40%~70%,通常也能达到可接受的结果。如需提高标定结果,可以参考表 7-5,以获得有关改善图像质量的建议。当试图提高图像质量时,不要忘记检查其他错误源。

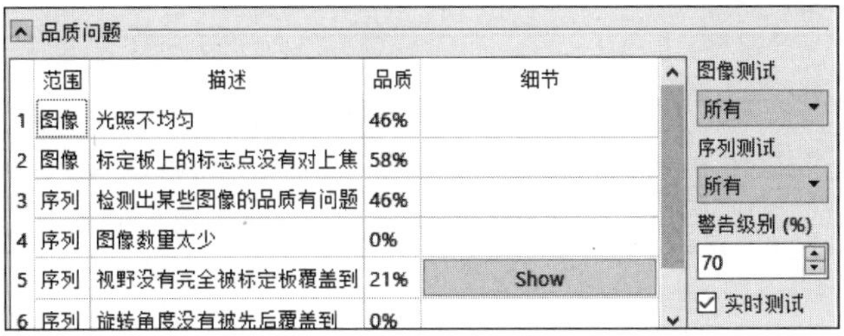

图 7-21 品质问题列表

表 7-5 图像品质问题表

品 质 问 题	描 述	解 决 方 法
标定板过曝	图像太亮,在某些部分达到最高灰度值(255),这将导致原点的边缘的偏移,从而计算出错误的中心位置	把镜头的光圈或快门关小一点,或把照明的亮度调小一点,直到图像不过曝为止
光照不均匀	图像的照明不均匀,即标定板的亮度在一幅图像内发生变化,这种情况使标定板难以定位,从而导致较低的精度	使用漫射照明
对比度低	标定板的灰度值与标定标志的灰度值之差不够大,即黑白灰度差值过小	原因可能是过度曝光,也可能是曝光不足,应改善照明,适当减少或增加光照
标定板在图像中过小	标定板尺寸相对于图像尺寸太小	对于矩形标记的标定板,目标应覆盖图像总面积的 1/4;应将相机安装在离目标更近的地方,使用更长的焦距或更大的标定板
质量评估失败	图像测试失败,尽管可以在图像中找到这个板块	对于矩形排列标记的标定板,检查图像的任何部分是否被遮挡,以及遮挡是否隔断标定板的黑色边缘
某些图像的标记提取失败	在某些图像中无法提取标定板标记,使得在这种状态下也无法标定	删除标记提取失败的图像,使用新的图像代替或调整外部参数,或者查看是否由其他错误引起
检测到一些图像的质量问题	一些图像的质量低于警告级别	单击列表中单个图像的名称,检查它们的质量问题,处理表中描述的质量问题
图像数量太少	图像的数量低于推荐的数量	检查图像数量是否足够,对于矩形排列标记的校准板,少于 10 幅图像将导致较低的质量排名百分比,而 20 幅图像则等于 100%
视场不被标定板图像所覆盖	标定板的图像没有覆盖视场的某些部分	单击 show 按钮,可以看到校准板图像中没有覆盖的区域为灰色区域若覆盖则为白色区域(见图 7-22)。在标定之前,将缺失的图像添加到图像序列中

续表

品 质 问 题	描　　　述	解 决 方 法
倾斜角度的标定图像不足	标定板倾斜覆盖不足	添加更多的图像,使标定板向不同的方向倾斜,对于矩形排列标记的校准板,建议在图像的每个象限倾斜该板两次,并改变倾斜方向
图像与图像之间的大小不相同	图像列表包含不同大小的图像	在拍摄校准图像时更改了设置,因此,应该删除更改设置前拍摄的那些图像

图 7-22　标定板覆盖域图

　　显示参数下的下拉菜单能够为校准图像显示选择颜色和绘图参数。可以保留默认值,也可以为标定板区域、标记中心或坐标系选择喜欢的值。绘制选项可以选择是查看页边距还是填充区域。

　　如果图像模糊或含有强噪声,则应将平滑(Sigma)设置为较高的值。对于矩形排列标记的校正板:如果标定板倾斜较多,则间隙因子应设置为较高的值。如果图像模糊,平滑(Alpha)应该设置为一个较小的值。此外,如果最大圆点直径的复选框被激活,则最大圆点直径可以被改变。

　　3) 结果

　　图 7-23 所示是结果功能栏的示意图。

　　视觉系统标定的结果有两种参数类型:

　　(1) 内部参数是标定精确的焦距、相机芯片的大小或者镜头畸变造成的失真。

　　(2) 外部参数是视觉系统的位置和方向。

　　通过单击"保存"按钮,来保存相机的内部参数和外部参数。

　　标定状态栏显示标定状态,即标定是否成功以及像素的平均误差。如果在标定后,删除标定图像、更改标定板提取参数或相机参数,则以前的标定数据将不再有效。因此,状态将显示没有可用的校准数据。若要再次标定,只需在标定选项卡上再次单击"校准"即可。

　　平均误差是指在标定过程中以像素为单位的平均误差。标定完成后,计算出标定标志的理想中心,并与实际标志中心进行比较。平均误差是理想标记中心与实际标记中心之间

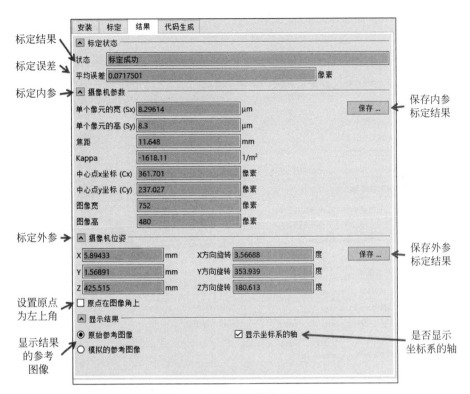

图 7-23　结果功能栏的示意图

的偏差值。值为 0.1 或更低时，可以认为是一个很好的结果。可能造成标定误差的原因在品质问题的问题表中已经描述，大多数问题均可以很容易地解决，通常只需要拍摄更好的标定图像即可。

相机内部参数包括单元宽度(Sx)和单元高度(Sy)(单位为 μm)、焦距(单位为 mm)、中心柱(Cx)和中心行(Cy)、图像宽度和图像高度(单位为像素)，还包括径向畸变参数二阶展开(K1)(单位为 $1/m^2$)、径向畸变四阶展开(K2)(单位为 $1/m^4$)、径向畸变六阶展开(单位为 m^6)、切向二阶(P1)和切向二阶(P2)(单位为 $1/m^2$)。如果是线扫描相机，除了区域扫描相机模型的值之外，还将返回以微米/像素为单位的运动参数 motion x (Vx)、motion y (Vy)和 motion z (Vz)的值。

相机外部参数包括 X、Y、Z(单位为 mm)和旋转 X、旋转 Y、旋转 Z(单位为角度)。世界坐标系相对于相机的三维位姿由相机外部参数描述。

通过"单选"按钮，可以选择原始参考图像或模拟参考图像，选择原始图像会使用原始图像来合成结果图像，选择模拟图像会使用内部已知的校准板模拟图像来合成结果图像，还可以决定是否要显示校准板坐标系的坐标轴。

4) 代码生成

如图 7-24 所示是代码生成功能栏示意图。此功能栏帮助生成和插入用于校准的代码，以及可用于 HDevelop 程序中进行校准的代码。标签被细分为 4 部分——校准、示例使用、变量名、代码预览。

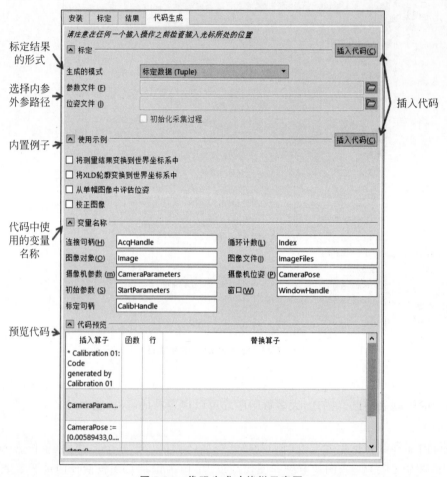

图 7-24 代码生成功能栏示意图

配置完这些选项后,然后单击校准或示例用法下的"插入代码",将代码插入 HDevelop 程序窗口游标的位置中。

注意:如果已经将代码插入程序中,并再次单击"插入代码",则无论光标位置在哪里,前面插入的代码都将被替换。

在标定栏中选择标定数据,它将标定参数(包括内参和外参)导出为数组。

选择标定数据函数,它将标定的过程写成函数插入 HDevelop 程序窗口游标的位置中。

选择标定数据文件,将校准结果的标定参数写入文件,然后通过代码的方式读取出来。可以单击"文件夹"选项卡来浏览覆盖已存储的文件,或者重新生成文件。若要在使用图像采集助手时生成用于初始化图像采集的代码,请启用初始化采集。完成后,单击插入代码将代码插入 HDevelop 程序。这时,参数就写入文件了。

示例代码展示了标定数据的过程,并提供了代码,可以根据自己的目的来选择感兴趣的示例代码插入程序中。示例代码包括:

(1)把测量结果转换成世界坐标。在示例代码中,将前两个标记中心点的图像坐标转换为世界坐标,并计算这两个点的3D距离。首先,得到了参考平面上一些感兴趣点的图像坐标。简单地选择标定板的前两个标记中心点,并在这两个点之间画一条线,以便观察。然后使用HALCON操作符image_points_to_world_plane将图像坐标转换为世界坐标。根据定义,Z坐标为0,因为测量平面是世界坐标$Z=0$的平面。世界坐标中的距离使用distance_pp确定。只需要把标定板的点替换为感兴趣的点,就可以测得想要的距离了。

(2)将亚像素数据轮廓转换为世界坐标。在示例代码中,将亚像素数据轮廓转换为世界坐标,并计算这个3D距离。首先给出了与图像中一些有特征相关的图像坐标的亚像素数据。在这里,只需使用HALCON操作符gen_contour_polygon_xld生成一个连接板的标记中心点的轮廓。然后使用HALCON操作符contour_to_world_plane_xld执行到世界坐标的转换。使用操作符get_contour_xld,在世界坐标中提取标记的节点。要使此程序达到目的,通常需要将标记中心替换为感兴趣的点,并修改或删除可视化代码。

(3)从单幅图像中估计姿态。首先确定标定板上标记中心的位置。在已知相机参数的情况下,可使用HALCON算子camera_calibration,一张图像就足以确定新的姿态。

(4)校正图像。首先世界坐标中是以mm为单位的,需要确认图像的世界宽度,并将其转换为m,这样方便定位原点。然后,使用set_origin_pose调整图像原点位置,调整位置的单位为m。使用HALCON操作符gen_image_to_world_plane_map生成校正映射。最后,可以使用map_image的校正映射对图像进行校正。要使此程序达到目的,通常需要更改新的图像坐标系统的比例和原点。

对于标定变量,都有默认变量名,也可以使用自定义的变量名。

可以修改的变量名包括标定句柄、图像对象、摄像机参数、初始参数、循环计数、图像文件、摄像机的姿势和窗口。

注意:这些变量可以在生成代码之前设置,也可以在生成代码之后使用。中间变量是以TmpCtrl或TmpObj开头的固定名称。完成后,单击"插入代码"按钮,将代码插入HDevelop程序中。

在代码预览里,可以编辑或替换校准助手建议的代码行的各个操作符。

7.5 标定实例

标定实例如下。

```
*
* 设置参数
* 图像路径
ImgPath := '标定板套图'
```

```
* 图像名称前缀
ImgPrefix : = 'multi_view_calib_'
* 第一张图像地址
FileName : = ImgPath + ImgPrefix + 'cam_0_00'
* 读取图像
read_image(Image, FileName)
* 获取图像长宽
get_image_size(Image, Width, Height)
* 比例因子
Scale : = .5
*
* 标定信息
* 标定板信息
CaltabDescr : = 'caltab_100mm.descr'
* 标定板厚度单位 m
CaltabThickness : = 0.0064
* 相机数量
NumCameras : = 4
* 标定任务
NumCalibObjects : = 1
* 标定板图像数量
NumPoses : = 20
* 初始光学系统参数
gen_cam_par_area_scan_polynomial(0.0085, 0.0, 0.0, 0.0, 0.0, 0.0, 6e - 6, 6e - 6, Width * .5,
Height * .5, Width, Height, StartCamPar)
* 创建标定模型
create_calib_data('calibration_object', NumCameras, NumCalibObjects, CalibDataID)
* 设置初始化光学系统参数
set_calib_data_cam_param(CalibDataID, 'all', [], StartCamPar)
* 设置标定板信息
set_calib_data_calib_object(CalibDataID, 0, CaltabDescr)
* 标定图像
* 打开第一个窗口
dev_open_window((Height * Scale) + 10, (Width * Scale) + 10, Width * Scale, Height *
Scale, 'black', WindowHandle3)
* 显示边
dev_set_draw('margin')
* 宽度为 1
dev_set_line_width(1)
* 颜色为绿色
dev_set_color('green')
* 设置字体
set_display_font(WindowHandle3, 14, 'mono', 'true', 'false')
* 打开第二个窗口
dev_open_window((Height * Scale) + 10, 0, Width * Scale, Height * Scale, 'black',
WindowHandle2)
* 显示边
```

```
dev_set_draw('margin')
* 宽度为 1
dev_set_line_width(1)
* 颜色为绿色
dev_set_color('green')
* 设置字体
set_display_font(WindowHandle2, 14, 'mono', 'true', 'false')
* 打开第三个窗口
dev_open_window(0, (Width * Scale) + 10, Width * Scale, Height * Scale, 'black',
WindowHandle1)
* 显示边
dev_set_draw('margin')
* 宽度为 1
dev_set_line_width(1)
* 颜色为绿色
dev_set_color('green')
* 设置字体
set_display_font(WindowHandle1, 14, 'mono', 'true', 'false')
* 打开第四个窗口
dev_open_window(0, 0, Width * Scale, Height * Scale, 'black', WindowHandle0)
* 显示边
dev_set_draw('margin')
* 宽度为 1
dev_set_line_width(1)
* 颜色为绿色
dev_set_color('green')
* 设置字体
set_display_font(WindowHandle0, 14, 'mono', 'true', 'false')
* 整理窗口句柄顺序
WindowHandles := [WindowHandle0,WindowHandle1,WindowHandle2,WindowHandle3]
* 忽略的图像
NumIgnoredImg := 0
for PoseIndex := 0 to NumPoses - 1 by 1
    for CameraIndex := 0 to NumCameras - 1 by 1
        * 图像名称
        FileName := ImgPath + ImgPrefix + 'cam_' + CameraIndex + '_' + PoseIndex $ '02'
        * 激活相机窗口
        dev_set_window(WindowHandles[CameraIndex])
        * 读取图像
        read_image(Image, FileName)
        * 设置系统信息,不强制刷新变动图像
        set_system('flush_graphic', 'false')
        * 显示图像
        dev_display(Image)
        * 错误时显示的信息
        Message := ['Camera ' + CameraIndex,'Pose # ' + PoseIndex]
        * 信息颜色
```

```
        Color : = ['black','black']
        *是否显示错误信息变量
        ShowErrorMsg : = false
        try
            *寻找标定板
            find_calib_object(Image, CalibDataID, CameraIndex, 0, PoseIndex, [], [])
            *获取标定板外框的轮廓,方便查看
            get_calib_data_observ_contours(Caltab, CalibDataID, 'caltab', CameraIndex, 0,
PoseIndex)
            *获取标定板标志的轮廓,方便查看
            get_calib_data_observ_contours(Marks, CalibDataID, 'marks', CameraIndex, 0,
PoseIndex)
            *显示标定板外框轮廓
            dev_display(Caltab)
            *显示标定板标记轮廓
            dev_display(Marks)
            *获取错误信息
        catch (Exception)
            *设置显示错误信息变量为 true
            ShowErrorMsg : = true
            *忽略的图像加 1
            NumIgnoredImg : = NumIgnoredImg + 1
            if (Exception[0] == 8402)
                *如果找不到标定板则添加下面的信息到 Message
                Message : = [Message,'No calibration tab found!']
                *颜色为红色
                Color : = [Color,'red']
            elseif (Exception[0] == 8404)
                *如果找不到标定板标志则添加下面的信息到 Message
                Message : = [Message,'Marks were not identified!']
                *如颜色为红色
                Color : = [Color,'red']
            else
                *如出现未知错误则添加下面的信息到 Message
                Message : = [Message,'Unknown Exception!.']
                *颜色为红色
                Color : = [Color,'red']
            endif
            *添加忽略图像信息到 Message
            Message : = [Message,'This image will be ignored.']
            *颜色为红色
            Color : = [Color,'red']
        endtry
        *在对应相机的窗口显示 Message 信息
        disp_message(WindowHandles[CameraIndex], Message, 'window', 12, 12, Color, 'true')
        if (ShowErrorMsg)
            *设置系统信息强制刷新
```

```
                    set_system('flush_graphic', 'true')
                    for Index : = 0 to |WindowHandles| - 1 by 1
                        * 输入空值刷新系统
                        write_string(WindowHandles[Index], '')
                    endfor
                    * 显示继续信息
                    disp_continue_message(WindowHandles[3], 'black', 'true')
                    stop()
                endif
        endfor
        * 设置系统信息强制刷新
        set_system('flush_graphic', 'true')
        for Index : = 0 to |WindowHandles| - 1 by 1
            * 输入空值刷新系统
            write_string(WindowHandles[Index], '')
        endfor
endfor
* 如果每一个相机可用于标定的图像大于10
if ((NumPoses * NumCameras) - NumIgnoredImg > = NumCameras * 10)
    * 标定图像
    calibrate_cameras(CalibDataID, Error)
else
    * 添加错误信息
    Message : = 'Too few marks were provided!'
    Message[1] : = 'Please adapt the parameters for'
    Message[2] : = 'extraction of the marks or provide'
    Message[3] : = 'more images with better quality.'
    * 颜色为红色和黑色
    Color : = ['red','black','black','black']
    * 显示错误信息
    disp_message(WindowHandles[0], Message, 'window', 12, 12, Color, 'true')
    return()
endif
* 创建一个相机设置模型,并确定世界坐标
get_calib_data(CalibDataID, 'model', 'general', 'camera_setup_model', CameraSetupModelID)
* 获取参考相机 ID
get_calib_data(CalibDataID, 'model', 'general', 'reference_camera', RefCameraID)
* 获取参考相机世界坐标
get_calib_data(CalibDataID, 'calib_obj_pose', [0,RefCameraID], 'pose', PoseCam0Indx0)
* 设置原点位置
set_origin_pose(PoseCam0Indx0, 0, 0, CaltabThickness, ReferencePose)
* 设置相机坐标系位置
set_camera_setup_param(CameraSetupModelID, 'general', 'coord_transf_pose', ReferencePose)
* 判断文件是否存在,方便写入
file_exists('four_camera_setup_model.csm', FileExists)
* 文件不存在,生成文件
if (not FileExists)
```

```
        write_camera_setup_model(CameraSetupModelID, 'four_camera_setup_model.csm')
endif
*
* 显示标定结果
* 获取相机标定的内参数项目名列表
get_calib_data(CalibDataID, 'camera', 0, 'params_labels', ParLabels)
* 获取第一个相机对应内参的数值
get_camera_setup_param(CameraSetupModelID, 0, 'params', CamPar0)
* 获取第二个相机对应内参的数值
get_camera_setup_param(CameraSetupModelID, 1, 'params', CamPar1)
* 获取第三个相机对应内参的数值
get_camera_setup_param(CameraSetupModelID, 2, 'params', CamPar2)
* 获取第四个相机对应内参的数值
get_camera_setup_param(CameraSetupModelID, 3, 'params', CamPar3)
* 获取相机标定的外参数项目名列表
get_calib_data(CalibDataID, 'camera', 0, 'pose_labels', PoseLabels)
* 获取第一个相机对应外参的数值
get_camera_setup_param(CameraSetupModelID, 0, 'pose', CamPose0)
* 获取第二个相机对应外参的数值
get_camera_setup_param(CameraSetupModelID, 1, 'pose', CamPose1)
* 获取第三个相机对应外参的数值
get_camera_setup_param(CameraSetupModelID, 2, 'pose', CamPose2)
* 获取第四个相机对应外参的数值
get_camera_setup_param(CameraSetupModelID, 3, 'pose', CamPose3)
* 窗口句柄数不足则显示如下信息
if (|WindowHandles| < 4)
    disp_message(WindowHandles[0], 'Not enough opened windows!', 'window', 12, 12, 'black',
'true')
endif
* 获取相机类型
get_cam_par_data(CamPar0, 'camera_type', CameraType)
if (CameraType == 'area_scan_polynomial')
    * 多项式面阵相机内参数变量类型
    Style := ['.2e','.2e','.2e','.2e','.2e','.2e','.1e','.1e','.2f','.2f']
    * 多项式面阵相机内参数单位
    Unit := ['m','','','','','','m','m','px','px']
elseif (CameraType == 'area_scan_division')
    * 简易面阵相机内参数变量类型
    Style := ['.2e','.2f','.1e','.1e','.2f','.2f']
    * 简易面阵相机内参数单位
    Unit := ['m','','m','m','px','px']
else
    * 显示信息一号相机没有数值
    disp_message(WindowHandles[0], 'CamPar0 is not valid!', 'window', 12, 12, 'black', 'true')
endif
* 一号相机名称
Message0 := 'Parameters of Camera 0'
```

* 二号相机名称
Message1 := 'Parameters of Camera 1'
* 三号相机名称
Message2 := 'Parameters of Camera 2'
* 四号相机名称
Message3 := 'Parameters of Camera 3'
for Index := 1 to |CamPar1| - 3 by 1
　　　* 一号相机内参数
　　Message0 := [Message0,' ' + ParLabels[Index] + ' = ' + CamPar0[Index] $ Style[Index -
1] + Unit[Index - 1]]
　　　* 二号相机内参数
　　Message1 := [Message1,' ' + ParLabels[Index] + ' = ' + CamPar1[Index] $ Style[Index -
1] + Unit[Index - 1]]
　　　* 三号相机内参数
　　Message2 := [Message2,' ' + ParLabels[Index] + ' = ' + CamPar2[Index] $ Style[Index -
1] + Unit[Index - 1]]
　　　* 四号相机内参数
　　Message3 := [Message3,' ' + ParLabels[Index] + ' = ' + CamPar3[Index] $ Style[Index -
1] + Unit[Index - 1]]
endfor
* 显示一号相机内参数信息
disp_message(WindowHandles[0], Message0, 'window', 12, 12, 'black', 'true')
* 显示二号相机内参数信息
disp_message(WindowHandles[1], Message1, 'window', 12, 12, 'black', 'true')
* 显示三号相机内参数信息
disp_message(WindowHandles[2], Message2, 'window', 12, 12, 'black', 'true')
* 显示四号相机内参数信息
disp_message(WindowHandles[3], Message3, 'window', 12, 12, 'black', 'true')
* 窗口句柄数不足则显示如下信息
if (|WindowHandles| < 4)
　　disp_message(WindowHandles[0], 'Not enough opened windows!', 'window', 12, 12, 'black',
'true')
endif
* 相机外参数变量类型
Style := ['.2e','.2e','.2e','.2f','.2f','.2f']
* 相机参数单位
Unit := ['m','m','m','°','°','°']
for Index := 0 to 3 by 1
　　　* 激活窗口
　　dev_set_window(WindowHandles[Index])
　　　* 清空窗口
　　dev_clear_window()
endfor
* 一号相机名称
Message0 := 'Pose of Camera 0'
* 二号相机名称
Message1 := 'Pose of Camera 1'
* 三号相机名称
Message2 := 'Pose of Camera 2'
* 四号相机名称

```
Message3 : = 'Pose of Camera 3'
for Index : = 0 to |CamPose0| − 2 by 1
    * 一号相机外参数
    Message0 : = [Message0,'  ' + PoseLabels[Index] + ' = ' + CamPose0[Index] $ Style[Index] +
Unit[Index]]
    * 二号相机外参数
    Message1 : = [Message1,'  ' + PoseLabels[Index] + ' = ' + CamPose1[Index] $ Style[Index] +
Unit[Index]]
    * 三号相机外参数
    Message2 : = [Message2,'  ' + PoseLabels[Index] + ' = ' + CamPose2[Index] $ Style[Index] +
Unit[Index]]
    * 四号相机外参数
    Message3 : = [Message3,'  ' + PoseLabels[Index] + ' = ' + CamPose3[Index] $ Style[Index] +
Unit[Index]]
endfor
* 显示一号相机外参数信息
disp_message(WindowHandles[0], Message0, 'window', 12, 12, 'black', 'true')
* 显示二号相机外参数信息
disp_message(WindowHandles[1], Message1, 'window', 12, 12, 'black', 'true')
* 显示三号相机外参数信息
disp_message(WindowHandles[2], Message2, 'window', 12, 12, 'black', 'true')
* 显示四号相机外参数信息
disp_message(WindowHandles[3], Message3, 'window', 12, 12, 'black', 'true')
* 映射
*
* 设置零点位标定板中心
set_origin_pose(CamPose0, − 0.066324, − 0.047, 0, PoseNewOrigin)
* 获取映射图像
gen_image_to_world_plane_map(Map, CamPar0, PoseNewOrigin, Width, Height, Width, Height,
0.0003176, 'bilinear')
* 读取原图像
read_image(Image1, '3d_machine_vision/multi_view/multi_view_calib_cam_0_02')
* 映射图像
map_image(Image1, Map, ImageMapped)
```

映射图像结果如图 7-25 所示。可以看到,图像的桶形畸变得以校正。

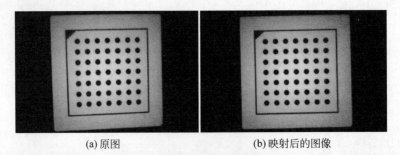

(a) 原图   (b) 映射后的图像

图 7-25　映射图像结果

第8章

CHAPTER 8

<h1>图像的分割</h1>

一般来说,并不是一幅图像中的所有区域都是我们感兴趣的区域,我们往往只对局部区域感兴趣。为了得到图像中的感兴趣区域,必须进行图像分割。

8.1 阈值分割

阈值分割是图像分割中最简单的分割算法,它通过设置一个最大阈值和一个最小阈值来分割图像,当图像的点的灰度值大于或等于最小阈值且小于或等于最大阈值时,就把该点定义为分割区域;所有分割区域的集合,就是感兴趣区域。操作的表达式为

$$S = \{(r,c) \in R \mid g_{\min} \leqslant f_{r,c} \leqslant g_{\max}\}$$

如果光学系统可以保持不变,最大阈值和最小阈值可以永远不调整。阈值分割是基于图像的灰度值本身的,所以只要被分割的物体和背景之间存在非常显著的灰度差异,就能使用阈值分割算法。

对于某些图像,最大阈值和最小阈值之间包含了不感兴趣的区域,例如在 $60 \sim 180$ 的 $90 \sim 120$ 的灰度值,不是感兴趣区域,则可以使用多次的阈值分割,把阈值设为 $60 \sim 90$ 和 $120 \sim 180$ 来完成感兴趣区域的提取。

在 HALCON 中使用 threshold 函数来实现阈值分割,这个函数的参数中:

- 第一个参数 Image 是输入的图像;
- 第二个参数 Region 是输出的区域;
- 第三个参数 MinGray 是最小阈值;
- 第四个参 MaxGray 是最大阈值。

以下面的例子来说明 threshold 函数的实际操作过程。

```
***阈值分割
*读取图像
read_image(Image4, '车牌.jpg')
*灰度化
rgb1_to_gray(Image4, GrayImage)
*阈值分割
```

```
threshold(GrayImage, Region1, 50, 120)
* 分离非连通区域
connection(Region1, ConnectedRegions)
* 选择长度
select_shape(ConnectedRegions, SelectedRegions, 'width', 'and', 30, 60)
* 选择宽度
select_shape(SelectedRegions, Letters, 'height', 'and', 90, 120)
* 显示结果
dev_display(Letters)
```

在阈值分割的时候会存在一些干扰像素,如图 8-1 所示,可以使用区域的几何特征或者基于形态学的一些方式来排除干扰。该例中使用的是基于区域的几何特征,通过要提取字符的长和宽来排除干扰。

(a) 车牌字符的干扰区域   (b) 提取到的车牌字符区域

图 8-1　车牌提取

固定的阈值分割只有在灰度值不变的情况下才有较好的效果,但是这种情况的发生频率比较低。当光照发生变化时,前背景的灰度值发生变化,这时使用的固定阈值分割的效果就不太理想。如图 8-2 所示是同一个阈值分割不同灰度分布图像的结果,这两张图像的内容一致,但是在左图中可以大致分割出图像的脸部,而右图只能分割出头顶部分,分割内容完全不同。

图 8-2　同一个阈值分割不同灰度分布图像

8.2　直方图自动阈值

直方图自动阈值是通过直方图统计记录下直方图中的最小值,以这个点的灰度值为阈值。一般情况下,直方图是一个波动复杂的图像,可能存在很多最小值,有一些最小值可能相差不大,或者波峰和波谷的差值会很小。所以,为了避免这样的干扰,会对直方图进行高斯平滑,通过参数 σ 来控制平滑程度,σ 越大,则直方图平滑越厉害。图 8-3 所示是一张直方图经过高斯平滑后的结果。

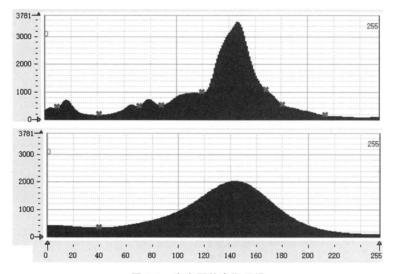

图 8-3　直方图的高斯平滑

可以看到,图像原来有 8 个波谷点,平滑过后只剩下一个波谷点。

上面提到的不同照度的图像,虽然灰度分布不同,但是图像的前景和背景的对比度都是非常明显的,可以通过自动阈值进行分割。

在 HALCON 中,使用 auto_threshold 函数实现自动阈值,这个函数的参数中:

(1)第一个参数 Image 是输入的图像;

(2)第二个参数 Regions 是输出的区域;

(3)第三个参数 Sigma 是平滑系数。

可使用直方图自动阈值提取不同灰度分布的图像,举例如下。

```
***自动阈值
*读取图像
read_image(Image4, '头像 1.png')
*灰度化
rgb1_to_gray(Image4, GrayImage)
*自动阈值
```

```
auto_threshold(GrayImage, Regions2, 17)
* 分离非连通区域
connection(Regions2, ConnectedRegions1)
* 选择长度
select_shape(ConnectedRegions1, SelectedRegions1, 'width', 'and', 70, 120)
* 选择宽度
select_shape(SelectedRegions1, Face1, 'height', 'and', 70, 120)
* 显示结果
dev_display(Face1)
* 读取图像
read_image(Image5, '头像 2.png')
* 灰度化
rgb1_to_gray(Image5, GrayImage1)
* 自动阈值
auto_threshold(GrayImage1, Regions3, 17)
* 分离非连通区域
connection(Regions2, ConnectedRegions2)
* 选择长度
select_shape(ConnectedRegions2, SelectedRegions2, 'width', 'and', 70, 120)
* 选择宽度
select_shape(SelectedRegions2, Face2, 'height', 'and', 70, 120)
* 显示结果
dev_display(Face2)
```

直方图自动阈值分割的对比结果如图 8-4 所示。

(a) 原图   (b) 分割后

图 8-4 直方图自动阈值分割对比

8.2.1 平滑直方图二分法

平滑直方图二分法也是将图像分为两个部分的图像分割方法,类似于直方图自动阈值。首先,确定灰度值的相对直方图。然后,从直方图中提取相关的最小值,作为阈值操作的参数。为了减少最小值的数量,对直方图进行高斯平滑处理。放大掩模尺寸,直到在平滑的直方图中只有一个最小值。所选区域包为灰度值从 0 到最小值的像素。

在 HALCON 之前的版本使用函数 bin_threshold 来实现平滑直方图二分法,这个函数的参数中:

(1) 第一个参数 Image 是输入的图像;

(2) 第二个参数 Region 是输出的区域。

新版 HALCON 中不再建议使用这个函数,而是使用 binary_threshold 函数来代替,这个函数可以选择获取的部分是暗区域还是亮区域,而 bin_threshold 函数只能获取暗区域。图 8-5 所示为 bin_threshold 函数在不同亮度分布下运行的效果图。

图 8-5　bin_threshold 函数在不同亮度分布下运行的效果图

8.2.2　最大类间方差法

有时只需要把图像分割成前景背景,不需要把区域分割成多个片段,可以使用最大类间方差法,也叫大津法。它的基本思想是用一个阈值将图像中的数据分为两类:一类中图像的像素点的灰度均小于这个阈值;另一类中图像的像素点的灰度均大于或等于该阈值。若这两个类中像素点的灰度的方差越大,说明获取的阈值越接近最佳的阈值。

具体过程如下。

(1) 统计图像的灰度级的级数 i,例如,一张图在 $0\sim255$ 级都有灰度值,级数 i 为 256,如果图像在 $0\sim16$ 级没有对应的像素点,则级数 i 为 240。

(2) 循环遍历 i 的可能值,以 i 值为分割点,用阈值法把图分成 $0\sim i$ 前景和 $i\sim255$ 背景。如图 8-6 所示,计算前景占总面积的比例 $W_1=$ 绿色面积 $A_1/$ 图像总面积 A_0,计算绿色像素的灰度平均值 U_1,计算前景占总面积的比例 $W_2=$ 红色面积 $A_2/$ 图像总面积 A_0,计算红色像素的灰度平均值 U_2。

(3) 计算最大类间方差,公式如下:

$$g=W_1W_2(U_1-U_2)^2$$

(4) 计算出所有 i 对应的 g 值,将最大 g 值对应的 i 值作为图像的全局阈值。

HALCON 中使用 binary_threshold 函数来实现最大类间方差法,这个函数的参数中:

(a) 0～i 区域   (b) i～255区域

图 8-6　最大类间方差法示意图

（1）第一个参数 Image 是输入的图像；

（2）第二个参参 Region 是输出的区域；

（3）第三个参数 Method 是使用方式；

（4）第四个参数 LightDark 是提取的区域为亮区域还是暗区域；

（5）第五个参数 UsedTheshold 是用于分割的阈值。

函数有两种运行方式：

（1）第 1 种方式为 max_separability，即最大类间方差法，它对于直方图上的尖锐的波峰不太敏感。

（2）第 2 种方式为 smooth_histo，即平滑直方图二分法，使用该方法的运算时间比大津法稍长。

可使用最大类间方差法提取按钮标识，举例如下：

```
***最大类间法
*读取图像
read_image(Image5, '开关.jpg')
*二元自动阈值最大类间法
binary_threshold(Image5, Region2, 'max_separability', 'dark', UsedThreshold)
*填充
fill_up(Region2, RegionFillUp2)
*截取区域
reduce_domain(Image5, RegionFillUp2, ImageReduced)
*最大类间法
binary_threshold(ImageReduced, Region22, 'max_separability', 'light', UsedThreshold)
*分离非连通区域
connection(Region22, ConnectedRegions2)
*筛选宽度
select_shape(ConnectedRegions2, SelectedRegions2, 'width', 'and', 60, 75)
*筛选矩形度
select_shape(SelectedRegions2, SelectedRegions3, 'rectangularity', 'and', 0.7, 1)
*联合区域
union1(SelectedRegions3, RegionUnion)
```

* 填充

fill_up(RegionUnion, RegionFillUp3)

* 裁剪区域

reduce_domain(ImageReduced, RegionFillUp3, ImageReduced1)

* 最大类间法

binary_threshold(ImageReduced1, Region5, 'max_separability', 'dark', UsedThreshold2)

* 分离非连通区域

connection(Region5, ConnectedRegions3)

* 筛选区域

select_shape(ConnectedRegions3, SelectedRegions4, 'width', 'and', 30, 50)

* 区域转换

shape_trans(SelectedRegions4, RegionTrans, 'rectangle2')

* 显示图像

dev_display(Image5)

* 显示结果

dev_display(RegionTrans)

提取按钮结果如图 8-7 所示。

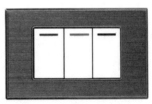

(a) 原图　　　　　　　　　(b) 提取后

图 8-7　提取按钮结果图

8.3　动态阈值

有时不能对整幅图像找到一个合适的阈值来分割前景和背景,这可能是不均匀照明造成的,它破坏相关的波峰或将这些波峰移动到了错误的位置。但是在局部区域中,前景和背景存在比较明显的对比度。因此,可以通过指定某像素比其背景暗多少或者亮多少来提取感兴趣区域。

使用均值、高斯或者中值滤波进行图像的平滑,可以计算出当前窗口的平均灰度值。可以使用这个值作为局部区域的背景估计值。这种将图像与其局部背景进行比较的操作称为动态阈值。均值平滑的效果如图 8-8 所示。

原始图像灰度值为 go,平滑图像为 gt,offset 为偏差值。

获取亮区域的公式如下:

$$go \geqslant gt + offset$$

获取暗区域的公式如下:

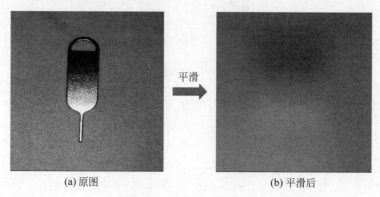

(a) 原图   (b) 平滑后

图 8-8   均值平滑的效果图

$$go \leqslant gt - offset$$

获取中间区域的公式如下：

$$gt - offset \leqslant go \leqslant gt + offset$$

获取亮暗区域的公式如下：

$$gt - offset > go \bigcup go > gt + offset$$

在动态阈值中，平滑滤波器的尺寸决定了能被分割出来的物体的尺寸。如果滤波器尺寸太小，则在物体的中心估计出的局部背景将不理想。平滑滤波器的宽度必须大于被识别的物体的尺寸。

在 HALCON 中使用 dyn_threshold 函数来实现动态阈值，这个函数的参数中：

(1) 第一个参数 OrigImage 是输入的原始图像；

(2) 第二个参数 ThresholdImage 是背景图像；

(3) 第三个参数 RegionDynThresh 是输出的区域；

(4) 第四个参数 Offset 是偏差值；

(5) 第五个参数 LightDark 是提取的方式。

通过动态阈值提取卡针的例子如下。

```
***动态阈值
*读取图像
read_image(Image, '卡针 2.jpg')
*平滑图像
mean_image(Image, ImageMean, 559, 559)
*动态阈值
dyn_threshold(Image, ImageMean, RegionDynThresh, 75, 'not_equal')
*填充空隙
closing_circle(RegionDynThresh, RegionClosing, 8.5)
*填充
fill_up(RegionClosing, RegionFillUp)
*去除毛刺
opening_circle(RegionFillUp, RegionOpening, 9.5)
*分离非连通区域
```

```
connection(RegionOpening, ConnectedRegions)
* 获取最小外接圆
smallest_rectangle2(ConnectedRegions, Row, Column, Phi, Length1, Length2)
* 生成圆形
gen_rectangle2_contour_xld(Rectangle, Row, Column, Phi, Length1, Length2)
* 显示图像
dev_display(Image)
* 显示结果
dev_display(Rectangle)
```

卡针提取结果图如图 8-9 所示。图中的卡针左边过暗右边过亮,通过单一的阈值是无法提取的,使用动态阈值获取局部过亮过暗的部分,完成卡针的提取。

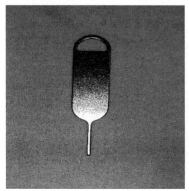 

(a) 原图 (b) 提取后

图 8-9 卡针提取结果图

8.4 区域生长

区域生长是指将成组的像素或区域发展成更大区域的过程。被分割成片段的图像重新划分为相同强度的区域,将其排列成大小为行×列的矩形。为了确定两个相邻的矩形是否属于同一区域,只使用其中心点的灰度值。如果灰度值差小于或等于公差,则将矩形合并为一个区域。

计算方式如下:

$$g_1 \begin{array}{|c|c|c|} \hline 1 & 1 & 1 \\ \hline 1 & 3 & 1 \\ \hline 1 & 1 & 1 \\ \hline \end{array} - g_2 \begin{array}{|c|c|c|} \hline 1 & 2 & 1 \\ \hline 4 & 2 & 1 \\ \hline 1 & 1 & 1 \\ \hline \end{array} = 1(\text{Tolerance}=4, \text{Row}=\text{Col}=3)$$

g_1 为一个区的中心灰度,g_2 为 g_1 的相邻区域的中心灰度,Tolerance 为容差,若:

$$|g_1 - g_2| < \text{Tolerance}$$

则这两个区域就可以进行合并。

对于大于 1 像素的矩形,在调用 regiongrow 之前,通常应该使用至少为 Row ×Col 的低通滤波器对图像进行平滑处理(矩形中心的灰度值就可以代表整个矩形)。如果图像中的噪声小,使用的矩形也小,则在很多情况下可以忽略平滑。

在 HALCON 中使用 regiongrowing 函数来实现区域增长,这个函数的参数中:

(1)第一个参数 Image 是输入的图像;

(2)第二个参数 Regions 是输出的区域;

(3)第三个参数 Row 是切割区域的长;

(4)第四个参数 Column 是切割区域的宽;

(5)第五个参数 Tolerance 是容差;

(6)第六个参数 MinSize 是最小区域面积。

从图像中分割回形针的例子如下:

```
***区域生长
*读取图像
read_image(Image3, '回形针 1 灰.png')
*中值滤波
median_image(Image3, ImageMedian, 'circle', 2, 'mirrored')
*区域生长
regiongrowing(ImageMedian, Regions, 1, 1, 4, 500)
*填充
fill_up_shape(Regions, RegionFillUp1, 'area', 1, 100)
*选择区域特征
select_shape(RegionFillUp1, SelectedRegions1, ['area'], 'and', [150], [25000])
*显示图像
dev_display(Image3)
*显示区域
dev_display(SelectedRegions1)
```

从原图中分割回形针的结果如图 8-10 所示。

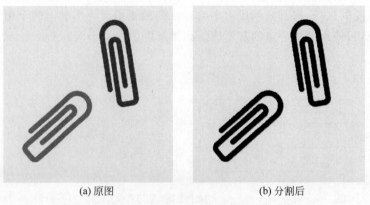

(a) 原图　　　　　　　　　　　　(b) 分割后

图 8-10　从原图中分割回形针结果(黑色为选择区域)

8.5 分水岭分割

分水岭算法是根据分水岭的构成来考虑图像的分割,它是一种基于拓扑理论的数学形态学的分割方法。首先,把一幅图像看作起伏的地形,图像的每像素灰度值作为这个地形的高度,极小值是盆地,极大值为山脊。图 8-11 所示为分水岭模型。

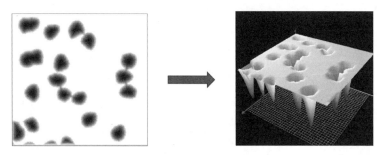

图 8-11 分水岭模型

向这个地形进行灌水,水会从高处往低处流,先在低洼处汇集。水慢慢填满低洼处。每个盆地进行交融时,在交融处汇集成坝。所有的坝即分水岭,也是图像的分割线。

在 HALCON 中使用 watersheds 函数来实现分水岭分割,这个函数的参数中:

(1)第一个参数 Image 是输入的图像;

(2)第二个参数 Basins 是坝的边界区域;

(3)第三个参数 Watersheds 是分水岭区域。

也可以使用 watersheds_threshold 函数来实现,这个函数的参数中:

(1)第一个参数 Image 是输入的图像;

(2)第二个参数 Basins 是坝的区域;

(3)第三个参数 Threshold 是合并阈值。

watersheds_threshold 函数多了一个阈值,W 为分割两个分水岭的间隔的最小灰度值,B_1 为一个分水岭的最小灰度值,B_2 为相邻 B_1 的一个分水岭的最小灰度值。满足如下条件:

$$\max\{W - B_1, W - B_2\} < \text{Threshold}$$

B_1 的区域和 B_2 的区域合并,这样就会避免边界不锐利导致的过多区域分割。

分水岭分割的例子如下:

```
***分水岭阈值
*读取图像
read_image(ImageLogo, '坐标.jpg')
*高斯滤波
gauss_filter(ImageLogo, ImageGauss, 5)
```

```
* 索贝尔边缘滤波
sobel_amp(ImageGauss, EdgeAmplitude, 'sum_abs', 3)
* 分水岭分割
watersheds(EdgeAmplitude, Basins1, Watersheds)
* 清除窗口
dev_clear_window()
* 分水岭阈值分割
watersheds_threshold(EdgeAmplitude, Basins2, 5)
* 显示图像
dev_display(ImageLogo)
* 显示区域
dev_display(Basins2)
```

分水岭分割的结果如图 8-12 所示。

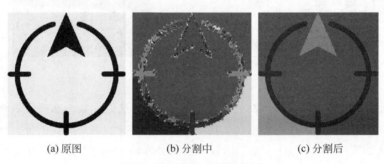

(a) 原图   (b) 分割中   (c) 分割后

图 8-12　分水岭分割结果图

## 第 9 章

图像的特征

9.1　图像的区域灰度中心和面积

图像的灰度面积并不同于几何面积,几何面积是所有像素点的统计,即面积等于像素点的个数,灰度面积还要考虑图像的灰度,计算方式如下:

$$A = \sum_{(r,c) \in R} g(r,c)$$

其中,$g(r,c)$ 为图像灰度的函数;r 为图像的行;c 为图像的列。

从式中可以看出,图像的灰度面积是图像区域的灰度的连加,即所有灰度的和。

灰度面积的中心是灰度面积的一阶矩,即图像灰度的平均点。计算的方式如下:

$$row = \frac{1}{A} \sum_{(r,c) \in R} r^1 c^0 g(r,c)$$

$$col = \frac{1}{A} \sum_{(r,c) \in R} r^0 c^1 g(r,c)$$

其中,A 为灰度面积;r 为图像的行坐标;c 为图像的列坐标;$g(r,c)$ 为图像灰度的函数;row 为区域灰度中心的行坐标;col 为区域灰度中心的列坐标。

图 9-1 是区域的灰度中心示意图。

图 9-1　区域的灰度中心示意图

图像中心表示区域的灰度中心,可以看到,这幅图像是类对称图像,如果从面积中心的角度来说,中心点应该还要偏左,但是这个统计是以灰度计算的,黑色的灰度比较低,对整体的影响较小,所以灰度区域中心还是在回形针中心。

在 HALCON 中使用 area_center_gray 函数来计算灰度中心和面积,这个函数的参数中:

(1) 第一个参数 Regions 为输入的区域;

(2) 第二个参数 Image 为输入的图像;

(3) 第三个参数 Area 为输出的灰度面积;

(4) 第四个参数 Row 为输出的灰度中心行坐标;

(5) 第五个参数 Column 为输出的灰度中心列坐标。

9.2　区域灰度的等效椭圆

区域灰度的等效椭圆是通过灰度统计计算图像的等效椭圆。等效椭圆是二阶矩的一种表示方法,一个区域的二阶矩可以描述这个区域的方向和尺寸,通过方向和尺寸可以绘制出区域的等效椭圆,等效椭圆在一定程度上直观地反映区域的方向和范围。下式为等效椭圆的计算方式:

$$Ra = \frac{\sqrt{8(M_{20} + M_{02} + \sqrt{(M_{20} - M_{02})^2 + 4M_{11}^2})}}{2}$$

$$Rb = \frac{\sqrt{8(M_{20} + M_{02} - \sqrt{(M_{20} - M_{02})^2 + 4M_{11}^2})}}{2}$$

$$Phi = -0.5 \times \arctan\left(\frac{2M_{11}}{M_{02} - M_{20}}\right)$$

其中,$M_{pq} = \frac{1}{a} \sum_{(r,c) \in R} r^p c^q$;$Ra$ 为椭圆长轴;Rb 为椭圆短轴;Phi 为与 X 轴的夹角;a 为区域的几何面积。

计算的灰度等效椭圆,是把 M_{pq} 替换为了下式:

$$M_{ij} = \frac{1}{A} \sum_{(r,c) \in R} r^i c^j g(r,c)$$

其中,A 为灰度面积;r 为图像的行坐标;c 为图像的列坐标;$g(r,c)$ 为图像灰度的函数。

等效椭圆的示意图如图 9-2 所示。

图像中外圈椭圆的图形方向和回形针的方向一致。

在 HALCON 中使用 elliptic_axis_gray 函数来计算灰度等效椭圆,这个函数的参数中:

(1) 第一个参数 Regions 为输入的区域;

(2) 第二个参数 Image 为输入的图像;

(3) 第三个参数 Ra 为输出的等效椭圆的长轴;

(4) 第四个参数 Rb 为输出的等效椭圆的短轴;

图 9-2 等效椭圆的示意图

（5）第五个参数 Phi 为输出的等效椭圆长轴与 X 轴的夹角。

9.3 图像的熵

图像的熵表示为图像灰度级集合的比特平均数，单位为比特/像素，也描述了图像信源的平均信息量。图像的一维熵也叫作灰度熵，计算公式如下：

$$E = \sum_{i=0}^{255} \text{rel}[i] \times \log_2(\text{rel}[i])$$

其中，i 为灰度级（$i = 0 \sim 255$）；$\text{rel}[i]$ 为直方图统计的灰度概率值。

如果把像素周围的平均灰度值也计算在内，则可以称为二维熵。图像的二维熵和一维熵相比，增添了灰度的空间特征。而在图像处理中，提及最多的空间特征是像素和临域像素之间的关系。二维熵在一维熵的基础上引入图像的邻域灰度均值用作灰度分布的空间特征量。计算公式如下：

$$E = \sum_{i=0}^{255} \text{rel}[ij] \times \log_2(\text{rel}[ij])$$

其中，$\text{rel}[ij] = f(i,j)/A^2$；$f(i,j)$ 为 i、j 组合的灰度空间出现的频数；A 为图像面积。

图像的熵指的是体系的混乱程度，对焦良好的图像的熵大于没有清晰对焦的图像的熵，因此，可以将熵作为一种对焦评价标准。熵越大，图像越清晰。图像的熵也是一种特征的统计形式，它反映了图像中平均信息量，表示图像灰度分布的聚集特征，却不能反映图像灰度分布的空间特征。为了表征这种空间特征，可以在一维熵的基础上引入能够反映灰度分布空间特征的特征量来组成图像的二维熵。

图 9-3 所示是不同清晰度图像的不同熵值的对比图。

HALCON 中图像熵的各向异性的计算公式如下：

$$\text{Anisotropy} = \frac{\sum_0^k \text{rel}[i] \times \log_2(\text{rel}[i])}{E}$$

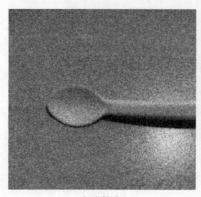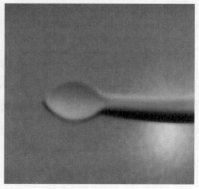

(a) 灰度熵为7.11　　　　　　　　　　(b) 灰度熵为5.87

图 9-3　不同清晰度图像的不同熵值的对比图

其中，k 为 rel$[i]$的和大于或等于 0.5 的 i 值；E 为图像的熵。

图像熵的各向异性描述的是出现频率高的灰度值的熵与总熵的比值。

在 HALCON 中使用 entropy_gray 函数来计算图像的熵和熵的各向异性，这个函数的参数中：

（1）第一个参数 Regions 为输入的图像上的某个区域；

（2）第二个参数 Image 为输入的图像；

（3）第三个参数 Entropy 为图像的熵；

（4）第四个参数 Anisotropy 为图像熵的各向异性。

9.4　区域灰度的最大值和最小值

区域的最大值和最小值是统计这个区域中的最值，可以方便地计算出区域的灰度值的范围。例如，有高亮的物体进入视野时，图像区域灰度最大值和最小值会发生变化，因而灰度值的变化可以帮助识别是否有物体进入视野。

区域灰度最大值计算公式为

$$g\,\mathrm{Max} = \mathrm{Max}(g(r,c))(r,c \in R)$$

计算区域灰度最小值的公式如下：

$$g\,\mathrm{Min} = \mathrm{Min}(g(r,c))(r,c \in R)$$

区域灰度的计算范围公式如下：

$$g\,\mathrm{Range} = (g\,\mathrm{Min}, g\,\mathrm{Max})$$

在 HALCON 中，使用 min_max_gray 函数来计算区域灰度最大值和最小值，这个函数的参数中：

（1）第一个参数 Regions 为输入的图像上的某个区域；

（2）第二个参数 Image 为输入的图像；

（3）第三个参数 Percent 为收缩的频率直方图的百分比；

（4）第四个参数 Min 为输出的区域灰度值最小值；

（5）第五个参数 Max 为输出的区域灰度值最大值；

（6）第六个参数 Range 为输出的区域灰度范围。

9.5　直方图频率

直方图频率也称频率分布直方图，统计学中表示频率分布的图形。在直角坐标系中，用横轴表示灰度值的取值，横轴上的每个小区间对应一个组的组距，作为小矩形的底边；纵轴表示频率与组距的比值，并用它作为小矩形的高，以这种小矩形构成的一组图称为频率直方图。

通过直方图频率可以直观地观察到灰度的分布情况，从分布中还可以判断检测物体是否出现。直方图统计图如图 9-4 所示。

在 HALCON 中使用 gray_histo 函数来实现直方图频率的统计，这个函数的参数中：

图 9-4　直方图统计图

（1）第一个参数 Regions 为输入的图像上的某个区域；

（2）第二个参数 Image 为输入的图像；

（3）第三个参数 AbsoluteHisto 为输出的直方图灰度值统计数组；

（4）第四个参数 RelativeHisto 为输出的直方图频率统计数组。

通过下面的例子介绍 HALCON 的图像特征编程应用。

```
dev_open_window(0,0,650,651,'black',Window Handle)
* 读取图像
read_image(Image, '回形针1灰.png')
* 阈值分割
threshold(Image, Region2, 0, 200)
* 非连通区域分离
connection(Region2, ConnectedRegions)
* 填充
fill_up(ConnectedRegions, RegionFillUp)
* 选择区域
select_obj(RegionFillUp, ObjectSelected, 2)
* 裁剪这个区域
reduce_domain(Image, ObjectSelected, ImageReduced)
* 区域灰度中心
area_center_gray(ObjectSelected, Image, Area, Row, Column)
* 显示中心
disp_cross(200000, Row, Column, 10, 0)
* 区域灰度等效椭圆
```

```
elliptic_axis_gray(ObjectSelected, Image, Ra, Rb, Phi)
* 生成椭圆
gen_ellipse(Ellipse, Row, Column, Phi, Ra, Rb)
* 图像的熵
entropy_gray(ObjectSelected, Image, Entropy, Anisotropy)
* 图像最大值最小值
min_max_gray(ObjectSelected, Image, 0, Min, Max, Range)
* 图像均值
intensity(ObjectSelected, Image, Mean, Deviation)
* 直方图统计
gray_histo(ObjectSelected, Image, AbsoluteHisto, RelativeHisto)
* 生成绝对直方图
gen_region_histo(Region, AbsoluteHisto, Row, Column, 1)
* 生成概率直方图
gen_region_histo(Region1, RelativeHisto, Row, Column, 1)
* 筛选区域特征
select_gray(RegionFillUp, Image, SelectedRegions, ['mean','max'], 'and', [85,170], [165,210])
* 显示图像
dev_display(Image)
* 显示区域
dev_display(SelectedRegions)
```

## 第 10 章

图像的匹配

图像匹配是通过对影像内容、特征、结构、关系、纹理及灰度等的对应关系、相似性和一致性的分析,寻求相似影像目标的方法。

图像匹配主要可分为基于灰度值的匹配和基于特征的匹配。

10.1　图像金字塔

图像金字塔是以多个分辨率来表示图像的一种有效且概念简单的结构型图像金字塔。图像金字塔最初用于机器视觉和图像压缩,一个图像金字塔是一系列以金字塔形状排列的,分辨率逐步降低的图像集合。金字塔的底部是待处理图像的高分辨率的近似,而顶部是低分辨率的近似。将一层一层的图像比喻成金字塔,层级越高,则图像越小,分辨率越低。

常见的图像金字塔分为两种:一种是通过高斯矩阵得到的高斯金字塔常用来向下采样,是常用的金字塔之一;另一种是通过拉普拉斯矩阵得到的拉普拉斯金字塔,常用来向上采样,即图像残差预测,可以对图像进行图像还原。

1. 高斯金字塔

高斯金字塔是通过高斯核的卷积处理来达到向下采样的,下一层的图像是通过上一层图像采样得到的,并非是顶层图像向下采样得到的。金字塔的每次向下采样都是上面一层长宽的一半。获取金字塔一般采用如下方法:

(1) 对图像进行高斯滤波;

(2) 将所有的偶数行列进行去除,图 10-1 所示是高斯金字塔模型。

在 HALCON 中使用 gen_gauss_pyramid 来实现高斯金字塔。这个函数的参数中:

(1) 第一个参数 Image 为输入的图像;

(2) 第二个参数 ImagePyramid 为金字塔图像;

(3) 第三个参数 Mode 为计算金字塔的方法;

(4) 第四个参数 Scale 为缩放比例。

高斯金字塔处理效果如图 10-2 所示。

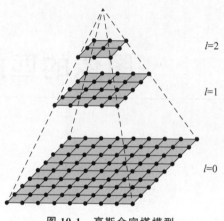

图 10-1 高斯金字塔模型

(a) 原图　　　　　　　　(b) 处理效果一　　(c) 处理效果二

图 10-2 高斯金字塔

2. 拉普拉斯金字塔

用高斯金字塔的每一层图像减去上一层图像上采样并高斯卷积之后的预测图像,得到一系列的差值图像,即为拉普拉斯金字塔。

拉普拉斯金字塔向上采样的具体做法如下:

(1) 将 $i+1$ 层图像(层数高,图像小)在每个方向上都扩大为原来的 2 倍,新增的行和列以 0 填充;

(2) 使用相同尺寸的高斯内核与放大后的图像卷积,得到近似的放大图像 A;

(3) 用 i 层高斯图像减去图像 A,就得到拉普拉斯金字塔。

为了加快匹配过程,模型图像和搜索图像创建了图像金字塔。图像金字塔的分层策略是:先从顶层开始搜索模板,然后更换为底层搜索,在高层图像搜索到的模板会在底层直接匹配,没有搜索到的模板在底层就不再匹配,这样计算精确而且忽略了不必要的匹配计算,节约了时间。

10.2 基于灰度值的匹配

基于灰度值的匹配使用归一化来评估模型和测试图像之间的对应关系,它可以补偿加性和乘性的光照变化。与基于形状的匹配相比,还可以找到形状稍微变化的对象、大量纹理或模糊图像中的对象(轮廓在模糊图像中消失,如散焦)。

10.2.1 差值匹配

当模板在图像中滑动时,模板会与覆盖的区域进行相似度匹配,如果相似度达到了一定的数值,可以认为匹配成功。因此,相似度的计算方式非常重要。通过模板与图像之间点对点的差值来计算相似度,这样的匹配方式叫作绝对差值匹配。公式如下:

$$sad(r,c) = \frac{1}{n} \sum_{(u,v) \in T} |t(u,v) - f(r+u,c+v)|$$

这种匹配方式计算简单,运行速度快,但是比较容易受到噪声的影响。在这个基础上引入平方差来计算,称为平方差匹配,公式如下:

$$ssd(r,c) = \frac{1}{n} \sum_{(u,v) \in T} (t(u,v) - f(r+u,c+v))^2$$

这两种计算方式在光照保持不变的情况下,匹配结果都非常好,但是当模板和检测图像的光照强度改变时,计算出来的值就会相差很大。所以,在光照有变化的时候,一般不会使用差值匹配的方式。

10.2.2 相关性匹配

当光照发生变化时,所有的灰度值一般会同时变大或者同时变小,或者对比度变大。但是无论灰度值如何变化,它们之间的比例是不变的。这时可以计算图像的归一化相关性来度量匹配相似度。归一化相关性的数学表达式如下:

$$ncc(r,c) = \frac{1}{n} \sum_{(u,v) \in R} \frac{t(u,v) - m_t}{\sqrt{s_t^2}} \times \frac{i(r+u,c+v) - m_i(r,c)}{\sqrt{s_i^2(r,c)}}$$

$$m_t = \frac{1}{n} \sum_{(u,v)} t(u,v)$$

$$s_t^2 = \frac{1}{n} \sum_{(u,v) \in R} (t(u,v) - m_t)^2$$

$$m_i(r,c) = \frac{1}{n} \sum_{(u,v) \in R} i(r+u,c+v)$$

$$s_i^2(r,c) = \frac{1}{n} \sum_{(u,v) \in R} (i(r+u,c+v) - m_i(r,c))^2$$

其中,(r,c)是模板中的特定点;(u,v)是模板中的某一点;m_t为模板的平均灰度值;m_i为待匹配图像的平均灰度值;s_t^2为模板灰度值的方差;s_i^2为待匹配图像的灰度值方差。

NCC 测量模板和图像在特定点(r,c)的对应程度,取值在$-1\sim1$。相关性绝对值越大,模板与图像的对应程度越大。归一化相关性检测速度优于灰度差值匹配,适合光照变化的情况,通常用来代替灰度差值匹配。

在 HALCON 中,一般使用 create_ncc_model、find_ncc_model 和 find_ncc_models 来实现 ncc 的模板匹配。create_ncc_model 用于创建模型,find_ncc_model 用于匹配单个模型,find_ncc_models 用于匹配多个模型。

create_ncc_model 的参数中:

(1) 第一个参数 Template 为输入的模板图像;

(2) 第二个参数 NumLevels 为金字塔层数;

(3) 第三个参数 AngleStart 为起始旋转角度;

(4) 第四个参数 AngleExtent 为旋转角度的最大范围;

(5) 第五个参数 AngleStep 为每次旋转的角度;

(6) 第六个参数 Metric 为是否有极性,即是否考虑黑与黑匹配和白与白匹配;

(7) 第七个参数 ModelId 为输出的模型 ID。

find_ncc_model 的参数中:

(1) 第一个参数 Image 为参与匹配的图像;

(2) 第二个参数 ModelID 为使用模板 ID;

(3) 第三个参数 AngleStart 为起始旋转角度;

(4) 第四个参数 AngleExtent 为旋转角度的最大范围;

(5) 第五个参数 MinScore 为最小分值;

(6) 第六个参数 NumMatches 为匹配的结果个数;

(7) 第七个参数 MaxOverlap 为最大重叠部分比例;

(8) 第八个参数 SubPixel 为是否采用亚像素匹配;

(9) 第九个参数 NumLevels 为金字塔层数;

(10) 第十个参数 Row 为匹配区域的中心行坐标;

(11) 第十一个参数 Column 为匹配区域的中心列坐标;

(12) 第十二个参数 Angel 为匹配区域的旋转角度;

(13) 第十三个参数 Score 为匹配分值。

find_ncc_models 的参数中:

(1) 第一个参数 Image 为参与匹配的图像;

(2) 第二个参数 ModelIDs 为使用模板 ID,可以在中括号填入多个;

(3) 第三个参数 AngleStart 为起始旋转角度;

(4) 第四个参数 AngleExtent 为旋转角度的最大范围;

(5) 第五个参数 MinScore 为最小分值;

（6）第六个参数 NumMatches 为匹配的结果个数；

（7）第七个参数 MaxOverlap 为最大重叠部分比例；

（8）第八个参数 SubPixel 为是否采用亚像素匹配；

（9）第九个参数 NumLevels 为金字塔层数；

（10）第十个参数 Row 为匹配区域的中心行坐标；

（11）第十一个参数 Column 为匹配区域的中心列坐标；

（12）第十二个参数 Angel 为匹配区域的旋转角度；

（13）第十三个参数 Score 为匹配分值；

（14）第十四个参数 Model 为匹配的模型索引。

10.2.3　基于灰度值匹配的实例

基于灰度值匹配的实例如下：

```
* 创建模板
*
* 读取模板
read_image(Image, '瓶盖/瓶盖 1 - 0.jpg')
* 灰度化
rgb1_to_gray(Image, GrayImage)
* 创建圆区域
gen_circle(Circle, 48, 50, 35)
* 计算区域中心和面积
area_center(Circle, Area, RowRef, ColumnRef)
* 从图像上剪裁圆区域
reduce_domain(GrayImage, Circle, ImageReduced)
* 创建 ncc 模型
create_ncc_model(ImageReduced, 'auto', 0, 0, 'auto', 'use_polarity', ModelID)
* 设置绘制类型为边界
dev_set_draw('margin')
* 显示图像
dev_display(Image)
* 颜色为黄色
dev_set_color('yellow')
* 显示圆区域
dev_display(Circle)
* 匹配图像
*
* 初始化中心坐标行列参数
Rows : = []
Cols : = []
for J : = 0 to 2 by 1
    * 读取需要匹配查找的图像
    read_image(Image, '瓶盖/瓶盖 1 - ' + J $ '0' + '.jpg')
```

```
  * 灰度化
rgb1_to_gray(Image, GrayImage1)
  * 进行 ncc 匹配
find_ncc_model(GrayImage1, ModelID, 0, 0, 0.5, 1, 0.5, 'true', 0, Row, Column, Angle,
Score)
  * 记录匹配的中心行坐标值
Rows : = [Rows,Row]
  * 记录匹配的中心列坐标值
Cols : = [Cols,Column]
  * 显示图像
dev_display(Image)
  * 设置线宽
dev_set_line_width(5)
  * 显示匹配结果
dev_display_ncc_matching_results(ModelID, 'red', Row, Column, Angle, 0)
endfor
```

匹配结果对比如图 10-3 所示。

(a) 原图   (b) 较暗图像   (c) 较亮图像

图 10-3　匹配结果对比

从图像来看,不管灯光是较暗还是较亮,都能准确地获取图像。

10.3　基于形状匹配

基于形状匹配是通过轮廓的形状来描述模型的,而不是使用像素及其邻域的灰度值作为模板。在无法避免遮挡或杂波的情况下,或者在应用具有颜色变化对象的匹配时,应选择基于形状匹配。

1. 一般形状匹配

一般形状匹配是基于图像的边缘的,所以在选择图像模板的时候,要注意图像的边缘是否锐利,对比度是否能支持边缘的提取。

在 HALCON 中,可以通过 inspect_shape_model 函数来检测要找的模板边缘,函数的参数中:

(1) 第一个参数 Image 为输入的图像;

（2）第二个参数 ModelImages 为输出的模板图像；

（3）第三个参数 ModelRegions 为输出的模板边界区域；

（4）第四个参数 NumLevels 为金字塔层数；

（5）第五个参数 Contrast 为对比度值。

通过预检测的方式可以查看要检查的模型边界的情况，如图 10-4 所示。

图 10-4　形状匹配预检测

在创建模型的图像时，要使用合理的区域，才能得到想要的边界，如图 10-5 所示。使用仿形区域得到如下模板，但对比度值为 30 时，箭头边缘受到背景边界的影响，当对比度值设为 150 时，避免了背景干扰，但箭头边缘并不完整。

  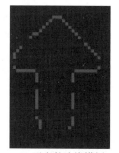

　　(a) 原图　　　　　　　(b) 背景干扰模板　　　　(c) 不完整边缘模板

图 10-5　箭头仿形模板

箭头仿形区域如图 10-6 所示，可以得到完整的箭头边缘，这时对比度值为 50。

在 HALCON 中使用 create_shape_model 函数来生成一般形状模板，这个函数的参数中：

（1）第一个参数 Template 为输入的模板图像；

（2）第二个参数 NumLevels 为金字塔层数；

（3）第三个参数 AngleStart 为起始旋转角度；

（4）第四个参数 AngleExtent 为旋转角度的最大范围；

（5）第五个参数 AngleStep 为每次旋转的角度；

(a) 箭头仿形区域　　　　(b) 仿形区域图像　　　　(c) 箭头形状模板

图 10-6　箭头仿形区域

（6）第六个参数 Optimization 为优化的方式；

（7）第七个参数 Metric 为是否有极性，即是否考虑黑与黑匹配和白与白匹配；

（8）第八个参数 Contrast 为对比度值；

（9）第九个参数 MinContrast 为最小对比度值；

（10）第十个参数 ModelId 为输出的模型 ID。

通过使用 find_shape_model 函数来实现一般形状匹配，这个函数的参数中：

（1）第一个参数 Image 为参与匹配的图像；

（2）第二个参数 ModelID 为使用模板 ID；

（3）第三个参数 AngleStart 为起始旋转角度；

（4）第四个参数 AngleExtent 为旋转角度的最大范围；

（5）第五个参数 MinScore 为最小分值；

（6）第六个参数 NumMatches 为匹配的结果个数；

（7）第七个参数 MaxOverlap 为最大重叠部分比例；

（8）第八个参数 SubPixel 为是否采用亚像素匹配；

（9）第九个参数 NumLevels 为金字塔层数；

（10）第十个参数 Greedines 为搜索模糊数值，值为 0～1，值越大越模糊，搜索越快；

（11）第十一个参数 Row 为匹配区域的中心行坐标；

（12）第十二个参数 Column 为匹配区域的中心列坐标；

（13）第十三个参数 Angel 为匹配区域的旋转角度；

（14）第十四个参数 Score 为匹配分值。

通过使用 find_shape_models 函数来实现多个模板的一般形状匹配，这个函数的参数中：

（1）第一个参数 Image 为参与匹配的图像；

（2）第二个参数 ModelIDs 为使用模板 ID，可以在中括号填入多个；

（3）第三个参数 AngleStart 为起始旋转角度；

（4）第四个参数 AngleExtent 为旋转角度的最大范围；

（5）第五个参数 MinScore 为最小分值；

（6）第六个参数 NumMatches 为匹配的结果个数；

（7）第七个参数 MaxOverlap 为最大重叠部分比例；

（8）第八个参数 SubPixel 为是否采用亚像素匹配；

（9）第九个参数 NumLevels 为金字塔层数；

（10）第十个参数 Greedines 为搜索模糊数值，值为 0～1，值越大越模糊，搜索越快；

（11）第十一个参数 Row 为匹配区域的中心行坐标；

（12）第十二个参数 Column 为匹配区域的中心列坐标；

（13）第十三个参数 Angel 为匹配区域的旋转角度；

（14）第十四个参数 Score 为匹配分值；

（15）第十五个参数 Model 为匹配的模型索引。

在形状匹配时，可以通过设置极性来控制匹配结果，即可以控制图像的黑白对比是否与模板一致。如图 10-7 所示，图像上的极性分为三种。第一种是使用模板的极性，即寻找的匹配对象要与模板的黑白对比一致，模板为白色物体、黑色背景，匹配的对象也只能是白色物体、黑色的背景。第二种是忽略全局的极性，即不论黑白对比是否一致，均能进行匹配，例如模板为白色物体、黑色背景，匹配到的对象可以是白色物体、黑色背景，也可以是黑色物体、白色背景。第三种是忽略局部的对比，即对局部发生的黑白对比的变换也可以进行匹配。

模板　　　　　使用极性　　　忽略全局极性　　忽略局部极性

图 10-7　模板极性

2. 同比例缩放形状匹配

基于原始模板创建出一系列缩放模板，可以应对不同比例尺情况下的模板匹配。图 10-8 所示为通过大的模组找到了小的图像的匹配对象。

在 HALCON 中，使用 create_scaled_shape_model 函数来实现变形模板的创建，这个函数的参数中：

（1）第一个参数 Template 为模板的图像；

（2）第二个参数 NumLevels 为金字塔的层数；

（3）第三个参数 AngleStart 为起始旋转角度；

（4）第四个参数 AngleExtent 为旋转角度的最大范围；

（5）第五个参数 AngleStep 为每次旋转的角度；

（6）第六个参数 ScaleMin 为比例变形的最小变形比例；

（7）第七个参数 ScaleMax 为比例变形的最大变形比例；

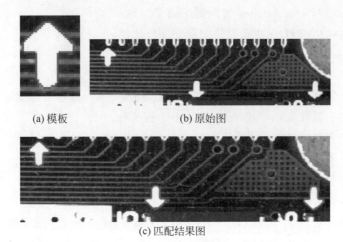

(a) 模板　　　　　　　　　(b) 原始图

(c) 匹配结果图

图 10-8　缩放匹配

（8）第八个参数 ScaleStep 为比例变形的变换步长；

（9）第九个参数 Optimization 为速度优化方式；

（10）第十个参数 Metric 为是否有极性，即是否考虑黑与黑匹配和白与白匹配；

（11）第十一个参数 Contrast 为对比度值；

（12）第十二个参数 MinContrast 为最小对比度值；

（13）第十三个参数 ModelID 为输出的模板 ID。

使用 find_scaled_shape_model 函数来实现变形模板的查找，这个函数的参数中：

（1）第一个参数 Image 为输入的图像；

（2）第二个参数 ModelID 为模板 ID；

（3）第三个参数 AngleStart 为起始旋转角度；

（4）第四个参数 AngleExtent 为旋转角度的最大范围；

（5）第五个参数 ScaleMin 为比例变形的最小变形比例；

（6）第六个参数 ScaleMax 为比例变形的最大变形比例；

（7）第七个参数 MinScore 为最小分值；

（8）第八个参数 NumMatches 为匹配的结果个数；

（9）第九个参数 MaxOverlap 为最大重叠部分比例；

（10）第十个参数 SubPixel 为是否采用亚像素匹配；

（11）第十一个参数 NumLevels 为金字塔层数；

（12）第十二个参数 Greedines 为搜索模糊数值，值为 0～1，值越大越模糊，搜索越快；

（13）第十三个参数 Row 为匹配区域的中心行坐标；

（14）第十四个参数 Column 为匹配区域的中心列坐标；

（15）第十五个参数 Angel 为匹配区域的旋转角度；

（16）第十六个参数 Scale 为匹配到的区域的缩放比例值；

（17）第十七个参数 Score 为匹配分值。

使用 find_scaled_shape_models 函数来实现比例缩放形状多模板匹配，这个函数的参数中：

（1）第一个参数 Image 为输入的图像；

（2）第二个参数 ModelID 为模板 ID；

（3）第三个参数 AngleStart 为起始旋转角度；

（4）第四个参数 AngleExtent 为旋转角度的最大范围；

（5）第五个参数 ScaleMin 为比例变形的最小变形比例；

（6）第六个参数 ScaleMax 为比例变形的最大变形比例；

（7）第七个参数 MinScore 为最小分值；

（8）第八个参数 NumMatches 为匹配的结果个数；

（9）第九个参数 MaxOverlap 为最大重叠部分比例；

（10）第十个参数 SubPixel 为是否采用亚像素匹配；

（11）第十一个参数 NumLevels 为金字塔层数；

（12）第十二个参数 Greedines 为搜索模糊数值，值为 0～1，值越大越模糊，搜索越快；

（13）第十三个参数 Row 为匹配区域的中心行坐标；

（14）第十四个参数 Column 为匹配区域的中心列坐标；

（15）第十五个参数 Angel 为匹配区域的旋转角度；

（16）第十六个参数 Scale 为匹配到的区域的缩放比例值；

（17）第十七个参数 Score 为匹配分值；

（18）第十八个参数 Model 为匹配的模型索引。

在缩放的同时，需要设置缩放的比例值，可以在生成模板的时候通过最大比例值和最小比例值来设置比例范围，也可以在匹配比例缩放模板的同时进行比例缩放的设置。一般情况下，在创建模板的时候会把比例缩放的范围设置得略大，如果在匹配的过程中需要不同的比例范围，可以通过在 find_scaled_shape_model 函数中设置不同的比例范围来达到不同的搜索效果。例如，模型比例变化不大时，可以通过缩小比例缩放的范围来实现速度的提升。

3. 各向异性缩放形状匹配

各向异性缩放形状匹配是在 x、y 两个方向上使用不同的比例因子，即 x 方向的比例因子可以不等于 y 方向的比例因子。如图 10-9 所示，把模板箭头进行横向压缩，然后通过各向异性缩放模板匹配，可以获得正确的匹配结果。

在 HALCON 中使用 create_aniso_shape_model 函数来生成各向异性缩放形状匹配的模板，这个函数的参数中：

（1）第一个参数 Template 为模板的图像；

（2）第二个参数 NumLevels 为金字塔的层数；

（3）第三个参数 AngleStart 为起始旋转角度；

（4）第四个参数 AngleExtent 为旋转角度的最大范围；

图 10-9   各向异性缩放形状匹配

（5）第五个参数 AngleStep 为每次旋转的角度；

（6）第六个参数 ScaleRMin 为 y 方向比例变形的最小变形比例；

（7）第七个参数 ScaleRMax 为 y 方向比例变形的最大变形比例；

（8）第八个参数 ScaleRStep 为 y 方向比例变形的变换步长；

（9）第九个参数 ScaleCMin 为 x 方向比例变形的最小变形比例；

（10）第十个参数 ScaleCMax 为 x 方向比例变形的最大变形比例；

（11）第十一个参数 ScaleCStep 为 x 方向比例变形的变换步长；

（12）第十二个参数 Optimization 为速度优化方式；

（13）第十三个参数 Metric 为是否有极性，即是否考虑黑与黑匹配和白与白匹配；

（14）第十四个参数 Contrast 为对比度值；

（15）第十五个参数 MinContrast 为最小对比度值；

（16）第十六个参数 ModelID 为输出的模板 ID。

使用 find_aniso_shape_model 函数来实现各向异性缩放形状匹配的匹配对象的查找，这个函数的参数中：

（1）第一个参数 Image 为输入的图像；

（2）第二个参数 ModelID 为模板 ID；

（3）第三个参数 AngleStart 为起始旋转角度；

（4）第四个参数 AngleExtent 为旋转角度的最大范围；

（5）第五个参数 ScaleRMin 为 y 方向比例变形的最小变形比例；

（6）第六个参数 ScaleRMax 为 y 方向比例变形的最大变形比例；

（7）第七个参数 ScaleCMin 为 x 方向比例变形的最小变形比例；

（8）第八个参数 ScaleCMax 为 x 方向比例变形的最大变形比例；

（9）第九个参数 MinScore 为最小分值；

（10）第十个参数 NumMatches 为匹配的结果个数；

（11）第十一个参数 MaxOverlap 为最大重叠部分比例；

（12）第十二个参数 SubPixel 为是否采用亚像素匹配；

（13）第十三个参数 NumLevels 为金字塔层数；

（14）第十四个参数 Greedines 为搜索模糊数值，值为 0～1，值越大越模糊，搜索越快；

（15）第十五个参数 Row 为匹配区域的中心行坐标；

（16）第十六个参数 Column 为匹配区域的中心列坐标；

（17）第十七个参数 Angel 为匹配区域的旋转角度；

（18）第十八个参数 ScaleR 为匹配到的区域的 y 方向缩放比例值；

（19）第十九个参数 ScaleC 为匹配到的区域的 x 方向缩放比例值；

（20）第二十个参数 Score 为匹配分值。

使用 find_aniso_shape_models 函数来实现各向异性缩放形状多模板匹配的匹配对象的查找，这个函数的参数中：

（1）第一个参数 Image 为输入的图像；

（2）第二个参数 ModelID 为模板 ID；

（3）第三个参数 AngleStart 为起始旋转角度；

（4）第四个参数 AngleExtent 为旋转角度的最大范围；

（5）第五个参数 ScaleRMin 为 y 方向比例变形的最小变形比例；

（6）第六个参数 ScaleRMax 为 y 方向比例变形的最大变形比例；

（7）第七个参数 ScaleCMin 为 x 方向比例变形的最小变形比例；

（8）第八个参数 ScaleCMax 为 x 方向比例变形的最大变形比例；

（9）第九个参数 MinScore 为最小分值；

（10）第十个参数 NumMatches 为匹配的结果个数；

（11）第十一个参数 MaxOverlap 为最大重叠部分比例；

（12）第十二个参数 SubPixel 为是否采用亚像素匹配；

（13）第十三个参数 NumLevels 为金字塔层数；

（14）第十四个参数 Greedines 为搜索模糊数值，值为 0～1，值越大越模糊，搜索越快；

（15）第十五个参数 Row 为匹配区域的中心行坐标；

（16）第十六个参数 Column 为匹配区域的中心列坐标；

（17）第十七个参数 Angel 为匹配区域的旋转角度；

（18）第十八个参数 ScaleR 为匹配到的区域的 y 方向缩放比例值；

（19）第十九个参数 ScaleC 为匹配到的区域的 x 方向缩放比例值；

（20）第二十个参数 Score 为匹配分值；

（21）第二十一个参数 Model 为匹配的模型索引。

各向异性缩放形状匹配可以单独控制 x、y 方向的比例，但是会增加算法的复杂度，在不需要单独缩放的时候，还是尽量选择等比例缩放的算法。

下面是基于形状多模板匹配的例子，使用如图 10-10 所示的 3 张图像作为多模板匹配的基础模板。

图 10-10　多模板匹配的基础模板

```
* 关闭更新
dev_update_off()
* 模型颜色为绿色
ModelColor : = 'green'
* 圆的颜色为白色
CircleColor : = 'white'
* 匹配材料的名称
Names : = ['Pear Apple Hazelnut','Cherry Currant','Strawberry']
* 读取图像
read_image(Image, '瓶盖 1.jpg')
* 获取图像尺寸
get_image_size(Image, Width, Height)
* 关闭原有窗口
dev_close_window()
* 打开新窗口
dev_open_window(0, 0, Width, Height, 'black', WindowHandle)
* 设置字体类型
set_display_font(WindowHandle, 14, 'mono', 'true', 'false')
* 创建模型
*
* 初始化模型 ID
ModelIDs : = []
for Index : = 1 to 3 by 1
    * 读取模型的图像
    read_image(Image, '瓶盖' + 'Index $ '0' + '.jpg')
    * 显示图像
    dev_display(Image)
    * 获取第一个通道
    access_channel(Image, Channel1, 1)
    * 阈值分割区域
    threshold(Channel1, Region, 1, 250)
    * 填充区域
    fill_up(Region, RegionFillUp)
    * 进行开运算
    opening_circle(RegionFillUp, RegionOpening, 20)
    * 获取区域轮廓
    gen_contour_region_xld(RegionOpening, Contours, 'border')
```

```
    * 拟合成圆形
    fit_circle_contour_xld(Contours, 'geotukey', -1, 0, 0, 3, 2, Row, Column, Radius,
StartPhi, EndPhi, PointOrder)
    * 生成拟合的圆
    gen_circle(Circle, Row, Column, Radius / 2)
    * 在图像上裁切出圆形区域
    reduce_domain(Image, Circle, ImageReduced)
    * 创建模型
    *
    * 创建基于特征匹配模型
    create_shape_model(ImageReduced, 6, rad(0), rad(360), 'auto', 'auto', 'ignore_color_
polarity', [35,50,15], 11, ModelID)
    * 存储模型 ID
    ModelIDs := [ModelIDs,ModelID]
    * 设置为圆颜色
    dev_set_color(CircleColor)
    * 设置为显示边缘
    dev_set_draw('margin')
    * 边缘线宽为 5 像素
    dev_set_line_width(5)
    * 显示圆
    dev_display(Circle)
    * 设置为模型颜色
    dev_set_color(ModelColor)
    * 线宽为 2 像素
    dev_set_line_width(2)
    * 匹配图像验证结果
    find_shape_model(ImageReduced, ModelID, rad(0), rad(360), 0.5, 1, 0.5, 'least_squares',
0, 0.9, Row, Column, Angle, Score)
    * 显示匹配结果
    dev_display_shape_matching_results(ModelID, ModelColor, Row, Column, Angle, 1, 1, 0)
    * 显示匹配结果信息
    disp_message(WindowHandle, 'Create shape model ' + Names[Index - 1], 'window', 12, 12,
'black', 'true')
endfor
* 匹配模型
*
for Index := 1 to 5 by 1
    * 读取匹配模型图像
    read_image(Image, Index $ '0' + '.png')
    * 获取第一个通道
    access_channel(Image, Channel1, 1)
    * 阈值分割图像
    threshold(Channel1, Region, 1, 250)
    * 填充图像
    fill_up(Region, RegionFillUp)
    * 腐蚀区域
```

```
erosion_rectangle1(RegionFillUp, RegionErosion, 5, 5)
* 在图像上裁剪腐蚀区域
reduce_domain(Image, RegionErosion, ImageReduced)
* 多模式匹配图像
find_shape_models(ImageReduced, ModelIDs, rad(0), rad(360), 0.80, 1, 0.5, 'least_squares', 0,
0.95, Row, Column, Angle, Score, Model)
* 显示结果
*
* 显示图像
dev_display(Image)
* 生成匹配到的圆
gen_circle(Circle, Row, Column, Radius / 2)
* 设置为圆的颜色
dev_set_color(CircleColor)
* 线宽设置为 5 像素
dev_set_line_width(5)
* 显示圆
dev_display(Circle)
* 获取模型边缘
get_shape_model_contours(ModelContours, ModelIDs[Model[0]], 1)
* 设置为模型颜色
dev_set_color(ModelColor)
* 设置线宽为 2 像素
dev_set_line_width(2)
* 显示匹配结果
dev_display_shape_matching_results(ModelIDs, ModelColor, Row, Column, Angle, 1, 1,
Model)
* 显示匹配的模型名称
disp_message(WindowHandle, Names[Model[0]] + 'found', 'window', 12, 12, 'black', 'true')
* 显示匹配得分
disp_message(WindowHandle, 'Score ' + Score, 'window', 50, 12, 'black', 'true')
endfor
```

10.4　基于组件匹配

基于组件匹配是基于形状匹配的一种应用,基于形状匹配使用一个 ROI 作为模板,基于组件匹配使用两个或两个以上的 ROI 作为组件 ROI。如图 10-11 所示,卡针和夹子组合成了一个组件,必须两个区域同时匹配上,才能匹配成功。该匹配方式可以消除多个 ROI 之间区域的干扰,便于提高识别率。

在 HALCON 中使用 gen_initial_components、train_model_components 和 get_training_components 函数来创建组件并查看组件结果。

gen_initial_components 函数用于自动提取组件,这个函数的参数中:

(1)第一个参数 ModelImage 是输入的图像;

(a) 多个区域匹配，匹配完成　　　　　(b) 只存在局部区域，无法匹配

图 10-11　基于组件匹配

（2）第二个参数 InitialComponents 是输出的组件区域；

（3）第三个参数 ContrastLow 是提取组件使用的低迟滞阈值；

（4）第四个参数 ContrasHigh 是提取组件使用的高迟滞阈值；

（5）第五个参数 MinSize 是提取组件的最小尺寸；

（6）第六个参数 Mode 是分割类型，目前只有"connection"独立分割类型；

（7）第七个参数 GenericName 是需要参数设置的参数名称；

（8）第八个参数 GenericValue 是需要参数设置的参数值。

也可以通过区域提取，把多个区域合成组件。

train_model_components 函数用于训练组件各个部分的相对关系，通过训练图像，把相对位置不变的组件合并为一个组件，得到最终的组件区域。这个函数的参数中：

（1）第一个参数 ModelImage 是输入的图像；

（2）第二个参数 InitialComponents 是组件区域；

（3）第三个参数 TrainingImages 是训练图像；

（4）第四个参数 ModelComponents 是输出的结果组件区域；

（5）第五个参数 ContrasLow 是提取组件使用的低迟滞阈值；

（6）第六个参数 ContrasHigh 是提取组件使用的高迟滞阈值；

（7）第七个参数 MinSize 是提取组件的最小尺寸；

（8）第八个参数 MinScore 是在训练图中匹配的初始组件实例的最小得分；

（9）第九个参数 SearchRowTol 是在训练图中搜索初始组件，相对于初始组件位置增加的行搜索范围；

（10）第十个参数 SearchColumnTol 是在训练图中搜索初始组件，相对于初始组件位置增加的列搜索范围；

（11）第十一个参数 SearchAngleTol 是在训练图中搜索初始组件，相对于初始组件位置增加的角度搜索范围；

（12）第十二个参数 TrainingEmphasis 是决定训练的重点是快速计算还是高鲁棒性；

（13）第十三个参数 AmbiguityCriterion 是训练图像中初始组件模糊匹配的方式；

（14）第十四个参数 MaxContourOverlap 是在训练图像中找到的初始组件的最大轮廓重叠；

（15）第十五个参数 ClusterThreshold 是初始组件合并的阈值；

（16）第十六个参数 ComponentTrainingID 是输出的句柄。

使用 create_trained_component_model 和 create_component_model 来实现组件模板创建。

create_trained_component_model 函数用于训练过的模板创建，这个函数的参数中：

（1）第一个参数 ComponentTrainingID 是训练组件 ID；

（2）第二个参数 AngleStart 是匹配的起始角度；

（3）第三个参数 AngleExtent 是匹配的角度范围；

（4）第四个参数 MinContrastComp 是搜索图像中组件的最小对比度；

（5）第五个参数 MinScoreComp 是组件实例的最小得分；

（6）第六个参数 NumLevelsComp 是组件的最大金字塔层数；

（7）第七个参数 AngleStepComp 是角度的步长；

（8）第八个参数 OptimizationComp 用于对组件进行优化，减少匹配的模型的点数来提高运行效率；

（9）第九个参数 MetricComp 是匹配的极性选择；

（10）第十个参数 PregenerationComp，如果等于"true"，则完成组件的形状模型的预生成；

（11）第十一个参数 ComponentModelID 是输出的模型句柄；

（12）第十二个参数 RootRanking 表示作为初始组件的适宜性的模型组件的等级。

create_component_model 函数用于自定义区域的组件的模板创建，这个函数的参数中：

（1）第一个参数 ModelImage 是输入的图像；

（2）第二个参数 InitialComponents 是输出组件区域；

（3）第三个参数 VariationRow 是模型组件在行方向上的相对位置变换范围；

（4）第四个参数 VariationColumn 是模型组件在列方向上的相对位置变换范围；

（5）第五个参数 VariationAngle 是模型组件在角度方向上的相对位置变换范围；

（6）第六个参数 AngleStart 是匹配的起始角度；

（7）第七个参数 AngleExtent 是匹配的角度范围；

（8）第八个参数 ContrastLowComp 是提取组件使用的低迟滞阈值；

（9）第九个参数 ContrasHighComp 是提取组件使用的高迟滞阈值；

（10）第十个参数 MinSizeComp 是提取组件的最小尺寸；

（11）第十一个参数 MinContrastComp 是搜索图像中组件的最小对比度；

（12）第十二个参数 MinScoreComp 是组件实例的最小得分；

（13）第十三个参数 NumLevelsComp 是组件的最大金字塔层数；

（14）第十四个参数 AngleStepComp 是角度的步长；

（15）第十五个参数 OptimizationComp 用于对组件进行优化，减少匹配的模型的点数来提高运行效率；

（16）第十六个参数 MetricComp 是匹配的极性选择；

（17）第十七个参数 PregenerationComp，如果等于"true"，则完成组件的形状模型的预生成；

（18）第十八个参数 ComponentModelID 是输出的模型句柄；

（19）第十九个参数 RootRanking 表示作为初始组件的适宜性的模型组件的等级。

使用 find_component_model 来实现组件模板查找。find_component_model 函数用来查找新的组件。这个函数的参数中：

（1）第一个参数 Image 是输入的查找图像；

（2）第二个参数 ComponentModelID 是模板 ID；

（3）第三个参数 RootComponent 是根组件的索引；

（4）第四个参数 AngleStartRoot 是根组件的匹配起始角度；

（5）第五个参数 AngleExtentRoot 是根组件的匹配角度范围；

（6）第六个参数 MinScore 是匹配的最小得分；

（7）第七个参数 NumMatches 是匹配的个数；

（8）第八个参数 MaxOverlap 是匹配目标的重叠部分；

（9）第九个参数 IfRootNotFound 表示当没有匹配到根组件的时候需执行的操作，换一个根组件继续查找或停止查找；

（10）第十个参数 IfComponentNotFound 表示没有匹配到根组件以外的组件的时候执行的操作，操作有三种，第一是放弃查找，第二是根据已找到的组件元素，再次查找第三是根据已找到匹配分数最高的组件元素来再次查找；

（11）第十一个参数 PosePrediction 是未找到的部件的姿态预测；

（12）第十二个参数 MinScoreComp 是找到的组件实例的最小得分；

（13）第十三个参数 SubPixelComp 表示是否使用亚像素组件查找；

（14）第十四个参数 NumLevelsComp 是组件的金字塔层数；

（15）第十五个参数 GreedinessComp 是查找速度的系数；

（16）第十六个参数 ModelStart 是找到组件元素的起始索引；

（17）第十七个参数 ModelEnd 是找到组件元素的结束索引；

（18）第十八个参数 Score 是整个组件的匹配得分；

（19）第十九个参数 RowComp 是每个组件元素的行坐标；

（20）第二十个参数 ColumnComp 是每个组件元素的列坐标；

（21）第二十一个参数 AngleComp 是每个组件元素的角度；

（22）第二十二个参数 ScoreComp 是每个组件元素的匹配得分；

（23）第二十三个参数 ModelComp 是找到的组件的索引。

以下是基于组件匹配实例。

```
dev_close_window()
* 读取图像
read_image(ModelImage, '夹子卡针.jpg')
* 图像灰度化
rgb1_to_gray(ModelImage, GrayImage)
* 设置显示图像、绘制线条等窗口参数
dev_open_window_fit_image(GrayImage, 0, 0, -1, -1, WindowHandle)
dev_display(GrayImage)
dev_set_draw('margin')
dev_set_line_width(3)
stop()
* 定义各个组件，选取各个组件的 ROI 区域
gen_rectangle1(Rectangle1, 114, 1257, 1262, 2301)
gen_rectangle1(Rectangle2, 1322, 327, 2137, 1456)
* 将所有组件放进一个名为 ComponentRegions 的 Tuple 中
concat_obj(Rectangle1, Rectangle2, ComponentRegions)
* 显示参考图像
dev_display(GrayImage)
* 显示组件
dev_display(ComponentRegions)
stop()
* 创建基于组件的模板，返回模板句柄 ComponentModelID
create_component_model(GrayImage, ComponentRegions, 20, 20, rad(25), 0, rad(360), 15, 40, 40,
10, 0.8, 3, 0, 'none', 'use_polarity', 'true', ComponentModelID, RootRanking)
* 读取测试图像
read_image(SearchImage, '夹子卡针 2.jpg')
* 图像灰度化
rgb1_to_gray(SearchImage, GrayImageSearchImage)
* 组件模板匹配
find_component_model(GrayImageSearchImage, ComponentModelID, RootRanking, 0, rad(360), 0.5,
0, 0.5, 'stop_search', 'search_from_best', 'none', 0.8, 'interpolation', 0, 0.8, ModelStart,
ModelEnd, Score, RowComp, ColumnComp, AngleComp, ScoreComp, ModelComp)
* 显示图像
dev_display(SearchImage)
* 对每一个检测到的组件实例进行可视化的显示
for Match := 0 to |ModelStart| - 1 by 1
    dev_set_line_width(4)
    * 获得每个组件的实例和位移旋转等参数
    get_found_component_model(FoundComponents, ComponentModelID, ModelStart, ModelEnd,
RowComp, ColumnComp, AngleComp, ScoreComp, ModelComp, Match, 'false', RowCompInst,
ColumnCompInst, AngleCompInst, ScoreCompInst)
    * 改变区域形状
    shape_trans(FoundComponents, RegionTrans, 'rectangle2')
    * 显示区域
    dev_display(RegionTrans)
```

```
endfor
stop()
* 匹配结束,释放模板资源
clear_component_model(ComponentModelID)
```

基于组件匹配的结果如图 10-12 所示。

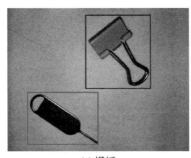 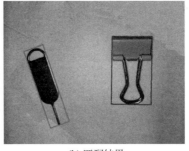

(a) 模板   (b) 匹配结果

图 10-12 基于组件匹配的结果

10.5 基于局部形变匹配

基于形变匹配是指匹配的物体相对于模板可以有一定程度的变形。变形是匹配物体局部变形,例如软性食品包装的变形。

基于形变匹配可以克服光照引起的明暗不均、物体的 3D 姿态不统一、大小变化等影响。适用于多通道图像,不适用于纹理复杂的图像,多纹理图像对于变形修正会产生干扰。

在 HALCON 中使用 create_local_deformable_model 和 find_local_deformable_model 函数来实现局部变形匹配的模板创建和目标查找。

create_local_deformable_model 函数用于创造可以局部变形的模板。这个函数的参数中:

(1) 第一个参数 Template 是输入的图像;

(2) 第二个参数 NumLevel 是金字塔层数;

(3) 第三个参数 AngleStart 是匹配的起始角度;

(4) 第四个参数 AngleExtent 是匹配的角度范围;

(5) 第五个参数 AngleStep 是角度的步进值;

(6) 第六个参数 ScaleRMin 是最小的局部 y 方向变形尺寸;

(7) 第七个参数 ScaleRMax 是最大的局部 y 方向变形尺寸;

(8) 第八个参数 ScaleRStep 是局部 y 方向变形步长;

(9) 第九个参数 ScaleCMin 是最小的局部 x 方向变形尺寸;

(10) 第十个参数 ScaleCMax 是最大的局部 x 方向变形尺寸;

（11）第十一个参数 ScaleRStep 是局部 x 方向变形步长；

（12）第十二个参数 Optimization 是提升时间效率的方式，与组件匹配一致；

（13）第十三个参数 Metric 为是否使用极性；

（14）第十四个参数 Contrast 是为模板图像中对象的对比度设置的滞后阈值；

（15）第十五个参数 MinContrast 是搜索图像中目标的最小对比度；

（16）第十六个参数 GenParamName 是需要设置的参数的名称；

（17）第十七个参数 GenParamValue 是需要设置的参数的值；

（18）第十八个参数 ModeID 是输出的模型句柄。

find_local_deformable_model 函数用来查找局部变形模板。这个函数的参数中：

（1）第一个参数 Image 是输入的需要匹配的图像；

（2）第二个参数 ImageRectified 是输出的修正过后的模型图像；

（3）第三个参数 VectorField 是变换矩阵；

（4）第四个参数 DeformedContours 是输出的模型轮廓；

（5）第五个参数 ModelID 是匹配模板 ID；

（6）第六个参数 AngleStart 是匹配的起始角度；

（7）第七个参数 AngleExtent 是匹配的角度范围；

（8）第八个参数 ScaleRMin 是最小的局部 y 方向变形尺寸；

（9）第九个参数 ScaleRMax 是最大的局部 y 方向变形尺寸；

（10）第十个参数 ScaleCMin 是最小的局部 x 方向变形尺寸；

（11）第十一个参数 ScaleCMax 是最大的局部 x 方向变形尺寸；

（12）第十二个参数 MinScore 是最小匹配得分；

（13）第十三个参数 NumMatches 是匹配结果个数；

（14）第十四个参数 MaxOverlap 是重叠系数；

（15）第十五个参数 NumLevels 是金字塔层级；

（16）第十六个参数 Greediness 是查找效率系数；

（17）第十七个参数 ResultType 是结果图像模式；

（18）第十八个参数 GenParamName 是需要设置的参数的名称；

（19）第十九个参数 GenParamValue 是需要设置的参数的值；

（20）第二十个参数 Score 是匹配得分；

（21）第二十一个参数 Row 是匹配结果重心的行坐标；

（22）第二十二个参数 Column 是匹配结果重心的列坐标。

以下是基于局部形变模板匹配的实例。

```
* 关闭更新
dev_update_off()
* 读取模板图
read_image(ModelImage, '袋子 5.jpg')
* 关闭窗口
```

```
dev_close_window()
* 创建和图像尺寸一致的窗口
dev_open_window_fit_image(ModelImage, 0, 0, -1, -1, WindowHandle)
* 设置字体
set_display_font(WindowHandle, 16, 'mono', 'true', 'false')
* 创建模板
create_local_deformable_model(ModelImage, 'auto', [], [], 'auto', [], [], 'auto', [], [], 'auto',
'none', 'use_polarity', [40,80], 'auto', [], [], ModelID)
* 获取模板轮廓
get_deformable_model_contours(ModelContours, ModelID, 1)
* 获取模板中心
area_center(ModelImage, Area, Row, Column)
* 创建二维矩阵
hom_mat2d_identity(HomMat2DIdentity)
* 进行矩阵平移
hom_mat2d_translate(HomMat2DIdentity, Row, Column, HomMat2DTranslate)
* 把模板轮廓平移到模板上
affine_trans_contour_xld(ModelContours, ContoursAffineTrans, HomMat2DTranslate)
* 设置线宽
dev_set_line_width(2)
* 设置颜色
dev_set_color('yellow')
* 显示图像
dev_display(ModelImage)
* 显示模板轮廓
dev_display(ContoursAffineTrans)
stop()
*
* 设置平滑值
Smoothness := 5
* 设置图像数量
NumImages := 4
for Index := 1 to NumImages by 1
    * 读取图像
    read_image(Image, '带' + Index $ '0' + '.jpg')
    * 显示图像
    dev_display(Image)
    * 匹配图像
    find_local_deformable_model(Image, ImageRectified, VectorField, DeformedContours, ModelID, rad
(-14), rad(28), 1, 1, 1, 1, 0.3, 1, 0.3, 0, 0.45, ['image_rectified','vector_field','deformed_
contours'], ['deformation_smoothness','expand_border','subpixel'], [Smoothness,0,0], Score,
Row, Column)
    * 生成网格空对象
    gen_empty_obj(WarpedMesh)
    * 统计变换矩阵数量
    count_obj(VectorField, Number)
    for In := 1 to Number by 1
        * 选择变换矩阵
        select_obj(VectorField, ObjectSelected, In)
        * 分离 x、y 值
```

```
            vector_field_to_real(ObjectSelected, DRow, DColumn)
            * 获取图像大小
            get_image_size(VectorField, Width, Height)
            * 绘制垂直网格
            for ContR : = 0.5 to Height[0] - 1 by 35
                * 生成数组,以批量获取灰度值
                Column : = [0.5:Width[0] - 1]
                tuple_gen_const(Width[0] - 1, ContR, Row)
                * 获取数值
                get_grayval_interpolated(DRow, Row, Column, 'bilinear', GrayRow)
                get_grayval_interpolated(DColumn, Row, Column, 'bilinear', GrayColumn)
                * 生成直线
                gen_contour_polygon_xld(Contour, GrayRow, GrayColumn)
                * 把直线合并到网格对象中
                concat_obj(WarpedMesh, Contour, WarpedMesh)
            endfor
            * 绘制水平网格
            for ContC : = 0.5 to Width[0] - 1 by 35
                * 生成数组,以批量获取灰度值
                Row : = [0.5:Height[0] - 1]
                tuple_gen_const(Height[0] - 1, ContC, Column)
                * 获取数值
                get_grayval_interpolated(DRow, Row, Column, 'bilinear', GrayRow)
                get_grayval_interpolated(DColumn, Row, Column, 'bilinear', GrayColumn)
                * 生成直线
                gen_contour_polygon_xld(Contour, GrayRow, GrayColumn)
                * 把直线合并到网格对象中
                concat_obj(WarpedMesh, Contour, WarpedMesh)
            endfor
        endfor
        stop()
        * 显示网格
        dev_display(WarpedMesh)
        * 获取匹配分数
        Found[Index] : = |Score|
        * 设置线宽
        dev_set_line_width(2)
        * 设置颜色
        dev_set_color('green')
        * 显示轮廓
        dev_display(DeformedContours)
        * 显示分数
        disp_message(WindowHandle, 'Score: ' + Score $ '.2f', 'image', 350, Column - 80, 'black', '
true')
        stop()
    endfor
```

局部变形匹配的结果如图 10-13 所示。

图 10-13 局部变形匹配的结果

10.6 匹配的流程

匹配的流程大致分为 5 步,如图 10-14 所示。

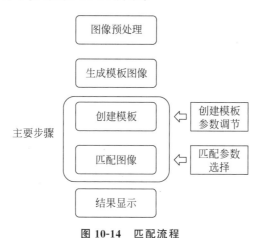

图 10-14 匹配流程

(1)图像预处理:图像的预处理帮助解决光学成像上造成的问题,尽可能地展现感兴趣的部分。

(2)生成模板图像:经过预处理的图像的所有区域并非都是感兴趣区域,需要对感兴趣的区域进行裁切,裁切后的图像即为模板图像。

(3)创建模板:模板图像只是原始数据,生成的模板带有旋转、缩放和极性等一系列变化,可以通过调节参数来达到理想的结果。

(4)匹配图像:把未知图像进行匹配,确定获取到的图像中是否有模板中的图像,这是匹配流程中主要的运行过程。当模板创建好之后,主要的运行过程都是匹配图像的过程。在匹配过程中,可以通过修改匹配分值门限和匹配个数等参数来影响匹配结果。

（5）结果显示：匹配到的结果都存储到计算机中，是无法观察的，可以通过图表的形式来展现匹配的结果，以便用户作出正确判断。

10.7　匹配助手

10.7.1　匹配助手的启动

可以通过菜单栏里的"助手"菜单打开匹配助手：选中"打开新的 Matching"选项，打开匹配助手，如图 10-15 所示。

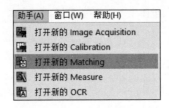

图 10-15　匹配助手

单击之后会弹出如图 10-16 所示的窗口。

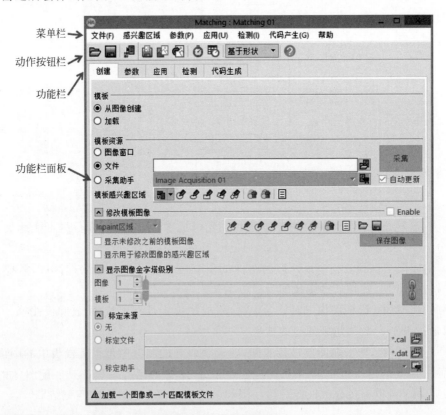

图 10-16　打开匹配助手

10.7.2　匹配助手的窗口说明

匹配助手对话框由菜单栏、动作按钮栏和功能栏组成。

1. 菜单栏

菜单栏分为"文件""感兴趣区域""参数""应用""检测""代码产生""帮助"共 7 项，如图 10-17 所示。

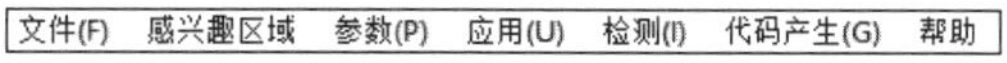

| 文件(F) | 感兴趣区域 | 参数(P) | 应用(U) | 检测(I) | 代码产生(G) | 帮助 |

图 10-17　菜单栏

1）文件菜单

文件菜单如图 10-18 所示。

（1）打开模板图像：打开要建立模板的图像。

（2）加载模板：加载已经建立好的模板。

（3）保存模板：保存现在建立好的模板。

（4）加载摄像机参数：加载摄像机的内参。

（5）加载摄像机位姿：加载摄像机的外参。

（6）显示图像金字塔：跳转到创建选项卡的显示图像金字塔级别。

（7）载入助手设置：加载之前保存好的匹配助手参数。

（8）保存当前助手设置：保存现在设置好的匹配助手。

（9）关闭对话框：关闭当前助手对话框，不注销助手句柄，可以再次打开助手。

（10）退出助手：注销助手句柄。

2）"感兴趣区域"菜单

"感兴趣区域"菜单如图 10-19 所示。

图 10-18　文件菜单

图 10-19　"感兴趣区域"菜单

"感兴趣区域"菜单栏和"创建功能栏"→"模板资源"中的"模板感兴趣区域"的功能相同,可以通过在显示的模型图像上绘制模型来标记作为模型的区域。匹配助手提供不同的感兴趣区域形状:轴向平行,任意方向的矩形、圆形和椭圆形,以及包括多边形在内的自由形状。单击需要的形状,将鼠标移动到图像上,同时按住鼠标左键拖动,就会出现选定的形状。松开鼠标按钮后,可以用鼠标左键拖动区域的中心(用十字标记)来移动区域。此外,还可以通过拖动形状的边界来编辑形状。可以用鼠标右击来完成创建。如果要创建一个多边形,单击每个角点;鼠标右击将关闭多边形并完成创建。

(1) 绘制圆形:绘制圆形模板区域。

(2) 绘制椭圆:绘制椭圆模板区域。

(3) 绘制轴平行矩形:绘制轴平行矩形模板区域。

(4) 绘制旋转矩形:绘制旋转矩形模板区域。

(5) 绘制任意区域:绘制任意形状模板区域。

(6) 删除选中的 ROI 项:删除选中的模板区域。

(7) 删除所有的 ROI 项:删除所有的模板区域。

(8) 合并:选定到合并状态后,新绘制的区域会和原有区域进行合并,合并的区域为目标区域。

(9) 交集:选定到交集状态后,新绘制的区域会和原有区域进行交集运算,区域的交集为目标区域。

(10) 差集:选定到差集状态后,新绘制的区域会被原有区域截切,裁切区域为目标区域。

(11) XOR(对称差):选定到 XOR 状态(即异或状态)后,新绘制的区域会和原有区域进行异或运算,结果区域为目标区域。

(12) 从文件中加载 ROI:从文件中加载之前存储的感兴趣区域。

(13) 保存 ROI 到文件:将现在的感兴趣区域保存到文件。

3)"参数"菜单

"参数"菜单如图 10-20 所示。

"参数"菜单和"参数"选项卡的功能是一致的,单击可以跳转到参数选项卡对话框。

(1) 标准模板参数:设置模板的标准参数。

(2) 高级模板参数:设置模板的高级参数,也是不常用参数。

4)"应用"菜单

"应用"菜单如图 10-21 所示。

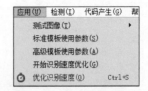

图 10-20 "参数"菜单   图 10-21 "应用"菜单

其中，"测试图像"子菜单如图 10-22 所示。

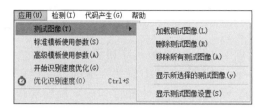

图 10-22 "测试图像"子菜单

在子菜单中，可以对菜单进行一系列操作。

（1）加载测试图像：所谓的测试图像是来自匹配应用程序的典型图像，用来验证匹配模板是否创建成功。即该图像集中应该出现所有可能的变化，这些变化包括匹配对象位置变化、方向变化、匹配对象被遮挡和照明不均一。当选择菜单项由"应用"→"测试图像"→"加载测试"（或单击选项卡"应用"中的"加载"按钮）时，将出现一个标准的文件选择框，可以在其中选择一幅或多幅要加载的图像。匹配助手可以读取图像文件类型 TIFF、BMP、GIF、JPEG、JPEG-xr、PPM、PGM、PNG 和 PBM。注意，测试图像的大小必须与模型图像相同。

（2）删除测试图像：选择菜单项"应用"→"测试图像"→"删除测试图像"，或在选项卡应用的对话框中单击"移除"按钮时，当前选择的测试图像将从测试图像列表中删除。可以通过单击按钮左侧的文本字段中的索引号或路径来选择要删除的测试图像。

（3）移除所有测试图像：删除所有的测试图像。

（4）显示所选择的测试图像：可以通过单击该项，在选项卡应用测试图像的对话框中的数字（索引）或路径来选择一个测试图像。选中的图像会自动显示在 HDevelop 的图形窗口中。

（5）显示测试图像设置：跳转到"应用"选项卡。

（6）标准模板使用参数：跳转到"应用"选项卡的标准用户参数。

（7）高级模板使用参数：跳转到"应用"选项卡的高级使用参数。

（8）开始识别速度优化：跳转到"应用"选项卡的优化识别速度。

5）"检测"菜单

"检测"菜单如图 10-23 所示。

确定识别率：跳转到"检测"选项卡。

6）"代码产生"菜单

"代码产生"菜单如图 10-24 所示。

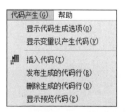

图 10-23 "检测"菜单　　　　图 10-24 "代码产生"菜单

（1）显示代码生成选项：跳转到"显示代码生成"选项卡→"选项"。

（2）显示变量以产生代码：跳转到"显示代码生成"选项卡→"基于'某种'模板匹配变量名"。

（3）插入代码：插入代码到 HDevelop 程序窗口。

（4）发布生成的代码行：在程序窗口中释放生成的代码行。在释放代码行之后，匹配助手和 HDevelop 程序窗口之间的所有连接都将丢失。例如代码行删除，只能在程序窗口中直接应用，而不能再从匹配助手中应用。

（5）删除生成的代码行：删除生成代码行，删除以前生成并插入 HDevelop 程序窗口的代码行。注意，这只在还没有发布代码行的情况下有效。

（6）显示预览代码：跳转到"代码生成"选项卡的"显示预览代码"。

7）"帮助"菜单

"帮助"菜单如图 10-25 所示。

"帮助"：打开匹配助手帮助。

图 10-25　"帮助"菜单

2．动作按钮栏

图 10-26 所示为动作按钮栏的说明。

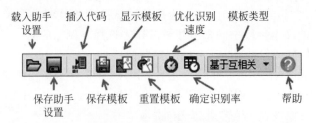

图 10-26　动作按钮栏的说明

（1）载入助手设置：加载之前保存好的匹配助手参数。

（2）保存助手设置：保存现在设置好的匹配助手。

（3）插入代码：插入代码到 HDevelop 程序窗口。

（4）保存模板：保存现在建立好的模板。

（5）显示模板：在 HDevelop 图形窗口显示模板。

（6）重置模板：重置当前模板。

（7）优化识别速度：跳转到应用选项卡的优化识别速度。

（8）确定识别率：跳转到检测选项卡的识别率。

（9）模板类型：选择模板类型。

（10）帮助：打开帮助。

3．功能栏

1）创建

图 10-27 所示是"创建"功能栏。

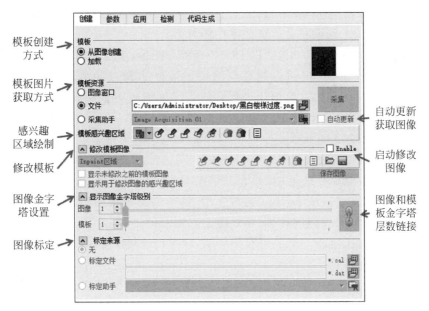

图 10-27 "创建"功能栏

（1）模板。可以通过模板功能来选择模板源。第一种是从图像中创建；第二种是直接读取创建好的模板。

如果选择创建一个模型，则可以通过匹配助手工具栏中的按钮显示模型来显示模型图像。如果从文件中加载模型，则模型影像不可用。

（2）模板资源。模板资源是在图像创建时用来指定图像的来源的。第一种是使用当前窗口图像；第二种是从文件加载图像，可以通过"浏览"按钮选择文件中的图像；第三种是采集助手直接采集。

通过菜单 ROI 或"创建"选项卡上相应的按钮，在显示的模型图像上绘制图形来标记作为模型的区域。匹配助手提供不同的 ROI 形状：轴向平行和任意方向的矩形、圆和椭圆，以及包括多边形在内的自由形状。绘制方式可以参考"菜单"说明中的"感兴趣区域"。

可以通过查看创建选项卡上的模板感兴趣区域形状，并使用按钮显示原始区域列表，来细化所绘制的 ROI。然后通过表格显示 ROI 数据，并且可以单击数据来进行调整。对于多边形和自由形式的 ROI 的值是不能调整的。

（3）修改模板图像。为了创建一个最佳的模型，要确保感兴趣的区域只包含对象的特征部分，没有杂乱背景。如果杂乱背景不可避免，则需要使用"创建"选项卡上的"修改模型图像"功能。

"修改模型图像"，通过激活复选框来激活。"修改 ROI"与普通的 ROI 或区域不同，这些区域只是用来标记修改区域以改进模型。可以通过鼠标光标来绘制修改 ROI，如菜单 ROI 一节所述。如果要精确创建修改 ROI 区域，可以通过一旁显示修正区域基元的列表，单击列表的具体项目来调整列表中的值。要删除所有的修改 ROI，可单击"修改 ROI"按钮旁边的相应按钮。在修改过程中,可以激活显示未修改模型图像的复选框和显示修改后的ROI,分别查看修改前的图像和显示修改后的ROI。

可以保存修改后的图像和修改后的ROI。要保存图像,单击右边的"保存"按钮。保存修改ROI,单击"修改ROI"按钮右侧对应的按钮可以加载和保存修改后的ROI信息。Enable复选框旁边的星号表示数据还未保存或者是区域进行了新的修改。可以单击"保存"按钮,来保存或再次保存修改ROI的信息。

修改模型区域的方式如下:

如果一个模型图像被杂乱或不需要的结构所干扰,可以通过从下拉菜单中选择Inpaint区域来移除。如果需要在不完全去除结构的情况下平滑ROI区域,选择Inpaint区域平滑。

为了使用Inpaint区域或Inpaint区域平滑,通过右边的按钮栏选择一个形状来修改ROI。形状不仅要覆盖被移除的区域,还要覆盖它周围的一些"好"区域。可以在圆、椭圆、轴向矩形之间进行选择,如果这些区域都不合适,也可以绘制任意区域。

删除边缘的方式如下:

可以选择想要从模型中删除的边缘。通过单击ROI按钮激活该功能,并开始通过选择移除边缘。可以调节去除强度的数值,即平滑宽度,可以调整框中的值,也可以使用滑块来修改参数。然后将鼠标移动到图形窗口中的模型图像上。当鼠标移动到选定的轮廓上时,轮廓将突出显示。要删除轮廓线,只需单击鼠标左键。注意,在指定参数的标准模型参数的选项卡内,自动选择是默认激活的,因此会自动适应新的模型特性,这可能导致在自动适应之后再次发现被删除的轮廓。这时可以禁用自动选择。

修复边缘的方式如下:

如果一个轮廓在应该连续的地方被打断,可以利用修复边缘绘制一个线性修正ROI,将现有轮廓的两端连接起来,从而替换掉缺失的边缘。通过直接调整方框中的值或使用滑块选择必要的边缘厚度。然后在缺失的边缘位置画一个修改ROI。

(4)显示图像金字塔级别。显示图像金字塔级别只有在使用基于形状匹配方式时才能使用,在这个设置中可以设置金字塔层数。

可以使用模型的滑块或文本框选择模型所需的金字塔级别,在选项卡创建的对话框中显示图像金字塔。将模型覆盖到使用同一个对话框中的滑块或文本框图像选择的金字塔图像上。默认情况下,模型和图像显示在同一金字塔层;可以使用滑块右边的"锁定/解锁"按钮来解锁和再次锁定。

最高可用的金字塔级别是由匹配助手根据模型ROI的大小自动确定的;根据选择的对比度和最小边界的大小,更高的金字塔级别可能不包含任何模型点。

(5)标定来源。标定来源只有在基于相关性和基于描述符的匹配中才能使用,用来标定图像的内外参校准图像。可以通过选择来确定标定数据的来源,可以通过启用一个标定助手来获取标定数据,也可以通过数据加载的方式来获取标定数据,或者不使用标定。

2)参数

图10-28所示是"参数"选项卡。

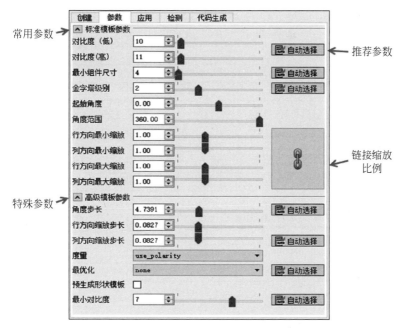

图 10-28 "参数"选项卡

"参数"选项卡分为标准模板参数和高级模板参数,根据不同的匹配方法,可以使用不同的参数进行调整。表 10-1 概述了每种匹配方法的可用模型参数,包括基于形状的匹配、基于关系的匹配、基于描述符的匹配和基于可变形的匹配。

表 10-1 各匹配方法的可用模型参数

参 数 名	基 于 形 状	基 于 相 关 性	基 于 描 述 符	基 于 可 变 形
对比度(高/低)	x	o	x	x
最小组件尺寸	x	o	o	o
金字塔层级	x	x	o	x
起始角度	x	x	o	x
角度范围	x	x	o	x
最小/最大角度	o	o	x	o
最小/最大行比例	x	o	o	x
最小/最大列比例	x	o	o	x
最小/最大缩放	o	o	x	o
模板类型	o	o	o	x
检测类型	o	o	x	o
半径	o	o	x	o
最小得分	o	o	x	o
蔽深度	o	o	x	o
蔽数量	o	o	x	o

续表

参 数 名	基 于 形 状	基 于 相 关 性	基 于 描 述 符	基 于 可 变 形
梯度 sigma	o	o	x	o
梯度掩码尺寸	o	o	x	o
阈值	o	o	x	o
角度步长	x	x	o	x
行/列方向缩放步长	x	o	o	x
度量(极性)	x	x	o	x
最优化	x	o	o	x
部件尺寸	x	o	o	x
最小尺寸	x	o	o	x
检测领域	o	o	x	o
领域差异阈值	o	o	x	o
亚像素	o	o	x	o
斑块面积	o	o	x	o
倾斜	o	o	x	o
平滑 sigma	o	o	x	o
Alpha	o	o	x	o
平滑掩码尺寸	o	o	x	o

其中：x 表示可以在这种匹配方式下使用；o 表示在这种匹配方式下不能使用。

通过"参数"→"标准模型参数"，可以指定模型的基本参数，这些参数描述了要识别的对象的外观，如显著点的对比度或允许的旋转范围。默认情况下，这些参数设置对大多数匹配任务都有效，通过修改参数，可以优化应用程序的模型，并加快搜索过程。

(1) 标准模板参数。对于基于形状的匹配，需要指定以下参数：

- 模型中必须包含的边界的对比度；
- 模型组件的最小组件尺寸；
- 创建模型的金字塔层次的数量；
- 允许的旋转范围的起始角度；
- 允许的旋转范围(角度范围)；
- 比例范围。

对于基于关系的匹配，需要指定以下参数：

- 创建模型的金字塔层的数量；
- 允许的旋转范围的起始角度；
- 允许的旋转范围(角度范围)。

如果需要重置所有的模型和搜索参数，可以通过工具栏中的"重置模型"按钮来实现。

由于性能原因，查看基于形状的匹配参数对比度(低)、对比度(高)和最小组件大小的效果，只有在模型图像很小且背景图像不是太杂乱的情况下才会立即实现。原因是这些参数的变化导致了模型新的计算。对于其他参数,系统将等待更改加载,而不会阻塞图形用户界面。在完成模型参数的调整后可以立即查看到结果,而不必等待。

在大多数应用程序中,指定标准参数就足够了。因此,用户可以直接测试模型性能。

(2)高级模板参数。在高级模板参数中,对于基于形状的匹配,需要指定以下参数:

- 创建模型的角度步长;
- 创建模型的尺度步长、行尺度步长和列尺度步长;
- 是否在模型中使用反差(度)的极性;
- 是否通过减少点数来优化模型;
- 是否预生成模型;
- 搜索图像中的最小对比度点是否必须与模板进行比较。

对于基于相关的匹配,需要指定以下高级模型参数:

- 创建模型的角度步长;
- 是否在模型中使用灰度的极性。

(3)自动选择参数值。可以单击放置在参数滑动器右侧的"自动选择"按钮(有些参数具备该项功能),匹配助手会选择一个合适的值以获得尽可能高的精度。这个过程是匹配助手自动计算的,可以节约调试参数的时间。

3)应用

图 10-29 所示是"应用"功能栏说明。

(1)测试图像来源。

可以单击选择测试图像的来源。测试图像的来源有两种:第一种是通过图像加载的方式,选择这个方式,下方的测试图像栏右侧的"加载"按钮会被激活,图像的加载类似于应用菜单加载图像;第二种方式是通过图像采集助手的方式来获取测试图像,HALCON 的图像采集助手是一个易于使用的图像采集工具,前面已经介绍。在采集助手中选择一个接口,当选择一个图像采集接口时,可以设置相应的设备参数,如图像格式。与所选图像采集接口建立连接后,可以在活动图形窗口中抓取和显示图像。

(2)测试图像列表。

当图像读取或者捕获成功后,可以在测试图像列表中查看这些图像,在选项卡激活的情况下,可以通过单击测试图像的文本框中的数字索引或图像路径,选择一张测试图像。选中的图像会自动显示在 HDevelop 的图形窗口中。

如果选中"总是找到"复选框,则在所选测试图像上会自动启动匹配,它们的结果会显示在图形窗口中。

可以通过右侧的"移除"按钮移除选中的图像,还可通过单击"移除所有按钮"移除所有图像。

可以通过右侧的"保存"按钮保存选中的图像,还可通过单击"保存所有按钮"保存所有图像。

在"应用"选项卡中测试图像并单击"设置参考"按钮时,以所选择的图像的匹配项的位

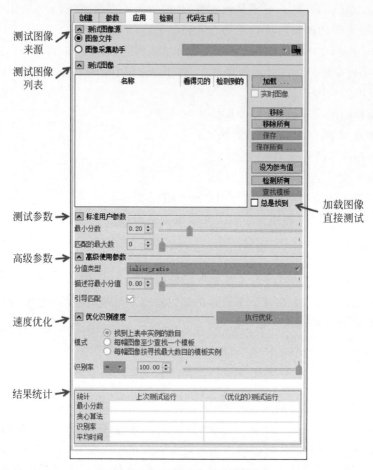

图 10-29 "应用"功能栏说明

置例如角度为基准,只有在图像中检测到 1 个匹配时才可以这样操作。如果没有匹配到对象,或者匹配个数大于 1,则使用模型图像作为基础。

当在"应用"选项卡"测试图像"中单击"查找模型"按钮时,将在当前选中的测试图像中搜索该对象,结果显示在图形窗口中。

如果是第一次单击"查找模型"按钮,或者在更改了模型参数之后,程序会创建内部存储的模型,这需要一些时间。如果创建模型需要很长时间(即选择了一个非常大的角度和比例范围),可以减少角度和比例范围或者在使用基于形状的匹配时,关闭模型的完整预生成,从而缩短时间。

在"应用"选项卡中,单击"检测所有"按钮,程序会按照之前加载的完整测试图像序列进行全序列匹配。结果依次显示在图形窗口中。这个检测结果不受最大匹配数的限制,它会把所有的匹配结果显示出来。如果匹配时间过久,可以参照上面"查找模板"中的方法减少时间。

如果选中"总是找到"复选框,则无论何时选择一个新的测试图像,图像都将被自动匹配结果。匹配结果会显示在 HDevelop 的图形窗口中。

(3)标准用户参数。

在"应用"选项卡中的"标准用户参数"中,可以通过拖动条或者文本框的方式修改最小匹配分数和匹配的最大数,最小匹配分数的默认值为 0.5,匹配的最大数的默认值是 1。

若在"应用"选项卡中选择相应的识别模式以优化识别速度,则在确定识别率时以指定的可见物体数量为准,即当测试图像中所有目标的和等于指定数字的和时,识别率为 100%。

(4)高级使用参数。

不同的匹配模式有不同的高级参数,这里以基于取消匹配为例。在"应用"选项卡中的"高级使用参数"中,可以通过拖动条单选框或者文本框的方式修改贪心算法、最大重叠、最大变形、最大金字塔级别和超时选项。还可以选择亚像素模式,增加公差模式,以及形状模板可能跨越图像边缘功能。

增加容差模式的说明如下:

增加的容差模式允许增加搜索容差,因此速度提升。这样,匹配的鲁棒性和准确性就会降低,但速度更快,可能会在图像中发现变形和散焦的物体。图像金字塔级别的第一个值决定金字塔级别的数量,第二个级别决定在哪个金字塔级别停止对模型的搜索。如果启用了增加的容差模式,则金字塔级别的第二个值将为负。如果该值为负,则对模型的搜索将在检测到模型的最低金字塔级别停止。因此,增加的容差模式是有用的,例如:

* 在图像有时散焦,仍然需要找到目标;
* 需要找到轻微变形的物体;
* 在应用程序中不需要使用匹配来区分两个看起来非常相似的对象类型;
* 图像质量不是很高,也不能进一步提高时要进行匹配;
* 形状模板可能与图像边缘相交。

形状模型可能跨越图像边界的说明如下:

可以指定形状模型是否跨越图像边界,即部分位于测试图像之外。如果关闭形状模型,可能会越过图像边界复选框,形状模型将只匹配形状模型完全位于图像中的部分。如果打开形状模型,可能会越过图像边界复选框,形状模型将被匹配到位于测试图像之外的所有位置,即其中形状模型超出图像边界。在这里,位于图像外的点被认为是被遮挡的,即它们降低了分数。在选择最低分数时应该考虑到这一点。在这种模式下,匹配的运行时间会增加。

(5)优化识别速度。

当单击"应用选项卡"→"优化识别速度"按钮或在工具栏或对话框中单击相应的按钮运行优化识别时,匹配助手会自动确定参数的最低分数和贪婪值来优化识别速度。速度计算为所有测试图像的平均识别速度。可以通过单击"停止"按钮来中断这个过程。

4)检测

图 10-30 所示是"检测"功能栏的说明图。

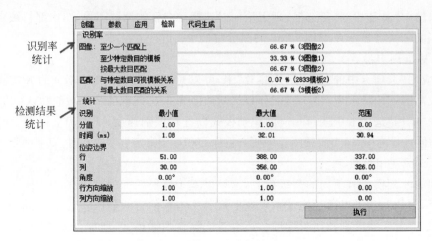

图 10-30 "检测"功能栏的说明图

（1）识别率统计。

在"检测"选项卡中的"识别率"栏，匹配助手通过在所有加载的测试图像中匹配对象来确定识别率。然后，匹配助手按识别率显示为不同标准计算的识别率。

- 至少一个匹配上：在每个测试图像中，至少需要一个对象。识别率是根据满足该条件的测试图像的百分比来计算的。
- 至少特定数目的模板：没有找到"应用"选项卡中的匹配最大数数目的图像数量。识别率为没有找到"应用"选项卡中的匹配最大数数目的图像数量除以总图像的百分比。
- 按最大数目匹配：匹配到的数量是否与"应用"选项卡中的匹配最大数一致，识别率为满足该条件的测试图像的百分比。
- 与特定数目可视模板关系：在每一个测试图像中，尽可能多的对象被匹配，识别率的计算方法为所有图像匹配到的数量除以期望匹配到的数量，最后以百分比形式表示识别率。如果一个图像包含的对象比参数最大匹配数中指定的对象多，只会找到最佳最大匹配数实例。因此，如果有两个测试图像，分别包含 1 个和 3 个对象，选择最大匹配数＝2，则识别率为 75％，即 4 个期望目标中的 3 个。
- 与最大数目匹配的关系：匹配到的数目与可见的匹配的数目之间的比值。匹配得到的数目会受到"应用"选项卡中的"匹配"的"最大数"的影响，匹配到的数目小于或等于这个值，而可见的匹配的数目不受这个值影响。

（2）检测结果统计。

统计显示最小和最大得分，以及最小和最大匹配时间。它还分别计算最小分数和最大分数对应的计算时间。

当单击"检测"选项卡中的"执行"按钮时，除了识别率之外，匹配助手还会确定姿态边界，即对象在测试图像中出现的位置、方向和尺度的范围。可以通过单击"停止"按钮来中断这个过程。

如果测试图像覆盖了对象允许的方向和尺度的整个范围，则可以使用计算出的范围来优化参数角度范围和起始角度。在相应的 HALCON 程序中，可以使用计算出的位置范围作为感兴趣的区域，从而进一步加快匹配过程。

5）代码生成

图 10-31 所示是"代码生成"功能栏的说明图。

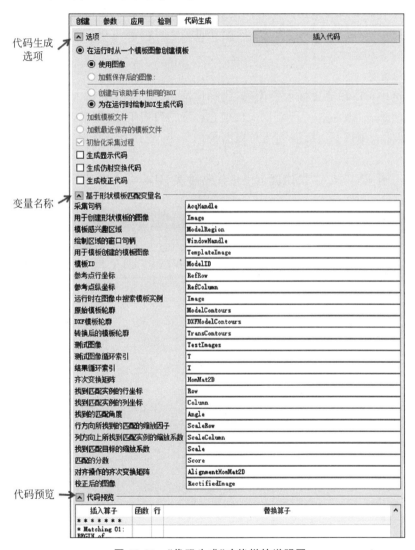

图 10-31　"代码生成"功能栏的说明图

（1）代码生成栏。

在代码生成栏中，可以选择是从图像创建模板，还是加载模板；是创建与该助手相同的

ROI,还是通过 draw_region 函数来创建 ROI,draw_region 函数的参数中:

- 第一个参数 Region 为生成的区域;
- 第二个参数 WindowHandle 为要输入的窗口句柄。

在选项中可以选择是否生成显示代码、是否生成仿射变换代码和是否生成校正代码,选中相应选项,就能生成对应代码。

(2) 变量名称。

匹配变量名的表现会根据不同的匹配方式显示不同的名称,图中选择的是基于形状的匹配,所以这里显示的是基于形状模板匹配变量名。可以通过单击相应标签后面的编辑栏来修改变量的名称。

(3) 代码预览。

代码预览中可以预览要插入的代码,代码预览的方式是通过表格的方式进行预览。第一列为插入的算子,即在这一行要插入的信息;第二列为函数,即插入到哪个函数当中;第三列为行,即插入到哪行;第四列为可以替换的算子,建议如果不使用当前算子,可以使用其他算子。

最后单击相应的"插入"按钮就可以把代码插入 HDevelop 的程序窗口了。

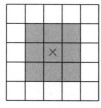

第 11 章
CHAPTER 11

区域的变换

HALCON 中的区域可以理解为二值图,所以对区域的变换是对二值图的变换。

11.1 形态学

简单而言,形态学操作是基于形状的一系列图像处理操作,通过将结构元素作用于输入图像来产生输出图像。

数学形态学是图像分析的一个重要分支,其本质是基于物体形状的非线性代数运算,它在很多方面都要优于基于卷积的线性代数系统,得到广泛应用。与其他的图像算法相比,形态学方法有更大的优势。

非形态学的图像处理方法是与微积分相关的,是基于逐个点展开的函数概念,或者是卷积运算和线性变换;数学形态采用非线性代数,作用对象是点集、点集间的连通性和形状。

形态学运算主要用于如下几个场景:

(1) 图像的预处理(噪声的去除或简化复杂的图像);

(2) 体现物体的结构(体现图形骨骼);

(3) 从背景中分割物体;

(4) 物体量化描述(面积、周长和投影)。

用于形态学变换的内核的形状可以是任意的,如图 11-1 所示。结构内核是在图像上滑动的区域的形状;锚点是图像与结构内核做卷积之后代替的那个像素点,图中用×表示。

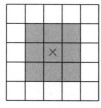
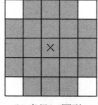
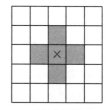

(a) 3×3方形   (b) 半径2.5圆形   (c) 十字形

图 11-1　结构内核

11.1.1 膨胀

膨胀是把结构内核滑过图像,取最大值来代替锚点的值,计 A 被 B 膨胀的数学表达式为

$$A \oplus B$$

图 11-2 所示为膨胀示意图。

图 11-2 膨胀示意图

可以看出,左图的区域膨胀为右图中的网格区域,这是膨胀的直观表现。膨胀一般用来填补物体中小的空洞和狭窄的缝隙,使物体的尺寸增大。根据使用不同形状的结构内核和不同位置的锚点的结构内核,膨胀会表现出各向异性,可能会把物体拉伸和压缩。

膨胀还有一些比较有趣的性质。例如膨胀满足交换律,表示为

$$A \oplus B = B \oplus A$$

膨胀满足结合律,表示为

$$(A \oplus B) \oplus C = A \oplus (B \oplus C)$$

膨胀还满足平移不变性,即无论图像是先膨胀还是先平移,都不影响结果,表达式如下:

$$A_h \oplus B = (A \oplus B)_h$$

其中,A 代表一个区域;B 代表另一个区域;$A \oplus B$ 表示 A 以 B 为内核膨胀;h 表示平移。

膨胀运算需要生成结构内核才能完成,在 HALCON 中使用 gen_circle 来生成圆形结构内核,这个函数的参数中:

(1) 第一个参数 Circle 为输出的圆形结构区域;

(2) 第二个参数 Row 为输入圆形区域中心行坐标;

(3) 第三个参数是 Column 为输入圆形区域中心列坐标。

使用 gen_rectangle1 来生成矩形结构内核,这个函数的参数中:

(1) 第一个参数 Rectangle 为输出的矩形结构区域;

(2) 第二个参数 Row1 为输入的矩形区域的左上角点行坐标;

(3) 第三个参数 Column1 位输入的矩形区域左上角点列坐标;

(4) 第四个参数 Row2 为输入的矩形区域的右下角点行坐标;

(5) 第五个参数 Column2 为输入的矩形区域右下角点列坐标。

使用 gen_rectangle2 来生成可以旋转的矩形结构内核,这个函数的参数中:

(1) 第一个参数 Rectangle 为输出的矩形结构区域;

(2) 第二个参数 Row 为输入矩形中心行坐标;

（3）第三个参数 Column 为输入矩形中心列坐标；

（4）第四个参数 Phi 为矩形的长轴与 x 轴的夹角，范围为 $-\pi/2 \sim \pi/2$；

（5）第五个参数 Length1 为矩形的长轴的长度的一半，即半长轴；

（6）第六个参数 Length2 为矩形的短轴的长度的一半，即半短轴。

使用 gen_ellipse 来生成椭圆结构内核，这个函数的参数中：

（1）第一个参数 Ellipse 为输出的椭圆结构区域；

（2）第二个参数 Row 为输入椭圆中心行坐标；

（3）第三个参数 Column 为输入椭圆中心列坐标；

（4）第四个参数 Phi 为椭圆的长轴与 x 轴的夹角，范围为 $-\pi/2 \sim \pi/2$；

（5）第五个参数 Radius1 为椭圆的长轴；

（6）第六个参数 Radius2 为椭圆的短轴。

使用 gen_region_polygon 函数来生成多边形结构内核，这个函数的参数中：

（1）第一个参数 Region 为输出的多边形结构内核区域；

（2）第二个参数 Rows 为多边形的角点的行坐标组；

（3）第三个参数 Columns 为多边形的角点的列坐标组。

在 HALCON 当中，使用 dilation1 函数来实现膨胀变换，这个函数的参数中：

（1）第一个参数 Region 为要进行膨胀的区域；

（2）第二个参数 StructElement 为结构内核区域；

（3）第三个参数 RegionDilation 为膨胀后的区域；

（4）第四个参数 Iterations 为迭代的次数。

使用 dilation2 函数来实现可以改变结构内核锚点的膨胀，这个函数的参数中：

（1）第一个参数 Region 为要进行膨胀的区域；

（2）第二个参数 StructElement 为结构内核区域；

（3）第三个参数 RegionDilation 为膨胀后的区域；

（4）第四个参数 Row 为锚点的行坐标；

（5）第五个参数 Column 为锚点的列坐标；

（6）第六个参数 Iterations 为迭代的次数。

使用 dilation_circle 函数来实现以圆为结构内核的膨胀，这个函数的参数中：

（1）第一个参数 Region 为要进行膨胀的区域；

（2）第二个参数 RegionDilation 为膨胀后的区域；

（3）第三个参数 Radius 为圆形内核的半径。

使用 dilation_rectangle1 函数来实现以长方形为结构内核的膨胀，这个函数的参数中：

（1）第一个参数 Region 为要进行膨胀的区域；

（2）第二个参数 RegionDilation 为膨胀后的区域；

（3）第三个参数 Width 为结构内核的宽度；

（4）第四个参数 Height 为结构内核的高度。

11.1.2　腐蚀

腐蚀是把结构内核滑过图像,取最小值来代替锚点的值,计 A 被 B 腐蚀的数学表达式为

$$A\Theta B$$

图 11-3 所示是腐蚀示意图。

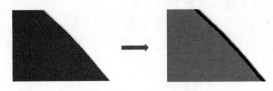

图 11-3　腐蚀示意图

可以看到,左图区域腐蚀为右侧区域,这是腐蚀的直观表现。腐蚀用来消除小块区域和细长的区域。

在 HALCON 中使用 erosion1 函数来实现腐蚀操作,这个函数的参数中:

(1) 第一个参数 Region 为要进行腐蚀的区域;

(2) 第二个参数 StructElement 为结构内核区域;

(3) 第三个参数 RegionErosion 为腐蚀后的区域;

(4) 第四个参数 Iterations 为迭代的次数。

使用 erosion2 函数来实现可以改变结构内核锚点的腐蚀,这个函数的参数中:

(1) 第一个参数 Region 为要进行膨胀的区域;

(2) 第二个参数 StructElement 为结构内核区域;

(3) 第三个参数 RegionErosion 为膨胀后的区域;

(4) 第四个参数 Row 为锚点的行坐标;

(5) 第五个参数 Column 为锚点的列坐标;

(6) 第六个参数 Iterations 为迭代的次数。

使用 erosion_circle 函数来实现以圆为结构内核的腐蚀,这个函数的参数中:

(1) 第一个参数 Region 为要进行腐蚀的区域;

(2) 第二个参数 RegionErosion 为腐蚀后的区域;

(3) 第三个参数 Radius 为圆形内核的半径。

使用 erosion_rectangle1 函数来实现以长方形为结构内核的腐蚀,这个函数的参数中:

(1) 第一个参数 Region 为要进行腐蚀的区域;

(2) 第二个参数 RegionErosion 为腐蚀后的区域;

(3) 第三个参数 Width 为结构内核的宽度;

(4) 第四个参数 Height 为结构内核的高度。

11.1.3　开运算

开运算是先腐蚀再膨胀,利用结构元素 B 对 A 进行开运行的数学表达式为

$$A \circ B = (A \Theta B) \oplus B$$

开运算能够使得图像边缘变得平滑,消除毛刺和狭窄的连接,但是又可以保持本体区域大小不变。图 11-4 所示是开运算示意图。

图 11-4　开运算示意图

图 11-4 中原来的凸包区域进行开运算之后被消除了,留下了右图的浅色区域,其他区域边缘的大体形状还能保持不变。如果重复进行开运算,结果是不变的。

在 HALCON 中使用 opening 函数来实现开运算,这个函数的参数中:

(1) 第一个参数 Region 为要进行开运算的区域;

(2) 第二个参数 StructElement 为结构内核区域;

(3) 第三个参数 RegionOpening 为开运算后的区域。

使用 opening_circle 来实现圆形结构内核的开运算,这个函数的参数中:

(1) 第一个参数 Region 为要进行开运算的区域;

(2) 第二个参数 RegionOpening 为开运算后的区域;

(3) 第三个参数 Radius 为圆形结构内核的半径。

使用 opening_rectangle1 来实现矩形结构内核的开运算,这个函数的参数中:

(1) 第一个参数 Region 为要进行开运算的区域;

(2) 第二个参数 RegionOpening 为开运算后的区域;

(3) 第三个参数 Width 为矩形内核的宽度;

(4) 第四个参数 Height 为矩形内核的高度。

11.1.4　闭运算

闭运算是先膨胀再腐蚀,利用结构元素 B 对 A 进行闭运行的数学表达式为

$$A \cdot B = (A \oplus B) \Theta B$$

闭运算能够填补小型黑洞,并连接区域。图 11-5 所示是闭运算的示意图。

可以看出,图 11-5 中左图中的间隙通过闭运算之后被填补了,区域的其他边界也没有受到影响。

在 HALCON 中使用 closing 函数来实现闭运算,这个函数的参数中:

图 11-5 闭运算的示意图

（1）第一个参数 Region 为要进行闭运算的区域；

（2）第二个参数 StructElement 为结构内核区域；

（3）第三个参数 RegionOpening 为闭运算后的区域。

使用 closing_circle 函数来实现圆形结构内核的闭运算，这个函数的参数中：

（1）第一个参数 Region 为要进行闭运算的区域；

（2）第二个参数 RegionClosing 为闭运算后的区域；

（3）第三个参数 Radius 为圆形结构内核的半径。

使用 closing_rectangle1 来实现矩形结构内核的闭运算，这个函数的参数中：

（1）第一个参数 Region 为要进行闭运算的区域；

（2）第二个参数 RegionClosing 为闭运算后的区域；

（3）第三个参数 Width 为矩形内核的宽度；

（4）第四个参数 Height 为矩形内核的高度。

11.1.5 形态学梯度

形态学梯度是膨胀图与腐蚀图之差，数学表达式为

$$D = A \oplus B - A \ominus B$$

形态学梯度可以获取图像区域的边缘轮廓。图 11-6 所示是形态学梯度的示意图。

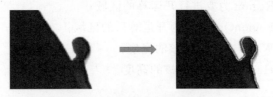

图 11-6 形态学梯度的示意图

从图 11-6 中可以看到，通过形态学梯度把复杂的毛刺轮提取出来，结果如图 11-6 的右图区域所示。

在 HALCON 中，使用 boundary 函数来实现形态学梯度，这个函数的参数中：

（1）第一个参数 Region 是输入的要进行形态学梯度计算的区域；

（2）第二个参数 RegionBorder 是完成形态学梯度计算的区域；

（3）第三个参数 BoundartType 是进行形态学梯度计算的方式。

计算的方式有如下三种：

（1）inner：计算的轮廓线在原来的区域内；

（2）inner_filled：轮廓线位于原始区域内，输入区域内部的孔洞被抑制；

（3）outer：轮廓是将原始区域外扩一像素得到的。

11.1.6　击中与击不中

击中与击不中运算有两个结构内核，一个用于前景击中，另一个用于背景击不中。首先，使用结构内核 1 对输入区域进行侵蚀，然后使用结构内核 2 对输入区域的补码进行侵蚀。两个结果区域的交集是击中与击不中的结果。可以这样理解，区域在任意位置都满足，结构内核 1 包含在区域内，区域不完全包含结构内核 2，即击中；若不满足，即击不中。通过设置击中与击不中的内核来筛选特殊形状的区域。击中与击不中的数学表达式为

$$A * B = (A\Theta E) \bigcap (A^{C}\Theta F)$$

图 11-7 所示是击中与击不中类型的示意图。

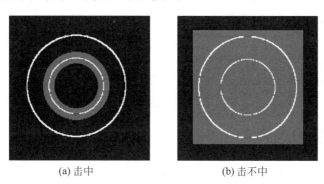

(a) 击中　　　　　　　　　　(b) 击不中

图 11-7　击中与击不中类型的示意图

图 11-7 中，内圈为结构内核 1，外圈为结构内核 2，阴影部分为输入区域。可以看到，图 11-7(a) 的阴影部分包含结构内核 1，不包含结构内核 2；而图 11-7(b) 的阴影部分包含结构内核 1，和结构内核 2 也有交集。

击中与击不中可以帮助区分区域的形状。

在 HALCON 中使用 hit_or_miss 函数来实现击中与击不中，这个函数的参数中：

（1）第一个参数 Region 为输入的需要进行击中与击不中运算的区域；

（2）第二个参数 StructElement1 为输入的结构内核 1；

（3）第三个参数 StructElement2 为输入的结构内核 2；

（4）第四个参数 RegionHitMiss 为输出的击中与击不中的运算结果区域；

（5）第五个参数 Row 为结构区域的中心锚点的行坐标；

（6）第六个参数 Column 为结构区域的中心锚点的列坐标。

11.1.7 顶帽运算

顶帽是原图与开运算图之差,利用 B 结构内核对 A 进行顶帽运算,顶帽 C 的数学表达式为

$$C = A - (A \circ B)$$

顶帽的示意图如图 11-8 所示。

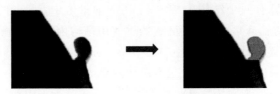

图 11-8 顶帽的示意图

可以看到,区域进行了顶帽运算之后,区域的毛刺被保留了下来,所以顶帽运算的作用是可以提取边缘的毛刺和区域的裂隙。

在 HALCON 中,使用 top_hat 函数来实现顶帽运算,这个函数的参数中:

(1) 第一个参数 Region 为要进行顶帽运算的区域;

(2) 第二个参数 StructElement 为结构内核区域;

(3) 第三个参数 RegionTopHat 为顶帽运算后的区域。

11.1.8 底帽运算

底帽是闭运算图与原图之差,利用 B 结构内核对 A 进行底帽运算,底帽 C 的数学表达式为

$$C = A - (A \bullet B)$$

图 11-9 所示是底帽运算的示意图。

图 11-9 底帽运算的示意图

图像经过底帽运算之后,缝隙和沟壑区域保留下来,底帽运算的作用是可以获得区域的缝隙和沟壑。

在 HALCON 中,使用 bottom_hat 函数来实现底帽运算,这个函数的参数中:

(1) 第一个参数 Region 为要进行底帽运算的区域;

(2) 第二个参数 StructElement 为结构内核区域;

（3）第三个参数 RegionBottomHat 为底帽运算后的区域。

11.1.9 区域骨骼

骨骼可以理解为一个区域的内轴，它描述了一个区域形状的拓扑结构，计算骨骼的过程一般称为"细化"，通过骨骼可以更直观地描述一个区域。骨骼上面的每个点可以看作区域内的极大半径的圆的中心点，同时仍然完全包含在这个区域内。骨骼运算在检测工业零件、字符识别和图形简化中起到关键的作用。

二值图像 A 的骨骼运算可以通过选择合适的结构元素 B，然后让 B 对 A 进行连续的腐蚀和开运算来求取，$S(A)$ 为区域 A 的骨骼。则骨骼运算的表达式为

$$S(A)=S(A)\bigcup_{k=0}^{K}(A\Theta kB)-(A\Theta kB)\circ B$$

其中，$K=\max\{n\,|\,(A\Theta kB)\neq\phi\}$，$n$ 为 A 的第 n 个骨骼子集；$A\Theta kB$ 表示 B 对 A 进行 k 次腐蚀。

图 11-10 所示是骨骼运算的示意图。

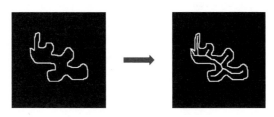

图 11-10 骨骼运算的示意图

在 HALCON 中，使用 skeleton 函数来实现骨骼运算，这个函数参数中：

（1）第一个参数 Region 为要进行骨骼运算的区域；

（2）第二个参数 Skeleton 为已进行骨骼运算的区域。

通过下面的 HALCON 实例具体说明这些形态学是如何运算的。

```
＊读取图像
read_image(Image, 'a01.png')
＊阈值分割
threshold(Image, Region, 0, 60)
＊生成结构内核
gen_rectangle1(StructElement, 0, 0, 3, 6)

＊＊＊膨胀
＊定义锚点和结构内核的膨胀
dilation2(Region,StructElement, RegionDilation, 0, 0, 1)
  ＊定义结构内核的膨胀
dilation1(Region,StructElement, RegionDilation1, 1)
  ＊圆形膨胀
```

```
dilation_circle(Region, RegionDilation2, 5.5)
* 方形膨胀
dilation_rectangle1(Region, RegionDilation3, 11, 11)


*** 腐蚀
* 定义锚点和结构内核的腐蚀
erosion2(Region,StructElement, RegionErosion, 0, 0, 1)
* 定义结构内核的腐蚀
erosion1(Region,StructElement, RegionErosion1, 1)
* 圆形腐蚀
erosion_circle(Region, RegionErosion2, 2.5)
* 方形腐蚀
erosion_rectangle1(Region, RegionErosion3, 5, 5)


*** 闭运算
* 定义结构内核的闭运算
closing(Region,StructElement, RegionClosing)
* 圆形闭运算
closing_circle(Region, RegionClosing1, 3.5)
* 方形闭运算
closing_rectangle1(Region, RegionClosing2, 7, 7)


*** 开运算
* 定义结构内核的开运算
opening(RegionClosing1,StructElement, RegionOpening)
* 圆形开运算
opening_circle(RegionClosing1, RegionOpening1,15)
* 方形开运算
opening_rectangle1(RegionClosing1, RegionOpening2, 31, 31)


*** 形态学梯度
* 获取边缘
boundary(RegionClosing1,RegionBorder, 'inner')


*** 击中与击不中
* 生成区域圆
gen_circle(Circle1, 200, 200, 50)
* 获取边界生成结构内核 1
boundary(Circle1, RegionBorder1, 'inner')
* 生成区域圆
gen_circle(Circle2, 200, 200, 90)
* 获取边界生成结构内核 2
boundary(Circle2, RegionBorder2, 'inner')
* 生成区域圆
gen_circle(Circle3, 200, 200, 60)
* 生成区域圆
gen_circle(Circle4, 200, 200, 40)
```

* 生成区域环形
difference(Circle3, Circle4, RegionDifference1)
* 测试环形的击中与击不中特性
hit_or_miss(RegionDifference1, RegionBorder1, RegionBorder2, RegionHitMiss, 200, 200)
* 生成矩形
gen_rectangle1(Rectangle2, 100, 100, 300,300)
* 测试矩形的击中与击不中特性
hit_or_miss(Rectangle2, RegionBorder1, RegionBorder2, RegionHitMiss1, 200, 200)

*** 顶帽
* 创建结构内核
gen_rectangle1(Rectangle, 0, 0, 3, 3)
* 定义结构内核的顶帽
top_hat(Region, Rectangle, RegionTopHat)

*** 底帽
* 创建结构内核
gen_rectangle1(Rectangle1, 0, 0, 19, 19)
* 定义结构内核的底帽
bottom_hat(Region, Rectangle, RegionBottomHat)

*** 骨骼
* 创建骨骼区域
skeleton(Region, Skeleton)

********************* 实例 *********************
* 读取图像
read_image(Image1, 'fin2.png')
* 阈值分割
threshold(Image1, Region1, 0, 70)
* 闭运算填充
closing_circle(Region1, RegionClosing3, 3.5)
* 开运算去毛刺
opening_circle(RegionClosing3, RegionOpening4, 1.5)
* 生成结构内核
gen_circle(Circle, 200, 200, 15)
* 顶帽获取凸包区域
top_hat(RegionOpening4, Circle, RegionTopHat1)
* 分离非连通区域
connection(RegionTopHat1,ConnectedRegions)
* 筛选凸包
select_shape(ConnectedRegions, SelectedRegions, 'area', 'and', 150, 99999)
* 去除凸包轮廓
difference(RegionOpening4,SelectedRegions, RegionDifference)
* 显示原图
dev_display(Image1)
* 显示的凸包区域

```
dev_display(SelectedRegions)
* 显示原图
dev_display(Image1)
* 显示的原始区域
dev_display(RegionDifference)
```

11.2　区域填充

区域填充是指把封闭的区域中心填充起来，达到边界转换为实体区域的效果。

图 11-11 所示是区域填充的示意图。

图 11-11　区域填充的示意图

A 表示一个集合，其区域是一个边界，边界当中包含一个空洞，获取到空洞中的一个点，然后通过这个点填充整个区域。填充区域的数学表达式如下：

$$X_k = (X_{k-1} \oplus B) \bigcap A^C$$

其中，B 是结构内核；X_k 表示算法迭代到第 k 步时的填充区域；A^C 表示 A 区域的补集。

填充的流程如下：

（1）获取边界区域中的一个点，区域的补集；

（2）准备结构内核 B；

（3）迭代腐蚀区域，然后和 A 的补集求交集，直到区域不再变化；

（4）填充区域和 A 求交集，得到填充后的区域。

图 11-12 所示是填充过程的示意图。

填充结果的示意图如图 11-13 所示。

在 HALCON 中使用 fill_up 函数来实现填充功能，这个函数的参数中：

（1）第一个参数 Region 为输入需要填充的区域；

（2）第二个参数 RegionFillUp 为填充后的区域。

使用 fill_up_shape 实现可以筛选填充区域的填充功能，这个函数的参数中：

（1）第一个参数 Region 为输入需要填充的区域；

（2）第二个参数 RegionFillUp 为填充后的区域；

（3）第三个参数 Feature 为筛选的条件；

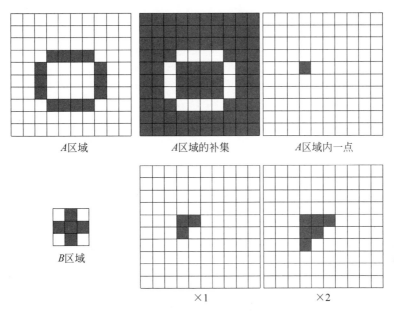

图 11-12　填充过程的示意图

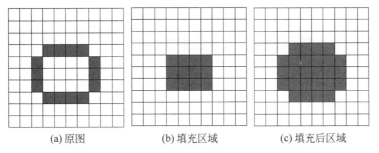

(a) 原图　　　　　(b) 填充区域　　　　　(c) 填充后区域

图 11-13　填充结果示意图

（4）第四个参数 Min 为条件最小值；

（5）第五个参数 Max 为条件最大值。

填充的条件说明可以参照区域的特征相关章节。

填充的 HALCON 实例如下：

```
* 关闭窗口
dev_close_window()
* 读取图像
read_image(Image, 'logo 头.png')
* 获取图像尺寸
get_image_size(Image, Width, Height)
* 创建窗口
dev_open_window(0, 0, Width, Height, 'black', WindowHandle)
```

```
* 显示图像
dev_display(Image)
* 阈值分割
threshold(Image, Region, 128, 250)
* 区域独立
connection(Region,ConnectedRegions)
* 筛选最大面积区域
select_shape_std(ConnectedRegions, SelectedRegions, 'max_area', 70)
* 填充区域
fill_up(SelectedRegions, RegionFillUp)
* 显示区域
dev_display(RegionFillUp)
* 按条件填充区域
fill_up_shape(SelectedRegions, RegionFillUpShape, 'area', 1, 100)
* 显示区域
dev_display(RegionFillUpShape)
```

区域填充运行的结果如图 11-14 所示。

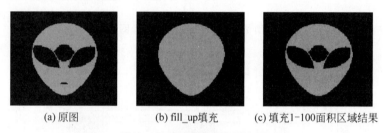

(a) 原图   (b) fill_up填充   (c) 填充1-100面积区域结果

图 11-14　区域填充运行结果

11.3　区域裁切

区域裁切是通过给定的条件,把区域的某一部分去除,达到获取局部区域的目的。

1. 矩形区域裁切

矩形区域裁切是通过设置一个矩形区域,裁切原有的区域。图 11-15 所示为矩形区域的裁切。

图 11-15 中可以看到,圆形区域的右下角,已经被裁切为直角。

在 HALCON 中使用 clip_region 来实现区域的矩形裁切,这个函数的参数中:

(1) 第一个参数 Region 为输入需要裁切的区域;

(2) 第二个参数 RegionClipped 为裁切后的区域;

(3) 第三个参数 Row1 为矩形左上角行坐标;

(4) 第四个参数 Column1 为矩形左上角列坐标;

(5) 第五个参数 Row2 为矩形右下角行坐标;

(a) 原图　　　　　　　　　(b) 裁切后图片

图 11-15　矩形区域的裁切

（6）第六个参数 Column2 为矩形右下角列坐标。

2．边缘裁切

通过裁切区域最小矩形附近的部分来裁切区域。具体而言，表示该区域的裁切是从最小矩形的边缘开始的。裁切区域是通过顶部、底部、左侧和右侧四个方向的轴向平行线来完成的，如图 11-16 所示。

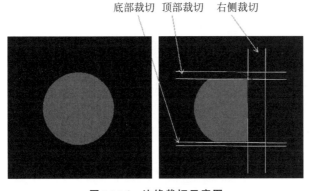

图 11-16　边缘裁切示意图

可以看出，通过四面的裁切，实现了圆形的边缘裁切。

在 HALCON 中，使用 clip_region_rel 来实现区域的边缘裁切，这个函数的参数中：

（1）第一个参数 Region 为输入需要裁切的区域；

（2）第二个参数 RegionClipped 为裁切后的区域；

（3）第三个参数 Top 为顶部裁切数值；

（4）第四个参数 Bottom 为底部裁切数值；

（5）第五个参数 Left 为左侧裁切数值；

（6）第六个参数 Right 为右侧裁切数值。

11.4　区域延伸

区域延伸是指填充输入区域之间的间隙,它可以抑制小区域或分隔重叠区域。区域延伸通过向一个区域添加或删除一像素宽的"条"来实现。

扩展发生在指定的区域。迭代次数由参数决定,可以不限次迭代,直到区域不再发生变化。图 11-17 所示是区域延伸示意图。

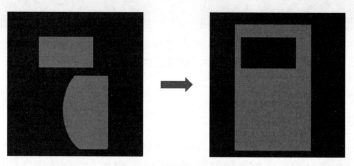

图 11-17　区域延伸示意图

延伸非矩形区域,设置区域不能进入矩形区域,非矩形区域每次以一像素的步长向四周扩展,迭代次数不限,得到最后的延伸结果。

在 HALCON 中,使用 expand_region 函数来实现区域的延伸,这个函数的参数中:

(1) 第一个参数 Regions 为输入的区域;

(2) 第二个参数 ForbiddenArea 为禁止延伸的区域;

(3) 第三个参数 RegionExpanded 为延伸后的区域;

(4) 第四个参数 Iterations 为延伸区域迭代次数;

(5) 第五个参数 Mode 为延伸模式。

延伸模式分为两种:图像模式和区域模式。

1) 图像模式

图像模式用于两个区域不重合的情况,输入区域被迭代地展开,直到它们接触到另一个区域或图像边界。如果次数为不限制扩展次数,则会填充全部区域。图像模式下进行延伸的结果如图 11-18 所示。

图 11-18　图像模式下进行延伸的结果

2) 区域模式

区域模式用于两个区域重合的情况,在这种模式下不执行输入区域的扩展,而是将两个区域的重叠区域均匀地分布到各个区域。如果有分割不完整的情况,可以再次使用 expand_region 来解决这一问题。区域模式下进行延伸的结果如图 11-19 所示。

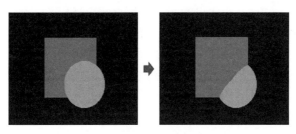

图 11-19　区域模式下进行延伸的结果

11.5　分割边界区域

分割边界区域是将一像素宽的无分支区域表示的线框,根据线框的曲率把它分割成更短的线。如果一条直线上的一个点到连接其首尾端点的连接线段的最大距离大于某个值,则该直线在该点被分割。

图 11-20 所示是分割边界区域的示意图。

图 11-20　分割边界区域的示意图

从图 11-20 中可以看到原先的矩形区域,通过分割边界处理后,被分为 4 条直线[①]。分割点为矩形的角点,因为在矩形角点的位置,图形的曲率变换较大,所以在角点处进行了分割。

在 HALCON 当中使用 split_skeleton_region 函数和 split_skeleton_lines 函数来实现区域的边界分割。第一个函数返回分割后的区域,第二个函数返回分割后区域线段的起始点和终止点的行列坐标。

split_skeleton_region 函数的参数中:

(1) 第一个参数 SkeletonRegion 为输入的需要进行分割的图像;

(2) 第二个参数 RegionLines 为输出的分割后的区域;

---

① 即为矩形的 4 条边。由于本书采用单色印刷,仅以不同灰度的方式呈现。

（3）第三个参数 MaxDistance 为两个端点之间的连线点到线段的最大距离。

split_skeleton_lines 函数的参数中：

① 第一个参数 SkeletonRegion 为输入的需要进行分割的图像；

② 第二个参数 MaxDistance 为两个端点之间的连线点到线段的最大距离；

③ 第三个参数 BeginRow 为输出的线段开始点的行坐标；

④ 第四个参数 BeginCol 为输出的线段开始点的列坐标；

⑤ 第五个参数 EndRow 为输出的线段终止点的行坐标；

⑥ 第六个参数 EndCol 为输出的线段终止点的列坐标。

11.6　区域形状转换

可以通过对区域的长、宽、矩等信息的计算来获取区域的信息，再通过这些信息把区域转换成相关的其他形状的区域。转换类型一般包括凸型区域、椭圆区域、外接圆区域、最大内接矩形、内接圆、最小外接矩形和水平外接矩形等。

图 11-21 所示是各种区域转换示意图。

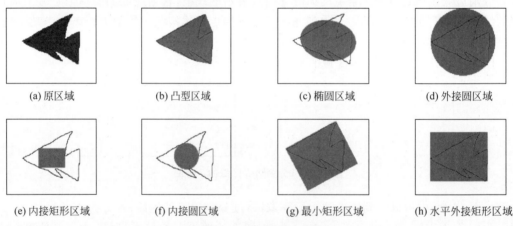

(a) 原区域　　　　(b) 凸型区域　　　　(c) 椭圆区域　　　　(d) 外接圆区域

(e) 内接矩形区域　　(f) 内接圆区域　　(g) 最小矩形区域　　(h) 水平外接矩形区域

图 11-21　区域转换示意图

从图 11-21 可以看到，图像的原始区域是浅色的鱼状区域，后面转换的区域为深色实心区域，浅色边框是辅助观察深色区域变换的。

区域的转换可以帮助获取到期望的区域，例如一些工业产品中本来是标准图形，由于加工或者拍摄的问题，导致形状发生变化。可以通过区域的变换来实现修复的作用。

在 HALCON 中使用 shape_trans 函数来实现区域的转换，这个函数的参数中：

（1）第一个参数 Region 为输入的待转换区域；

（2）第二个参数 RegionTrans 为转换后的区域；

（3）第三个参数 Type 为转换的方式。

转换的方式说明如下：

（1）convex：转换为凸包。

（2）elipse：与输入区域的矩和面积相同的椭圆。

（3）outer_circle：最小的封闭圆形。

（4）inner_circle：这个区域最大的内接圆。

（5）rectangle1：平行于坐标轴的最小外接矩形。

（6）rectangle2：最小的封闭外接矩形。

（7）inner_rectangle1：最大的轴向平行内接矩形。

（8）inner_center：在输入区域骨骼上与输入区域重心距离最小的点。

11.7　区域排序

区域排序是根据区域的相对位置进行排序。排序方法一般是使用该区域的一个点来代表区域，这个点可以由多种方式获得，如左上角点等；然后根据排序的规则，如以行坐标大小排序、以列坐标大小排序等方式来进行排序；排序之后，多个区域的顺序依照轨迹排列整齐。区域排列的效果如图 11-22 所示。

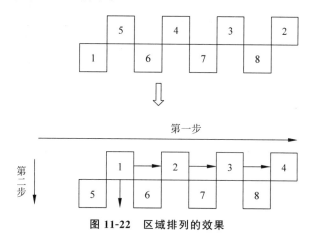

图 11-22　区域排列的效果

图 11-22 中区域的排列顺序如数字注明，通过以左上角点为区域代表，然后通过以点的行坐标从小到大排序，以列坐标从小到大作为第二辅助规则来进行排序，顺序用数字标识。

在 HALCON 中使用 sort_region 函数来实现区域排序，这个函数的参数中：

（1）第一个参数 Regions 为输入的区域集；

（2）第二个参数 SortedRegions 为排序后的区域集；

（3）第三个参数 SortMode 表示使用哪个点来代替区域；

（4）第四个参数 Order 排序方式是顺序排列还是倒序排列，从小到大为顺序排序；

（5）第五个参数 RowOrCol 为排序的规则，以行为优先排序标识或列为优先排序标识。

综合上述区域转换,使用下面的 HALCON 程序详细说明该函数的具体使用方法。

```
** 创建矩形区域
gen_rectangle1(Rectangle, 30, 20, 100, 200)

** 裁切区域
* 生成圆区域
gen_circle(Circle, 200, 200, 100.5)
* 生成裁切矩形
gen_rectangle1(Rectangle1, 0, 0, 256, 256)
* 裁切区域
clip_region(Circle, RegionClipped, 0, 0, 256, 256)
* 生成边缘裁切
clip_region_rel(Circle, RegionClipped1, 20, 10, 0, 50)

** 区域延伸
expand_region(RegionClipped1, Rectangle, RegionExpanded, 'maximal', 'image')
* 生成区域
gen_rectangle1(Rectangle2, 185, 185, 200, 200)
* 联合区域
concat_obj(Rectangle1, Circle, ObjectsConcat)
* 区域延伸
expand_region(ObjectsConcat, Rectangle2, RegionExpanded1, 'maximal', 'region')

** 分割边界区域
* 读取区域
read_region(Region, 'drawRegion.hobj')
* 获取区域骨骼
skeleton(Region, Skeleton)
* 分割区域线
split_skeleton_lines(Region, 5, BeginRow, BeginCol, EndRow, EndCol)
* 生成区域分割线
gen_region_line(RegionLines2, BeginRow, BeginCol, EndRow, EndCol)
* 分割区域边界
split_skeleton_region(Region, RegionLines1, 5)

** 形状转换
shape_trans(Region, RegionTrans, 'convex')

** 排序区域
sort_region(RegionLines1, SortedRegions, 'upper_left', 'true', 'row')
```

## 第 12 章

区域特征提取与分析运算

12.1 区域特征

1. 独立区域

独立区域是和其他区域没有形成 8 连通(4 连通视规则而定)的区域。图 12-1 所示是独立区域的示例图,数字表明独立区域的个数。

4   3   3   2   2

图 12-1　独立区域

在 HALCON 中,使用 connection 函数来独立区域,通过 count_obj 函数统计区域的个数。

在 connection 函数的参数中:

(1) 第一个参数 Region 为输入的区域;

(2) 第二个参数 ConnectedRegion 为各自独立的区域组。

在 count_obj 函数的参数中:

(1) 第一个参数 Objects 为输入的区域;

(2) 第二个参数 Number 为统计的区域个数。

2. 孔洞

孔洞是包含在区域内,和外界没有 4 连通的区域。图 12-2 所示是孔洞区域的示意图,数字表明孔洞的个数。

在 HALCON 中使用 connect_and_holes 函数来统计空洞的个数,这个函数也会统计独立区域的个数。这个函数的参数中:

4   3   2   2   1

图 12-2　孔洞区域的示意图

（1）第一个参数 Regions 为输入的区域；

（2）第二个参数 NumConnected 为统计的独立区域的个数；

（3）第三个参数 NumHoles 为统计的孔洞的个数。

可以结合使用 fill_up 和 difference 来获取孔洞区域：先对区域进行填充，然后使用填充后的区域减去原始区域。

3. 圆度

圆度可由一个区域的面积除以这个区域的外接圆面积得到，数学表达式如下：

$$c = \frac{A}{r^2 \pi}$$

其中，A 为区域面积；r 为外接圆半径。

圆度可以用来描述一个区域的圆形相似度，在区域筛选时圆度是一个重要的区域特征。

在 HALCON 中使用 circularity 函数来计算区域的圆度，这个函数的参数中：

（1）第一个参数 Regions 为输入的区域；

（2）第二个参数 Circularity 为计算的圆度。

4. 区域周长

区域周长描述的是区域的外边界的长度。描述区域周长时，水平垂直方向为 1 个单位，对角方向为 $\sqrt{2}$ 个单位。图 12-3 是区域周长的示意图，其中最外侧边线描述的是区域周长的位置。

在 HALCON 中使用 contlength 函数来计算区域的周长，这个函数的参数中：

（1）第一个参数 Regions 为输入的区域；

（2）第二个参数 ContLength 为计算的区域周长。

图 12-3　区域周长的
示意图

5. 紧密度

紧密度描述一个区域的紧密程度，值越大，区域越圆润；值越小，区域越扁长。其计算方式是用面积与周长的关系来进行计算，公式如下。如果图形为一个圆形，那么紧密度为 1。

$$c = \frac{L^2}{4F\pi}$$

其中，L 为轮廓长；F 为区域面积。

在 HALCON 中使用 compactness 函数来计算区域的紧密度，这个函数的参数中：

(1) 第一个参数 Regions 为输入的区域；

(2) 第二个参数 Compactness 为紧密度的计算值。

6. 凸性

凸性描述区域空洞和边缘凹陷的情况，凸性越大，图形边缘凹陷越小，反之越大。凸性的计算方式如下：

$$c = \frac{A_c}{F}$$

其中，A_c 为区域转换为凸多边形的面积；F 原始区域的面积。

在 HALCON 中使用 convexity 来计算区域的凸性，这个函数的参数中：

(1) 第一个参数 Regions 为输入的区域；

(2) 第二个参数 Convexity 为凸性的计算值。

7. 区域最远距离

区域最远距离计算的是区域当中最远的两个点的距离，如图 12-4 所示。可以看到，图形中两个箭头描述的距离为"区域最远距离"，它和描述区域的长宽不一样——长和宽分别是区域在 x 轴和 y 轴上的投影，而"区域最远距离"描述的是区域中最宽的位置。

图 12-4　区域最远距离示意图

在 HALCON 中使用 diameter_region 函数来计算区域的最大距离，这个函数的参数中：

(1) 第一个参数 Regions 为输入的区域；

(2) 第二个参数 Row1 为区域最大距离的第一个点的行坐标；

(3) 第三个参数 Column1 为区域最大距离的第一个点的列坐标；

(4) 第四个参数 Row2 为区域最大距离的第二个点的行坐标；

(5) 第五个参数 Column2 为区域最大距离的第二个点的列坐标；

(6) 第六个参数 Diameter 为区域的最大距离值。

8. 椭圆度

椭圆度描述的是区域和椭圆的相似程度，通过计算等效椭圆的面积和原始区域的面积的比值得到，计算公式如下：

$$b = \frac{A_c}{F}$$

其中，A_c 为区域转换为等效椭圆的面积；F 为原始区域的面积。

在 HALCON 中使用 eccentricity 函数来计算区域的椭圆度，这个函数的参数中：

（1）第一个参数 Regions 为输入的区域；

（2）第二个参数 Anisometry 为等距性的计算值，等距性的计算方式是 Ra/Rb；

（3）第三个参数 Bulkiness 为椭圆度的计算值；

（4）第四个参数 StructureFactor 为结构因子计算值，计算方式为 Anisometry × Bulkiness－1。

9. 区域方向

区域方向是用等效椭圆的长轴方向来描述的。在 HALCON 当中，区域的方向的角度范围为 $-90°\sim+90°$。图 12-5 所示的直线方向就是区域的方向。

图 12-5　区域的方向

在 HALCON 中使用 elliptic_axis 来计算区域的方向，这个函数的参数中：

（1）第一个参数 Regions 为输入的区域；

（2）第二个参数 Ra 为等效椭圆的长半轴；

（3）第三个参数 Rb 为等效椭圆的短半轴；

（4）第四个参数 Phi 为等效椭圆的方向，即区域方向。

10. 欧拉计数

欧拉计数是计算非连通区域的个数和区域孔洞的个数的差，欧拉计算一般用来描述空间完整性。图 12-6 所示是欧拉计数示意图，图中的数字就是对应区域的欧拉计算。

| 2 | 1 | －1 | －2 |

图 12-6　欧拉计数示意图

在 HALCON 中使用 euler_number 函数来计算区域的欧拉计数，这个函数的参数中：

（1）第一个参数 Regions 为输入的区域；

（2）第二个参数 EulerNumber 为欧拉计数的计算值。

区域特征获取的实际例子如下：

```
*读取图像
read_image(Image, 'rings_and_nuts.png')
*阈值分割
threshold(Image, Region, 0, 128)
```

**非连通区域分割
connection(Region, ConnectedRegions)
*选择区域
select_obj(ConnectedRegions, ObjectSelected, 6)

**圆度
circularity(ObjectSelected, Circularity)
fill_up(ObjectSelected, RegionFillUp1)
circularity(RegionFillUp1, Circularity1)

**区域的周长
contlength(ObjectSelected, ContLength)

**紧密度
compactness(ObjectSelected, Compactness1)
fill_up(ObjectSelected, RegionFillUp2)
compactness(RegionFillUp2, Compactness)

**非连通区域的个数和空洞个数
connect_and_holes(ObjectSelected, NumConnected, NumHoles)
connect_and_holes(Region, NumConnected1, NumHoles1)

**凸性
*选择区域3
select_obj(ConnectedRegions, ObjectSelected1, 3)
*计算凸性
convexity(ObjectSelected1, Convexity)
convexity(RegionFillUp2, Convexity1)

*最大距离
diameter_region(ObjectSelected1, Row1, Column1, Row2, Column2, Diameter)

**椭圆度
*读取图像
read_image(Image1, 'clip.png')
*阈值分割
threshold(Image1, Region2, 0, 70)
*非连通区域分割
connection(Region2, ConnectedRegions1)
*选择区域
select_obj(ConnectedRegions1, ObjectSelected2, 2)
*计算椭圆度
eccentricity(ObjectSelected2, Anisometry, Bulkiness, StructureFactor)

**区域方向
*获取区域等效椭圆方向

```
elliptic_axis(ObjectSelected2, Ra1, Rb1, Phi1)
* 获取区域中心
area_center(ObjectSelected2, Area, Row1, Column1)
* 生成椭圆主轴
gen_rectangle2(Rectangle, Row1, Column1, Phi1, 200, 1)
* 获取椭圆主轴骨骼
skeleton(Rectangle, Skeleton)

** 欧拉计数
euler_number(ObjectSelected1, EulerNumber)
```

12.2　区域特征筛选

获取到区域的特征值之后，需要对区域的特征进行筛选来获取目标区域。在HALCON中，可以使用 region_features 函数来获取区域特征，这个函数可以代替其他区域的特征函数，通过改变第二个参数的值以获取不同的特征。这个函数的参数中：

(1) 第一个参数 Regions 为输入的区域；

(2) 第二个参数 Features 为区域特征类型；

(3) 第三个参数 Value 为区域特征的值。

获取区域特征之后，可以通过 select_shape 函数来筛选区域特征的值。这个函数的参数中：

(1) 第一个参数 Regions 为输入的区域；

(2) 第二个参数 SelectedRegions 为筛选出来的区域；

(3) 第三个参数 Features 为筛选特征的类型；

(4) 第四个参数 Operation 为多个筛选条件的关系，可选择"与"和"或"；

(5) 第五个参数 Min 为筛选特征的最小阈值；

(6) 第六个参数 Max 为筛选特征的最大阈值。

12.3　区域分析运算

12.3.1　区域运算

1. 区域相交

区域相交就是求取两个区域的交集，即两个区域共有的部分。图 12-7 所示是区域交集的示意图，图中有一个圆形和一个方形，方形和圆形经过区域相交的运行，它们共有的部分用实心深色表示。

在 HALCON 中使用 intersection 来求取区域的交集，这个函数的参数中：

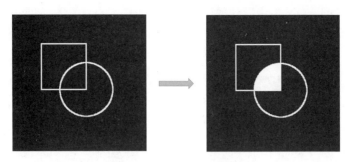

图 12-7 区域交集的示意图

（1）第一个参数 Region1 为输入的第一个区域；

（2）第二个参数 Region2 为输入的第二个区域；

（3）第三个参数 RegionIntersection 为交集区域。

如果两个区域没有交集，那么输出的区域为一个空的区域，

HALCON 中表示为如图 12-8 的图形。

图 12-8 空区域变量图形

2. 区域相减

区域相减就是被减区域减去两个区域的公共部分，然后得到剩下的部分。图 12-9 所示是区域相减的示意图。

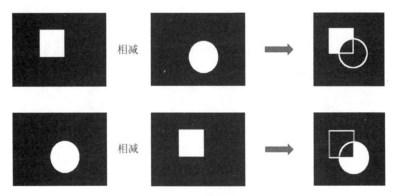

图 12-9 区域相减的示意图

图 12-9 中先用方形减去圆形，得到的是一个缺了圆角的方形，然后使用圆形减去方形，得到一个减去方角的圆形。

在 HALCON 中使用 difference 函数来实现区域的相减，这个函数的参数中：

（1）第一个参数 Region 为被减区域；

（2）第二个参数 Sub 为要减去的区域；

（3）第三个参数 RegionDifference 为差的区域，也就是结果区域。

3. 区域的补集

区域的补集是该区域与整个区域集合的差值，相同的输入区域与不同的区域集合，得到

不同的补集,在 HALCON 当中默认的区域集合为 512×512 像素,如果生成的图像或者区域,或者读取的图像或区域的面积大于 512×512 像素时,区域的集合为最大的图像或区域的面积。图 12-10 所示为区域的补集示意图。

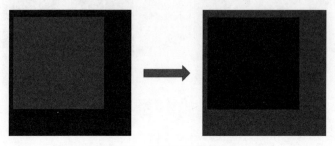

图 12-10　区域的补集示意图

在 HALCON 中,使用 complement 来实现区域的补集计算,这个函数的参数中:

(1) 第一个参数 Region 为输入的区域;

(2) 第二个参数 RegionComplement 为区域的补集。

4. 区域的联合

区域的联合是把多个独立的区域联合成一个区域。图 12-11 所示为区域联合的示意图。

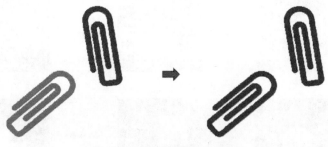

图 12-11　区域联合的示意图

从图 12-11 中可以看到,两个独立的、具有不同灰度的区域,通过联合运算之后,变成了相同的灰度。

在 HALCON 中,使用 union1 和 union2 函数来实现区域的联合,union1 是把一个区域集进行联合,union2 是把两个独立的区域进行联合。union1 的参数中:

(1) 第一个参数 Region 为输入的区域;

(2) 第二个参数 RegionUnion 为联合之后的区域。

union2 的参数中:

(1) 第一个参数 Region1 为输入的第一个区域;

(2) 第二个参数 Region2 为输入的第二个区域;

(3) 第三个参数 RegionUnion 为联合后的区域。

5. 异或区域

异或区域为两个区域进行异或运算,区域重叠的区域为0,不重叠的区域为1,两个区域都不包含的区域为0,值为1的区域为目标区域。图 12-12 所示是异或区域的示意图。

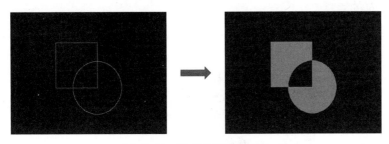

图 12-12 异或区域的示意图

从图 12-12 中看出,使用方向和圆形来求区域的异或,左图即原图用线框表示区域,右图是区域异或运算后的结果。

在 HALCON 中使用 symm_difference 函数来实现区域的异或运算,这个函数的参数中:

(1) 第一个参数 Region1 为第一个输入的区域;

(2) 第二个参数 Region2 为第二个输入的区域;

(3) 第三个参数 RegionDifference 为异或运算后的区域。

12.3.2 区域的判断

1. 区域相等

区域相等指的是两个区域完全一样,一般用来判断区域是否与空区域相等来判断区域是否为空。图 12-13 所示为区域相等的示意图。

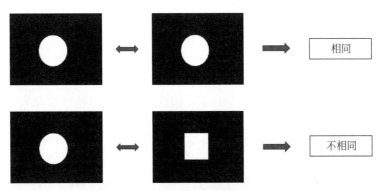

图 12-13 区域相等的示意图

在 HALCON 中使用 test_equal_region 函数来判断区域是否相同,这个函数的参数中:

（1）第一个参数 Region1 为第一个输入的区域；

（2）第二个参数 Region2 为第二个输入的区域；

（3）第三个参数 IsEqual 为判断的结果,相同则结果为 1,不同则结果为 0。

2. 区域内的点

区域内的点用于判断一个点是否在区域内,即判断这个区域是否包含该点。图 12-14 所示是区域内的点的判断示意图。

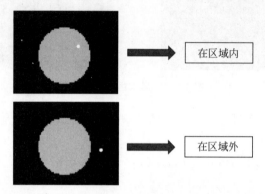

图 12-14　区域内的点的判断示意图

在 HALCON 中使用 test_region_point 函数来判断点是否在区域内,这个函数的参数中:

（1）第一个参数 Regions 为输入的区域；

（2）第二个参数 Row 为要判断的点的行坐标；

（3）第三个参数 Column 为要判断的点的列坐标；

（4）第四个参数 IsInside 为判断的结果,如果点在区域内则结果为 1,不在区域内则结果为 0。

3. 区域子集

区域子集用于判断一个区域是否是另一个区域的子集。如果某个区域完全包含在另一个区域当中,就认为该区域是另一个区域的子集；如果某个区域有一部分不在另一个区域当中,就认为该区域不是另一个区域的子集,图 12-15 所示是区域子集的示意图。

在 HALCON 中,使用 test_subset_region 函数来判断一个区域是否是另一个区域的子集,这个函数的参数中:

（1）第一个参数 Region1 为要测试是否为子集的区域；

（2）第二个参数 Region2 为主体区域；

（3）第三个参数 IsSubset 为判断结果,如果区域 1 为区域 2 的子集,则结果为 1,如不是则结果为 0。

HALCON 区域判断与分析的实例如下:

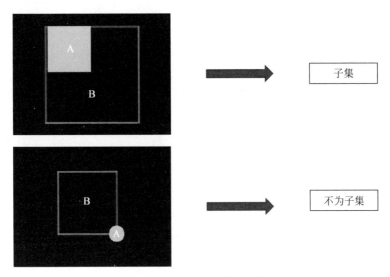

图 12-15 区域子集的示意图

```
*生成第一个矩形
gen_rectangle1(Rectangle, 30, 20, 400, 400)
*获取第一个矩形的边界
boundary(Rectangle, RegionBorder, 'inner')
*生成第二个矩形
gen_rectangle1(Rectangle1, 30, 30, 200, 200)
*获取第二个矩形的边界
boundary(Rectangle1, RegionBorder1, 'inner')
*生成圆
gen_circle(Circle, 200, 200, 100.5)
*生成圆的边界
boundary(Circle, RegionBorder2, 'inner')

**区域相交
intersection(Rectangle1, Circle, RegionIntersection)

*方形区域减去圆形区域
difference(Rectangle1, Circle, RegionDifference1)
*圆形区域减去方形区域
difference(Circle, Rectangle1, RegionDifference2)

**区域的补集
complement(Rectangle, RegionComplement)
*读取图像
read_image(Image, 'printer_chip_01.png')
*区域的补集
complement(Rectangle, RegionComplement)
```

```
**区域联合
read_image(Image1, 'rings_01.png')
* 阈值分割
threshold(Image1, Region, 0, 70)
* 分离非连通区域
connection(Region, ConnectedRegions)
* 选择区域宽度
select_shape(ConnectedRegions, SelectedRegions, 'width', 'and', 0, 300)
* 联合区域
union1(SelectedRegions, RegionUnion)
* 两个区域联合成一个区域
union2(RegionUnion, Circle, RegionUnion1)

**异或区域
symm_difference(Rectangle1, Circle, RegionDifference)

**区域相等
test_equal_region(RegionDifference, Circle, IsEqual)

**区域是否包含点
* 生成点区域
gen_region_points(Points1, [190,202], [209,227])
* 生成圆
gen_circle(Circle1, 200, 200, 20)
* 生成圆的边界
boundary(Circle1, RegionBorder3, 'inner')
* 测试第一个点是否在区域内
test_region_point(Circle1, 190, 209, IsInside1)
* 测试第二个点是否在区域内
test_region_point(Circle1, 202, 227, IsInside2)

**区域 1 是否是区域 2 的子集
* 测试矩形是否为大矩形的子集
test_subset_region(Rectangle1, Rectangle, IsSubset)
* 测试圆是否为大矩形的子集
test_subset_region(Circle1, Rectangle1, IsSubset)
```

## 第 13 章

亚像素数据基础

13.1　亚像素数据的说明

　　根据亚像素数据的功能,可以把亚像素数据称作亚像素精度线。它描述的是亚像素精度的线,即亚像素数据可以描述比像素更小的数据。在应用中,可以用比像素更小的精度来描述物体。图 13-1 显示了一个亚像素轮廓的例子。深色区域为区域的像素边界,线条为亚像素边界。

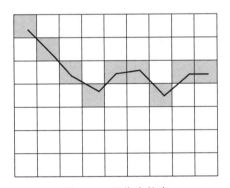

图 13-1　亚像素轮廓

　　需要使用亚像素轮廓表示图像中的轮廓边界,需要把图像的离散表示变成连续表示。当图像连续表示的时候,设置的边界阈值可以与连续的函数相交,交点不一定为整数,大多数情况下是小数,即用亚像素来表示。亚像素一般不能描述区域,只能描述区域的边界。把离散的像素转换为连续的函数时,一般使用双线性差值法来完成这种转换。通过这种转换,图像即为连续的二维函数。图 13-2 所示描述了一个经过双线性内插值变换的像素,该像素的灰度值为 101。

　　图像通过 4 连通区域插值变为连续的函数,图像下方的曲线是灰度值为 100 的交线,往前的灰度值小于 100,往后的灰度值大于 100。

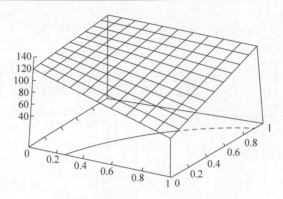

图 13-2　双线性内插值变换的像素

如果在 $2×2$ 的像素中出现了两条线段,这两条线段都会被记为轮廓,一般选取一条线段为起始线段,然后跟踪这条线段,直到这条线段变为闭合的线段。如果闭合的线段里面有孔洞出现,会为孔洞绘制一个单独的轮廓线段。

图 13-3 所示是一个脚针的特写图,在工业中需要获取高精度的脚针尺寸来实现脚针尺寸的判断。这时可以使用亚像素轮廓这种高精度的描述方式。

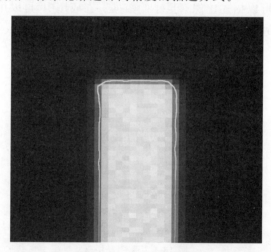

图 13-3　脚针的特写图

深色的边界是脚针的亚像素轮廓,通过亚像素轮廓可以准确地获取到脚针在不同位置的宽度,以实现精准的测量。

13.2　亚像素数据的创建

1. 圆形亚像素数据

可以通过设置关键参数(如圆心和半径)创建出圆形的亚像素数据,图 13-4 所示是通过参数创建的圆形亚像素数据。

图 13-4　通过参数创建的圆形亚像素数据

在 HALCON 中使用 gen_circle_contour_xld 来创建圆形亚像素数据，这个函数的参数中：

（1）第一个参数 ContCircle 为输出的圆形亚像素数据；

（2）第二个参数 Row 为输入的圆心的行坐标；

（3）第三个参数 Column 为输入的圆心的列坐标；

（4）第四个参数 Radius 为输入的圆形的半径；

（5）第五个参数 StartPhi 为起始的角度；

（6）第六个参数 EndPhi 为结束的角度；

（7）第七个参数 PointOrder 为点的顺序，表示是起始到结束，还是结束到起始位置；

（8）第八个参数 Resolution 为相邻点之间的距离，即相邻点的分辨率。

2. 椭圆亚像素数据

可以通过设置关键参数（如圆心和长短轴）创建椭圆的亚像素数据，图 13-5 所示是通过参数创建的椭圆亚像素数据。

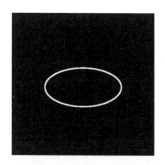

图 13-5　通过参数创建的椭圆亚像素数据

在 HALCON 中使用 gen_ellipse_contour_xld 函数来实现椭圆亚像素数据的创建，这个函数的参数中：

（1）第一个参数 ContEllipse 为输出的椭圆亚像素数据；

（2）第二个参数 Row 为输入的椭圆心的行坐标；

（3）第三个参数 Column 为输入的椭圆心的列坐标；

（4）第四个参数 Phi 为椭圆长轴的方向与 x 轴的夹角，单位是弧度；

（5）第五个参数 Radius1 为输入的长轴半径；

（6）第六个参数 Radius2 为输入的短轴半径；

（7）第七个参数 StartPhi 为起始的角度；

（8）第八个参数 EndPhi 为结束的角度；

（9）第九个参数 PointOrder 为点的顺序，表示是起始到结束，还是结束到起始位置；

（10）第十个参数 Resolution 为相邻点之间的距离，即相邻点的分辨率。

3. 矩形亚像素数据

可以通过定义矩形的两个对角点的坐标来创建矩形的亚像素数据，图 13-6 所示是通过参数创建的矩形亚像素数据。

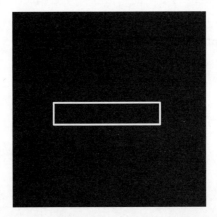

图 13-6　通过参数创建的矩形亚像素数据

在 HALCON 中使用 gen_rectangle2_contour_xld 来实现矩形亚像素数据的创建，这个函数的参数中：

（1）第一个参数 Rectangle 为输出的矩形亚像素数据；

（2）第二个参数 Row 为输入的矩形中心的行坐标；

（3）第三个参数 Column 为输入的矩形中心的列坐标；

（4）第四个参数 Phi 为矩形长轴的方向与 x 轴的夹角，单位是弧度；

（5）第五个参数 Length1 为输入的矩形长轴半径；

（6）第六个参数 Length2 为输入的矩形短轴半径。

4. 非均匀有理 B 样条曲线

可以通过设置参数生成非均匀有理 B 样条曲线，样条曲线是一种在造船和工程制图时用来画出光滑形状的工具。样条是一根柔软但有弹性的长条物,如木尺。将两端和几个点用钉子固定之后,便可以产生顺滑的曲线。图 13-7 所示是样条曲线绘制示意图。非均匀有理 B 样条曲线有以下三个特点。

(1) 非均匀性:指一个控制顶点的控制范围是能够调节的。当需要创建一个不规则曲线的时候能改变控制点的控制范围非常有用。

(2) Rational(有理):指每个非均匀有理 B 样条曲线的点都可以用有理多项式来表达。

(3) B-Spline(B 样条):指构建的一条曲线,曲线内的点可以用内插值来替换。

在 HALCON 中使用 gen_contour_nurbs_xld 函数来实现样条曲线的绘制,这个函数的参数中:

(1) 第一个参数 Contour 为输出的圆形亚像素数据;

(2) 第二个参数 Row 为输入的控制点的行坐标;

(3) 第三个参数 Column 为输入的控制点的列坐标;

(4) 第四个参数 Knots 为控制点的结向量;

(5) 第五个参数 Weights 为控制点的权向量;

(6) 第六个参数 Degree 为曲线的可微性等级;

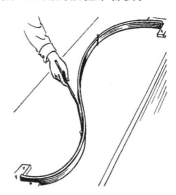

图 13-7 样条曲线绘制示意图

(7) 第七个参数 MaxError 为最大误差;

(8) 第八个参数 MaxDistance 为曲线偏移最大距离。

图 13-8 所示是非均匀有理 B 样条曲线的示意图,图中多边形的角点是样条曲线的控制点,曲线为样条曲线。

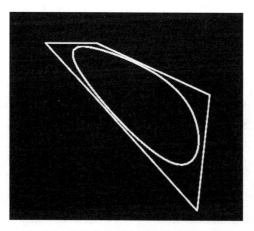

图 13-8 非均匀有理 B 样条曲线的示意图

5. 圆角多边形

圆角多边形是将多边形生成具有圆角的亚像素数据轮廓线,圆角以定义的半径的弧的形式创建。对于多边形的每个顶点,都必须定义相应的半径。在一个封闭多边形的情况下,第一个点和最后一个点必须定义为相等半径。开放多边形的第一点和最后一点的半径可以不相同。图13-9所示是圆角多边形示意图。

图13-9　圆角多边形示意图

在HALCON中使用gen_contour_polygon_rounded_xld函数来实现圆角多边形的创建,这个函数的参数中:

(1) 第一个参数Contour为输出的圆形亚像素数据;

(2) 第二个参数Row为输入的角点的行坐标;

(3) 第三个参数Col为输入的角点的列坐标;

(4) 第四个参数Radius为输入的半径;

(5) 第五个参数SamplingInterval为轮廓点与点之间的距离精度。

6. 多边形

多边形是根据提供的多边形角点坐标生成一个亚像素数据轮廓,如果最后一个点和起始点的位置相同,轮廓为封闭的轮廓;如果不同,则为开放的多边形轮廓。图13-10所示是多边形示意图,左图为封闭多边形,右图为开放多边形。

图13-10　多边形示意图

在HALCON中使用gen_contour_polygon_xld函数来实现多边形的创建,这个函数的参数中:

（1）第一个参数 Contour 为输出的圆形亚像素数据；

（2）第二个参数 Row 为输入的角点的行坐标；

（3）第三个参数 Col 为输入的角点的列坐标。

7. 标记符号十字和箭头

标记符号可以用来标记特征点等，以帮助观察计算的结果。

标记十字为每个输入点（行、列）生成一个十字形的亚像素数据轮廓。轮廓由两条长度大小相等的线组成，这两条线恰好相交于输入点。它们的方向由角度决定。

在 HALCON 中使用 gen_cross_contour_xld 函数来实现标记十字的创建，这个函数的参数中：

（1）第一个参数 Cross 为输出的十字亚像素数据；

（2）第二个参数 Row 为输入的十字中心的行坐标；

（3）第三个参数 Col 为输入的十字中心的列坐标；

（4）第四个参数 Size 为十字线的长度，单位为像素；

（5）第五个参数 Angle 为十字线的角度，单位为弧度。

标记箭头为从第一个点的坐标指向第二点的坐标，生成的结果为一个箭头形的亚像素数据。箭头的头部的长和宽通过参数来指定。如果起点和终点相同，则生成一个由单个点组成的轮廓。

在 HALCON 中使用 gen_arrow_contour_xld 函数来实现箭头的创建，这个函数的参数中：

（1）第一个参数 Arrow 输出的箭头亚像素数据；

（2）第二个参数 Row1 为第一个点的行坐标；

（3）第三个参数 Column1 为第一个点的列坐标；

（4）第四个参数 Row2 为第二个点的行坐标；

（5）第五个参数 Column2 为第二个点的列坐标；

（6）第六个参数 HeadLength 为箭头头部的长度；

（7）第七个参数 HeadWidth 为箭头头部的宽度。

gen_arrow_contour_xld 为 HALCON 的本地函数，本地函数是 HALCON 通过基础算子生成的封装函数，函数的编写代码可以通过查看得到。gen_arrow_contour_xld 函数的代码如下：

```
* 这个程序生成箭头形状的亚像素数据轮廓，从(Row1, Column1)指向(Row2, Column2)
* 如果起点和终点相同，则构成一个点
* 输入参数：
* Row1,Column1 为箭头起点的坐标
* Row2, Column2 为箭头终点的坐标
* HeadLength, HeadWidth 分别为箭头的头部长、宽
* 输出参数：
* 箭头：生成的亚像素数据轮廓
```

```
* 输入数组 Row1、Column1,以及 Row2、Column2 必须为相同的长度。箭头长和箭头宽的数组长度
* 必须和 Row1、Column1,以及 Row2、Column2 的数组长度相同。如果违反了上述限制之一,
* 就会发生错误
* 初始化
gen_empty_obj(Arrow)
*
* 计算箭头长度
distance_pp(Row1, Column1, Row2, Column2, Length)
*
* 标记起点和终点相同的箭头
* (将长度设置为 - 1 以避免零分异常)
ZeroLengthIndices : = find(Length,0)
if (ZeroLengthIndices != - 1)
    Length[ZeroLengthIndices] : = - 1
endif
*
* 计算辅助变量
DR : = 1.0 * (Row2 - Row1) / Length
DC : = 1.0 * (Column2 - Column1) / Length
HalfHeadWidth : = HeadWidth / 2.0
*
* 计算箭头的端点
RowP1 : = Row1 + (Length - HeadLength) * DR + HalfHeadWidth * DC
ColP1 : = Column1 + (Length - HeadLength) * DC - HalfHeadWidth * DR
RowP2 : = Row1 + (Length - HeadLength) * DR - HalfHeadWidth * DC
ColP2 : = Column1 + (Length - HeadLength) * DC + HalfHeadWidth * DR
*
* 最后为每个输入点,创建输出亚像素数据轮廓
for Index : = 0 to |Length| - 1 by 1
    if (Length[Index] == - 1)
        * 为起点和终点相同的箭头创建点
        gen_contour_polygon_xld (TempArrow, Row1[Index], Column1[Index])
    else
        * 创建箭头
        gen_contour_polygon_xld
(TempArrow, [Row1[Index],Row2[Index],RowP1[Index],Row2[Index],RowP2[Index],Row2[Index]],
[Column1[Index],Column2[Index],ColP1[Index],Column2[Index],ColP2[Index],Column2[Index]])
    endif
    concat_obj (Arrow, TempArrow, Arrow)
endfor
return()
```

## 第 14 章

亚像素数据的转换和分割

14.1 亚像素数据的裁切

亚像素数据的裁切用于裁去亚像素数据一部分。亚像素数据的裁切有两种方法。

1. 通过矩形裁切亚像素数据

通过矩形裁切输出给定的矩形中包含的轮廓线。矩形像一个区域,将其他轮廓线完全包围;被包围的轮廓线被分割出来,得到的轮廓线为裁切后的轮廓线。图 14-1 所示为矩形裁切的示意图。

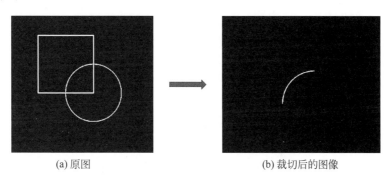

(a) 原图   (b) 裁切后的图像

图 14-1　通过矩形裁切的示意图

图中的矩形为用于裁切的矩形,圆形轮廓线为被裁切的圆形,裁切之后生成的弧线如图 14-1(b)所示。

在 HALCON 中使用 clip_contours_xld 函数来实现通过矩形裁切亚像素数据,这个函数的参数中:

(1) 第一个参数 Contours 为输入的亚像素数据;

(2) 第二个参数 ClippedContours 为输出的裁切的亚像素数据;

(3) 第三个参数 Row1 为给定矩形的左上角的行坐标;

（4）第四个参数 Column1 为给定矩形的左上角的列坐标；

（5）第五个参数 Row2 为给定矩形的右下角的行坐标；

（6）第六个参数 Column2 为给定矩形的右下角的列坐标。

2．起始和终点裁切亚像素数据

起始和终点裁切亚像素数据表示从起点和终点分别裁切一段长度的亚像素数据，长度计算方式采用欧几里得长度，即用点到点的距离来计算长度。如果按照点数来计算，则直接统计点数。图 14-2 所示是起始和终点裁切亚像素数据的示意图。

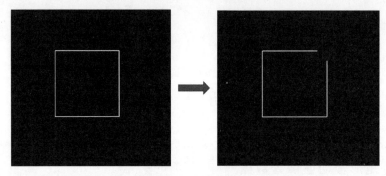

图 14-2　起始和终点裁切亚像素数据示意图

在 HALCON 中使用 clip_end_points_contours_xld 函数来实现起点和终点裁切亚像素数据，这个函数的参数中：

（1）第一个参数 Contours 为输入的亚像素数据；

（2）第二个参数 ClippedContours 为输出的裁切的亚像素数据；

（3）第三个参数 Mode 为长度计算的方式，分为点的统计和欧几里得长度；

（4）第四个参数 Length 为裁切的长度。

14.2　亚像素数据的闭合

亚像素数据的闭合将轮廓线的起点和终点进行连接，形成一个闭合的轮廓线。在 HALCON 中有很多算子是需要闭合的轮廓线才能进行运算的，所以获取闭合的轮廓线有重要的意义。亚像素数据的闭合示意图如图 14-3 所示。

在 HALCON 中使用 close_contours_xld 来实现亚像素数据的闭合，这个函数的参数中：

- 第一个参数 Contours 为输入的亚像素数据；

- 第二个参数 ClosedContours 为输出的闭合的亚像素数据。

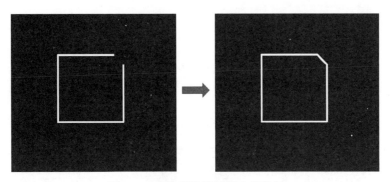

图 14-3 亚像素数据的闭合示意图

14.3 亚像素数据的排序

亚像素数据排序根据亚像素数据的相对位置对它们进行排序。排序方法一般是使用该亚像素数据的一个点来代表亚像素数据。这个点可由多种方式获得，如左上角点等，然后根据排序的规则，如以行坐标大小排序或以列坐标大小排序等方式来进行排序，排序之后，多个亚像素数据的顺序就依照轨迹排列整齐。亚像素数据排列的效果如图 14-4 所示。

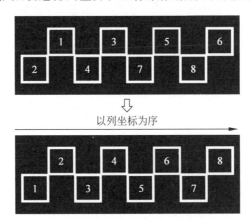

图 14-4 亚像素数据排列的效果

在 HALCON 中使用 sort_contours_xld 函数来实现排序，这个函数的参数中：

（1）第一个参数 Contours 为输入的亚像素数据；

（2）第二个参数 SortedContours 为输出的排序后的亚像素数据；

（3）第三个参数 SortMode 表示使用哪个点代表亚像素数据；

（4）第四个参数 Order 表示顺序排列或倒序排列，从小到大为顺序排列；

（5）第五个参数 RowOrCol 为排序的规则，可选择以行为优先排序标识或以列为优先排序标识。

14.4　亚像素数据的转换

可以根据输入的亚像素数据的长、宽等信息来进行亚像素数据转换。转换类型包括凸型亚像素数据、椭圆亚像素数据、外接圆亚像素数据、最小外接矩形亚像素数据和水平外接矩形亚像素数据等。图 14-5 所示是亚像素数据的转换示意图。

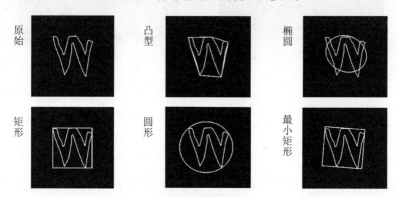

图 14-5　亚像素数据的转换示意图

可以看到,图像的原始亚像素数据是深色的 w 形状,后面转换的亚像素数据为浅色亚像素数据,深色边框可以辅助观察浅色亚像素数据变换的结果。

在 HALCON 中使用 shape_trans_xld 函数来实现亚像素数据的转换,这个函数的参数中:

(1) 第一个参数 XLD 为输入的亚像素数据。

(2) 第二个参数 XLDTrans 为输出的转换后的亚像素数据。

(3) 第三个参数 Type 为变换类型。

Type 类型如下:

(1) convex:转换为凸包。

(2) elipse:与输入区域的矩和面积相同的椭圆。

(3) outer_circle:最小的封闭圆形。

(4) rectangle1:平行于坐标轴的最小外接矩形。

(5) rectangle2:最小的封闭外接矩形。

14.5　亚像素数据的平滑

亚像素数据的平滑利用原有的轮廓点计算局部的回归线,回归线的计算方式基于最小二乘法,即局部的点到回归线的距离的平方和最小;然后把原有曲线投影到回归线上,得到回归线上的点;再把点连接起来得到平滑后的亚像素数据。图 14-6 所示是亚像素数据平滑示意图。图中的浅色线条为平滑后的亚像素数据，深色线条为原有线条。

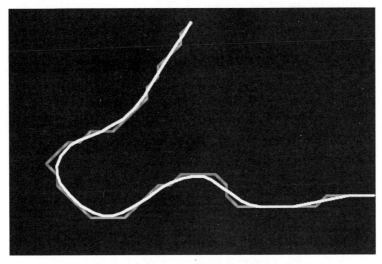

图 14-6　亚像素数据平滑示意图

图 14-7 所示是原有点投影到回归线的示意图。图 14-7 是图 14-6 的局部放大图。

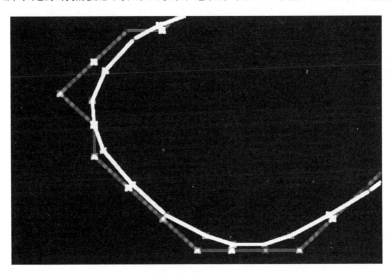

图 14-7　原有点投影到回归线的示意图

在 HALCON 中使用 smooth_contours_xld 函数来实现亚像素数据的平滑，这个函数的参数中：

（1）第一个参数 XLD 为输入的亚像素数据；

（2）第二个参数 SmoothedContours 为输出的平滑后的亚像素数据；

（3）第三个参数 NumRegrPoints 用来计算回归线的点数。

14.6 亚像素数据的分割

亚像素数据的分割用于将亚像素数据分割成多段亚像素数据。图 14-8 所示是亚像素数据轮廓分割方式。

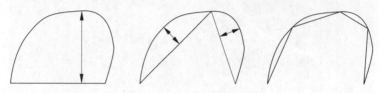

图 14-8 亚像素数据轮廓分割方式

该分割方式是把亚像素数据的起点和终点连接起来，计算亚像素数据到直线的最大距离，如果距离大于设定的距离，在具有最大距离的轮廓点处把线段分割成两段，直到最大距离小于设置的值。图 14-9 所示是亚像素数据分割结果图，其中不同颜色的线是原线分割开来的线，深色的线段是亚像素数据的分割线。这里所说的亚像素数据都是经过近似后输出的亚像素数据。

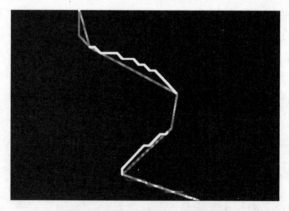

图 14-9 亚像素数据分割结果图

如果使用直线和椭圆或圆进行分割，还需要判断两条线段拟合成圆弧或椭圆弧的平均误差距离是否小于直线的平均误差距离；如果小于，则这两条线段用圆弧或椭圆弧代替；得到的圆弧或者椭圆弧会继续与邻近的直线相连，测试新的线段是否能用圆弧或椭圆弧代替；依次迭代进行，直到没有可以代替的折线。图 14-10 是直线代替和直线加椭圆代替的对比示意图。深色为基础线，其他颜色为原线分割的线段。

在 HALCON 中使用 segment_contours_xld 函数来实现亚像素数据的分割，这个函数的参数中：

（1）第一个参数 Contours 是输入的亚像素数据轮廓；

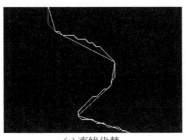 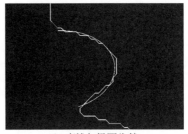

(a) 直线代替　　　　　　　　　　　　(b) 直线加椭圆代替

图 14-10　直线代替和直线加椭圆代替的对比示意图

（2）第二个参数 ContoursSplit 是输出的分割轮廓；

（3）第三个参数 SmoothCont 是用于平滑轮廓的点数；

（4）第四个参数 MaxLineDist1 是第一次分割距离的阈值，圆弧代替之前的距离阈值；

（5）第五个参数 MaxLineDist2 是第二次分割距离的阈值，圆弧代替之后直线再次分割的距离阈值；MaxLineDist2 小于 MaxLineDist1，第二次分割才会生效。

14.7　亚像素数据的直线连接

直线连接是把多条亚像素数据线段连接成一条亚像素数据线段，连接时通过两条直线之间的关系来判断两条直线是否需要连接。判断的方式有以下几种。

（1）端点的切向距离：一条亚像素数据拟合为直线，另一条直线的端点到这条直线的切线距离，如图 14-11 所示。

（2）端点的切向距离和原线段的比值：一条亚像素数据拟合为直线，另一条直线的端点到这条直线的切线距离与原直线拟合后的长度的比值，如图 14-12 所示。

图 14-11　端点的切向距离　　　　　　　**图 14-12　端点的切向距离和原线段的比值**

（3）垂直距离偏差：一条亚像素数据拟合为直线，另一条直线的后端点到这条直线的垂直距离，如图 14-13 所示。

（4）直线夹角：两条亚像素数据都拟合成直线后两条直线间的夹角，如图 14-14 所示。

（5）重叠距离：两条直线拟合后的直线端点到另一条直线的距离切向距离，取两个距离中的最小值，如图 14-15 所示。

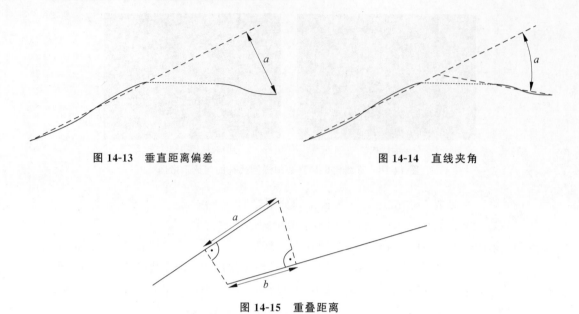

图 14-13 垂直距离偏差   图 14-14 直线夹角

图 14-15 重叠距离

计算的公式为

$$\min(a,b)=\text{MaxOverLap}$$

在 HALCON 中使用 union_adjacent_contours_xld 函数来实现邻近直线的合并,这个函数的参数中:

(1) 第一个参数 Contours 为输入的亚像素数据;

(2) 第二个参数 UnionContours 为输出的合并后的亚像素数据;

(3) 第三个参数 MaxDistAbs 为最大的端点间距离,超过这个值则不进行合并;

(4) 第四个参数 MaxDistRel 为最大端点的切向距离和原线段长度的比值,超过这个值则不进行合并;

(5) 第五个参数 Mode 为是否保存回归线的参数属性。

使用 union_collinear_contours_xld 函数来实现共线直线的合并,这个函数的参数中:

(1) 第一个参数 Contours 为输入的亚像素数据;

(2) 第二个参数 UnionContours 为输出的合并后的亚像素数据;

(3) 第三个参数 MaxDistAbs 为最大的端点间距离,超过这个值则不进行合并;

(4) 第四个参数 MaxDistRel 为最大端点的切向距离和原线段长度的比值,超过这个值则不进行合并;

(5) 第五个参数 MaxShift 为最大垂直距离,超过这个值则不进行合并;

(6) 第六个参数 MaxAngle 为最大直线夹角,超过这个值则不进行合并;

(7) 第七个参数 Mode 为是否保存回归线的参数属性。

使用 union_collinear_contours_ext_xld 函数实现带权重的直线的合并,这个函数的参数中:

（1）第一个参数 Contours 为输入的亚像素数据；

（2）第二个参数 UnionContours 为输出的合并后的亚像素数据；

（3）第三个参数 MaxDistAbs 为最大的端点间距离,超过这个值则不进行合并；

（4）第四个参数 MaxDistRel 为最大端点的切向距离和原线段长度的比值,超过这个值则不进行合并；

（5）第五个参数 MaxShift 为最大垂直距离,超过这个值则不进行合并；

（6）第六个参数 MaxAngle 为最大直线夹角,超过这个值则不进行合并；

（7）第七个参数 MaxOverLap 为最大直线的最小重叠距离,超过这个值则不进行合并；

（8）第八个参数 MaxRegrError 为最大回归线误差,已经不再生效；

（9）第九个参数 MaxCosts 为连接两个轮廓的最大成本,值为 0～1,其中 1 表示如上的计算值恰好都满足阈值；

（10）第十个参数 WeightDist 为端点间距离的权值；

（11）第十一个参数 WeightShift 为垂直距离的权值；

（12）第十二个参数 WeightAngle 为直线夹角的权值；

（13）第十三个参数 WeightLink 为重叠和角度差的综合权值；

（14）第十四个参数 WeightRegr 为回归线误差的权值,已经不再生效；

（15）第十五个参数 Mode 为是否保存回归线的参数属性。

14.8　亚像素数据的圆弧合并

圆弧合并是指把多段圆弧合并成一段圆弧。连接的时候通过两条圆弧之间的关系来判断两条圆弧是否需要连接。判断的方式有如下几种。

（1）角度差：两条圆弧进行拟合,拟合的圆心和圆弧端点连成直线后,直线与直线间的夹角,如图 14-16 所示。

（2）重叠角度差：两条圆弧进行拟合,拟合的圆心和圆弧端点连成直线后,直线与直线间重合的夹角,如图 14-17 所示。

（3）切线角度：两条圆弧进行拟合,两条圆弧的端点的切线的夹角,如图 14-18 所示。

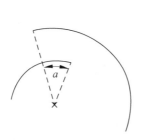
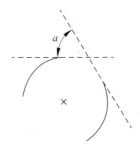

图 14-16　角度差　　　　图 14-17　重叠角度差　　　　图 14-18　切线角度

（4）端点距离：两条圆弧进行拟合，两个端点间的最小距离，如图 14-19 所示。

（5）半径差：两条圆弧进行拟合，两条圆弧的半径的差值，如图 14-20 所示。

（6）圆心距：两条圆弧进行拟合，两条圆弧的圆心的距离，如图 14-21 所示。

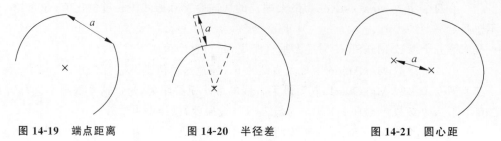

图 14-19　端点距离　　　　图 14-20　半径差　　　　图 14-21　圆心距

在 HALCON 中，使用 union_cocircular_contours_xld 函数来实现圆弧和圆弧的合并，这个函数的参数中：

（1）第一个参数 Contours 为输入的亚像素数据；

（2）第二个参数 UnionContours 为输出的合并后的亚像素数据；

（3）第三个参数 MaxArcAngleDiff 为最大角度差，超过这个值则不进行合并；

（4）第四个参数 MaxArcOverlap 为最大重叠角度差，超过这个值则不进行合并；

（5）第五个参数 MaxTangenAngle 为最大的切线角度，超过这个值则不进行合并；

（6）第六个参数 MaxDist 为最大的端点距离，超过这个值则不进行合并；

（7）第七个参数 MaxRadiusDiff 为最大半径差，超过这个值则不进行合并；

（8）第八个参数 MaxCenterDist 为最大圆心距，超过这个值则不进行合并；

（9）第九个参数 MergeSmallContours 为是否准许小的线段进行合并，这些线段比较短，无法拟合为圆形；

（10）第十个参数 Iterations 为迭代次数，合并一次之后，会出现新的圆弧，然后判断是否再次迭代合并。

14.9　亚像素数据轮廓的合并

轮廓的合并将不规则的轮廓进行联合，它的判定条件一般来说分如下几个步骤。

1. 忽略端点

在合并之前可以忽略两个轮廓的一些起始点，这样在后续合并时更方便、准确。如图 14-22 所示，虚线 a 为忽略的点。

2. 选择拟合的长度

合并的端点可能不受到整条亚像素数据的影响，只和端点附近的点有关，所以通过选择轮廓的局部点来进行拟合合并。如图 14-23 所示，a 为选择的局部点。

图 14-22 忽略端点   图 14-23 选择拟合的长度

3. 圆弧拟合和直线拟合的选择

先把局部轮廓的点拟合成圆,判断这个圆是否足够近似输入轮廓的端点(根据圆拟合的均方根误差测量)。这些点的切线方向对应于输入轮廓末端的局部曲率。如果圆拟合失败,会进行回归线拟合;然后把轮廓端点的局部曲率对应于回归线通过端点的方向。如图 14-24 所示,左边的轮廓拟合为圆,右边轮廓拟合为一条直线。

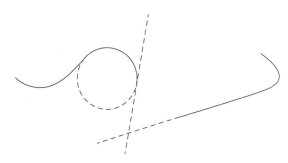

图 14-24 圆弧拟合和直线拟合的选择

4. 合并方式确定

在轮廓合并中有如下几种合并方式。

1)曲率方向的夹角

曲率方向的夹角是端点的曲率方向,圆为切线方向,直线为直线方向,曲率方向的夹角则为两个轮廓的夹角,如图 14-25 所示。

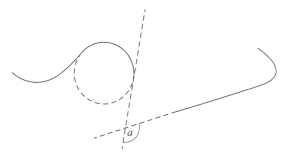

图 14-25 曲率方向的夹角

2）端点距离

端点距离是两个轮廓的端点的距离,这个端点是经过忽略端点操作后的端点,如图 14-26 所示。

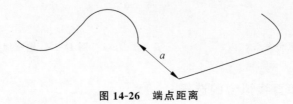

图 14-26　端点距离

3）端点垂直距离

端点垂直距离为轮廓端点到另一个轮廓的曲率方向上的直线的距离,如图 14-27 所示。

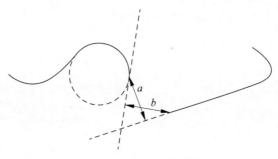

图 14-27　端点垂直距离

4）切线距离的重叠区域或欠缺区域

切线距离的重叠区域或欠缺区域为端点的垂线的垂点到两个轮廓端点的距离,如图 14-28 所示。

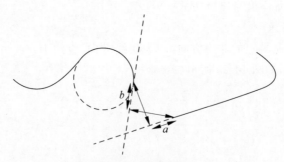

图 14-28　切线距离的重叠区域或欠缺区域

在 HALCON 中使用 union_cotangential_contours_xld 函数来实现区域的合并和重叠,这个函数的参数中:

（1）第一个参数 Contours 为输入的亚像素数据;

（2）第二个参数 UnionContours 为输出的合并后的亚像素数据;

（3）第三个参数 FitClippingLength 为端点忽略的长度；

（4）第四个参数 FitLength 为进行拟合的区域长度；

（5）第五个参数 MaxTangAngle 为最大的角度差，超过这个值则不进行合并；

（6）第六个参数 MaxDist 为最大的端点差，超过这个值则不进行合并；

（7）第七个参数 MaxDistPerp 为最大的垂直距离，超过这个值则不进行合并；

（8）第八个参数 MaxOverlap 为最大切线距离的重叠区域或欠缺区域的距离，超过这个值则不进行合并；

（9）第九个参数 Mode 为是否保存回归线的参数属性。

第 15 章

CHAPTER 15

亚像素数据的特征提取
与分析运算

15.1 亚像素数据的本体类型

亚像素数据的本体类型有三种,分别是轮廓、多边形和平行多边形。轮廓是亚像素数据的基础,可以根据轮廓转换为区域,通过区域进行数据分析,也可以转换为多边形来减少数据量,提高计算效率。

1. 轮廓

轮廓是一组由线连接的子像素精确的二维控制点序列。通常,控制点之间的距离大约是 1 像素。

2. 多边形

多边形是通过多个点连接成的亚像素数据,或者通过轮廓的近似化转化为亚像素数据,本质是点的连线。

3. 平行多边形

平行多边形是一种特殊的多边形,它是由两条平行的多边形组成的,即每个平行多边形的变量都有两个多边形。

图 15-1 所示为亚像素数据三种类型示意图。

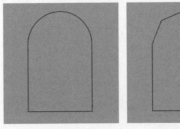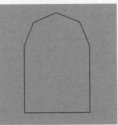

(a) 亚像素数据轮廓   (b) 亚像素数据多边形   (c) 亚像素数据平行多边形

图 15-1 亚像素数据三种类型示意图

在 HALCON 中，使用 gen_polygons_xld 函数来把亚像素数据轮廓转换为多边形，这个函数的参数中：

（1）第一个参数 Contours 是输入的亚像素数据轮廓；

（2）第二个参数 Polygons 是输出的亚像素数据多边形；

（3）第三个参数 Type 是转换方式；

（4）第四个参数 Alpha 是分割的距离阈值。

使用 gen_contour_polygon_xld 函数将坐标点组转换为亚像素数据，这个函数的参数中：

（1）第一个参数 Contour 是输出的亚像素数据多边形；

（2）第二个参数 Row 是多边形的角点的行坐标数组；

（3）第三个参数 Col 是多边形的角点的列坐标数组。

使用 gen_parallels_xld 函数将多边形组转换为平行多边形，这个函数的参数中：

（1）第一个参数 Polygons 是输入的亚像素数据多边形；

（2）第二个参数 Parallels 是输出的平行多边形；

（3）第三个参数 Len 是单个多边形段的最小长度；

（4）第四个参数 Dist 是多边形段之间的最大距离；

（5）第五个参数 Alpha 是平行多边形的最大角度差；

（6）第六个参数 Merge 是多边形的并行关系，如果参数 Merge 被设置为"true"，相邻的并行多边形将以单一的并行关系返回；否则，每对平行线段返回一个并行关系。

15.2 亚像素数据的状态

亚像素数据分为多种状态：开放状态、闭合状态和自交状态。

（1）开放状态，就是亚像素数据的首尾不是同一个点，即曲线没有闭合。在一些运算中，例如求亚像素数据的交集，需要闭合的曲线才能完成运算。

（2）闭合状态，就是亚像素数据的首尾是同一个点，即曲线是一个封闭的图形。闭合的曲线可以直接转换为区域。

（3）自交状态，是亚像素数据曲线存在自相交的情况，即曲线中的点的坐标，除首尾点外有重复的点。自相交的曲线会有分支点，对于某些分析有一定的作用。

图 15-2 所示为亚像素数据的状态的示意图。

在 HALCON 中，使用 test_closed_xld 函数来判断亚像素数据是否是闭合的，这个函数的参数中：

（1）第一个参数 XLD 是输入的待测试的亚像素数据；

（2）第二个参数 IsClosed 是输出的闭合的状态，如果轮廓或多边形是闭合的，则返回值为 1，否则为 0。

使用 test_self_intersection_xld 函数来判断亚像素数据是否是自交的，这个函数的参

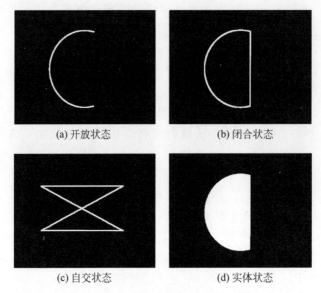

(a) 开放状态　　　　　　　　　　(b) 闭合状态

(c) 自交状态　　　　　　　　　　(d) 实体状态

图 15-2　亚像素数据的状态的示意图

数中：

（1）第一个参数 XLD 是输入的待测试的亚像素数据；

（2）第二个参数 CloseXLD 是输入的描述亚像素数据是否闭合的参数；

（3）第三个参数 DoesIntersect 是输出的自交的状态，如果相应的输入轮廓或多边形与自身相交或接触，则输出为 1，否则为 0。

使用 close_contours_xld 函数将开放的曲线转换为闭合的曲线，闭合是把首尾的点通过直线直接连接闭合，这个函数的参数中：

（1）第一个参数 Contours 是输入的亚像素数据；

（2）第二个参数 ClosedContours 是闭合后的亚像素数据。

15.3　亚像素数据的特征

15.3.1　圆度

圆度描述每个输入轮廓或多边形与圆形的相似度。输入轮廓或多边形不能与自身相交，否则得到的参数没有意义，计算圆度时需要闭合的多边形或轮廓。

若 F 为轮廓或多边形的封闭区域，max 为中心到所有轮廓或多边形像素点的最大距离，则圆度 c 定义为

$$c = \frac{F}{\pi \max^2}$$

如果图形为圆形则圆度是 1。如果轮廓或多边形包含一个狭长区域，则圆度小于 1。图

形中大的凸起对圆度影响是非常大的,会导致圆度变小如图 15-3 所示。

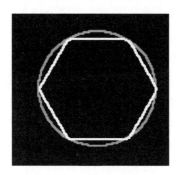

图 15-3 圆度示意图

在 HALCON 中,使用 circularity_xld 函数来计算圆度,这个函数的参数中:

(1)第一个参数 XLD 为输入的需要计算的亚像素数据:

(2)第二个参数 Circularity 为计算出来的圆度。

15.3.2 紧密度

紧密度描述的是图像结构的紧密程度。圆的紧密度为 1。如果轮廓或多边形包含一个狭长区域,则紧密度大于 1。计算紧密度的时候,输入轮廓或多边形不能与自身相交,否则得到的参数没有意义。如果输入的轮廓或多边形没有闭合,它将自动闭合,再进行计算。

若 L 为轮廓或多边形的长度,F 为其封闭区域,则紧密度表示为

$$\text{compactness} = \frac{L^2}{4\pi F}$$

图 15-4 所示为紧密度示意图。

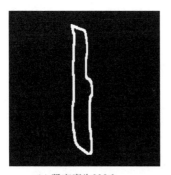
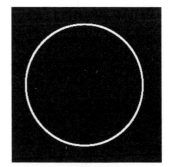

(a) 紧密度为328.2　　　　　　　(b) 紧密度为1

图 15-4 紧密度示意图

在 HALCON 中,使用 compactness_xld 函数来实现亚像素数据紧密度的计算,这个函数的参数中:

（1）第一个参数 XLD 为输入的需要计算的亚像素数据；

（2）第二个参数 Compactness 为计算出来的紧密度。

15.3.3　凸性

凸性用于描述图形的凸凹程度。输入轮廓或多边形不能与自身相交，否则得到的参数没有意义。如果输入的轮廓或多边形没有闭合，它将自动闭合；再计算凸性，如果轮廓或多边形是凸的（如矩形和圆形等），则形状因子的凸度为 1，如果有凹陷，则凸性小于 1。

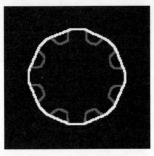

F_2 为凸包的面积，F_1 为原始轮廓或多边形围合的面积，则凸性的计算公式为

$$convexity = \frac{F_1}{F_2}$$

图 15-5 所示是凸性的计算示意图，图中深色的区域为原始轮廓，浅色区域为凸包区域。

在 HALCON 中，使用 convexity_xld 函数来实现亚像素数据的凸性计算，这个函数的参数中：

（1）第一个参数 XLD 为输入的需要计算的亚像素数据；

图 15-5　凸性的计算示意图

（2）第二个参数 Convexity 为计算出来的凸性。

15.3.4　椭圆度、不均匀性和结构因子

椭圆长短轴比描述的是图像不同方向的不均匀性，椭圆度描述的是形状和椭圆相似的程度，结构因子描述的是不均匀性和椭圆度的关系。结构因子越大，图形越不紧密，越狭长。如果输入的轮廓或多边形没有闭合，它将自动闭合，再进行计算。输入的轮廓或多边形本身不能相交。

给定椭圆半径 Ra、Rb 和轮廓或多边形的封闭面积 A，则

$$不均匀性 = \frac{Ra}{Rb}$$

$$椭圆度 = \frac{Ra \times Rb \times \pi}{A}$$

$$结构因子 = 不均匀性 \times 椭圆度 - 1$$

圆的不均匀性为 1，椭圆度也为 1，结构因子为 0。

图 15-6 所示是图像椭圆度示意图，图中深色区域为原始亚像素数据，外侧轮廓区域为等效椭圆。

在 HALCON 中，使用 eccentricity_xld 函数来实现图像的椭圆度、不均匀性和结构因子的计算，这个函数的参数中：

（1）第一个参数 XLD 为输入的需要计算的亚像素数据；

图 15-6 图像椭圆度示意图

(2) 第二个参数 Anisometry 为计算出来的不均匀性；

(3) 第三个参数 Bulkiness 为计算出来的椭圆度；

(4) 第四个参数 StructureFactor 为计算出来的结构因子。

15.3.5 最大距离

最大距离描述的是亚像素数据图形中的两点的最大距离。如图 15-7 所示，中间两处箭头表示了亚像素数据图形的最大距离。输入轮廓或多边形不能与自身相交，否则得到的参数没有意义。如果输入的轮廓或多边形没有闭合，它将自动闭合，再进行计算。

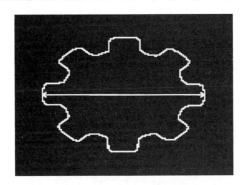

图 15-7 亚像素数据最大距离

在 HALCON 中，使用 diameter_xld 函数来实现亚像素数据最大距离的计算，这个函数的参数中：

(1) 第一个参数 XLD 为输入的需要计算的亚像素数据；

(2) 第二个参数 Row1 为最远距离端点的第一个端点的行坐标；

(3) 第三个参数 Column1 为最远距离端点的第一个端点的列坐标；

(4) 第四个参数 Row2 为最远距离端点的第二个端点的行坐标；

(5) 第五个参数 Column2 为最远距离端点的第二个端点的列坐标；

(6) 第六个参数 Diameter 为最远距离的数值。

15.3.6 轮廓长度

轮廓长度描述的是轮廓的总体长度，即轮廓由首到尾的欧几里得距离。计算轮廓的长度,对轮廓的状态没有限制。

在 HALCON 中,使用 length_xld 函数来实现亚像素数据的长度计算,这个函数的参数中:

- 第一个参数 XLD 为输入的需要计算的亚像素数据;
- 第二个参数 Length 为轮廓的长度。

15.3.7 轮廓点数

轮廓点数描述轮廓是由多少个点组成的,例如长方形是由 5 个点组成的,因为长方形为封闭图像,首尾点相同。如图 15-8 所示,白色为长方形轮廓,其他十字点为组成点。

图 15-8 轮廓点数示意图

在 HALCON 中,使用 contour_point_num_xld 函数来实现轮廓点数的统计,这个函数的参数中:

(1) 第一个参数 XLD 为输入的需要计算的亚像素数据;

(2) 第二个参数 Length 为轮廓的点数。

15.3.8 角度

亚像素数据的角度计算方法有三种,这里计算的亚像素数据的角度均以计算开放的亚像素数据的角度为例。

第一种计算方法是把亚像素数据的首尾相连,以连接线为亚像素数据的角度。如图 15-9 所示,深色为原始亚像素数据,浅色为亚像素数据首尾相连的线,以浅色线的角度为亚像素数据的角度。

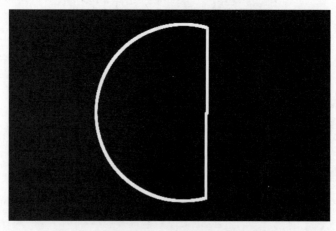

图 15-9 亚像素数据首尾相连的角度

在 HALCON 中使用如下代码进行计算首尾相连的角度，ClippedContours 为输入的亚像素数据，"Phi"为输出的角度。

```
get_contour_xld(ClippedContours, Row1, Col1)
* 生成亚像素数据首尾连接线
gen_contour_polygon_xld(Contour, [Row1[0], Row1[|Row1| - 1]], [Col1[0], Col1[|Col1| - 1]])
* 转换为多边形
gen_polygons_xld(Contour, Polygons, 'ramer', 2)
* 获取直线角度
get_lines_xld(Polygons, BeginRow, BeginCol, EndRow, EndCol, Length3, Phi)
```

第二种计算方法是把亚像素数据的每两个点间的连线计算出来，然后求取这些角度的平均值，这个平均值记为亚像素数据的角度。如图 15-10 所示，不同线段用不同灰度标识出来。

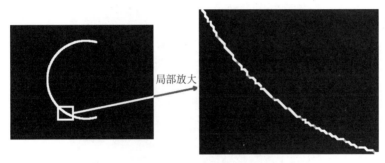

图 15-10 亚像素数据平均角度

图 15-11 所示是平均角度的直线方向示意图。

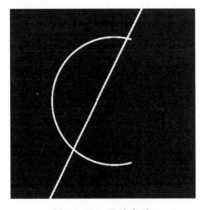

图 15-11 平均角度

在 HALCON 中，使用 get_contour_angle_xld 来实现亚像素数据平均角度的计算，这个函数的参数中：

（1）第一个参数 Contour 为输入的亚像素数据；

（2）第二个参数 AngleMode 为计算 Angle 的模式，选择"abs"计算的角度范围为 0～2π，选择"rel"计算的角度范围为 $-\pi$～π；

（3）第三个参数 CalcMode 为角度计算的方式，第一个计算方式"range"表示计算首尾相连的方向，第二个计算方式"mean"表示平均角度，第三个计算方式"regress"表示回归线角度；

（4）第四个参数 Lookaround 为考虑需要计算的点数，输入轮廓必须至少有 2×Lookaround+2 个点，即当 Lookaround 为 1 时点数最少；

（5）第五个参数 Angles 为角度计算值。

第三种计算方法为通过计算亚像素数据的回归线，即通过最小二乘法来拟合直线，拟合的直线的角度即为亚像素数据的角度。如图 15-12 所示，曲线为原始轮廓，直线为拟合直线。

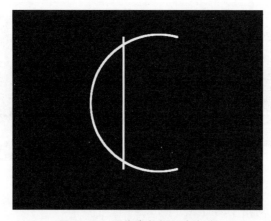

图 15-12　亚像素数据拟合角度

通过使用如下代码计算亚像素数据回归线角度，"ClippedContours"为输入的亚像素数据，"Phi"为输出的角度。

```
* 计算回归直线
fit_line_contour_xld(ClippedContours, 'regression', -1, 0, 5, 2, RowBegin, ColBegin, RowEnd,
ColEnd, Nr, Nc, Dist1)
* 生成回归直线
gen_region_line(RegionLines2, RowBegin, ColBegin, RowEnd, ColEnd)
* 转换为亚像素数据
gen_contour_region_xld(RegionLines2, Contours4, 'border')
* 获取亚像素数据角度
get_lines_xld(Polygons, BeginRow1, BeginCol1, EndRow1, EndCol1, Length4, Phi)
```

如果亚像素数据为闭合的亚像素数据，或者希望把开放的亚像素数据进行闭合后再求取方向，可以使用 elliptic_axis_points_xld 函数来计算亚像素数据的方向，这个函数的参数中：

（1）第一个参数 XLD 为输入的亚像素数据；

（2）第二个参数 Ra 为等效椭圆的长轴；

（3）第三个参数 Rb 为等效椭圆的短轴；

（4）第四个参数 Phi 为输出的等效椭圆的长轴的方向。

15.4　亚像素数据的分析

15.4.1　亚像素数据的特征筛选

在筛选亚像素数据的时候，需要根据不同的特征进行亚像素数据的筛选，可以通过 select_shape_xld 函数来实现根据亚像素数据的特征来筛选亚像素数据，这个函数的参数中：

（1）第一个参数 XLD 为输入的亚像素数据；

（2）第二个参数 SelectedXLD 为选择的亚像素数据；

（3）第三个参数 Features 为筛选的特征；

（4）第四个参数 Operation 为多个特征之间的与或关系；

（5）第五个参数 Min 为参数的最小阈值；

（6）第六个参数 Max 为参数的最大阈值。

如果有多个特征，需要通过"[ ]"的方式把输入的特征通过数组方式输入，特征的个数需要与 Min 和 Max 一样。

还可以使用 select_contours_xld 函数来筛选亚像素数据的轮廓特征，这个函数的参数中：

（1）第一个参数 Contours 为输入的轮廓；

（2）第二个参数 SelectedContours 为筛选的亚像素数据；

（3）第三个参数 Feature 为轮廓的特征；

（4）第四个参数 Min1 为第一组值的最小阈值；

（5）第五个参数 Max1 为第一组值的最大阈值；

（6）第六个参数 Min2 为第二组值的最小阈值；

（7）第七个参数 Max2 为第二组值的最大阈值。

15.4.2　亚像素数据的运算

在处理亚像素数据时，需要把一些亚像素数据进行合并或者求差值的运算。

1. 相减

可以通过两个亚像素数据相减来求取亚像素数据的差值。如果单独的输入轮廓没有闭合，则通过连接它们的起点和终点来自动闭合。在 HALCON 中使用 difference_closed_contours_xld 函数来计算两个亚像素数据的差值，这个函数的参数中：

（1）第一个参数 Contours 为被减的亚像素数据；

（2）第二个参数 Sub 为减去的亚像素数据；

（3）第三个参数 ContoursDifference 为亚像素数据的差值。

图 15-13 所示是亚像素数据相减的示意图，图中为圆形减去方形得到的结果。

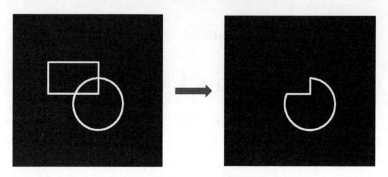

图 15-13 亚像素数据相减的示意图

2. 亚像素数据相交

可以求取两个亚像素数据的共同部分，这种运算方式为相交。如果单独的输入轮廓没有闭合，则通过连接它们的起点和终点来自动闭合。在计算相交时，会先计算两个区域的交点，然后再生成相交图形。在 HALCON 中使用 intersection_closed_contours_xld 计算亚像素数据相交的结果，这个函数的参数中：

（1）第一个参数 Contours1 为需要进行相交计算的第一个亚像素数据。

（2）第二个参数 Contours2 为需要进行相交计算的第二个亚像素数据。

（3）第三个参数 ContoursIntersection 为亚像素数据相交计算的结果。

图 15-14 所示是两个亚像素数据相交的示意图。

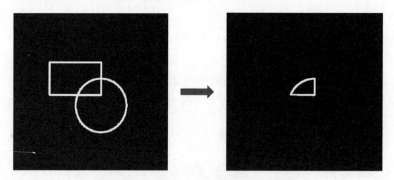

图 15-14 两个亚像素数据相交的示意图

3. 亚像素数据的异或

异或用于求取两个区域的不同部分。如果单独的输入轮廓没有闭合，则通过连接它们的起点和终点来自动闭合。在 HALCON 中使用 symm_difference_closed_contours_xld 函数来实现亚像素数据的异或计算,这个函数的参数中:

(1) 第一个参数 Contours1 为需要进行异或计算的第一个亚像素数据;

(2) 第二个参数 Contours2 为需要进行异或计算的第二个亚像素数据;

(3) 第三个参数 ContoursDifference 为异或计算的结果。

图 15-15 所示是两个亚像素数据的异或运算的示意图,圆形和长方形进行异或运算,得到的结果通过不同颜色来表示。

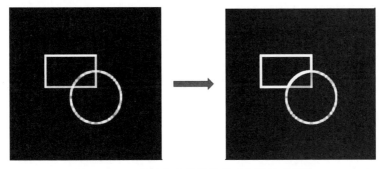

图 15-15 两个亚像素数据的异或运算的示意图

4. 亚像素数据的联合

亚像素数据的联合就是把两个亚像素数据相同的部分进行合并。如果单独的输入轮廓没有闭合,则通过连接它们的起点和终点自动闭合。在 HALCON 中使用 union2_closed_contours_xld 实现亚像素数据的联合,这个函数的参数中:

(1) 第一个参数 Contours1 为需要进行联合计算的第一个亚像素数据;

(2) 第二个参数 Contours2 为需要进行联合计算的第二个亚像素数据;

(3) 第三个参数 ContoursUnion 为联合计算的结果。

图 15-16 所示是两个亚像素数据的联合的运算示意图,图中圆形和长方形通过联合得到一个新的亚像素数据。

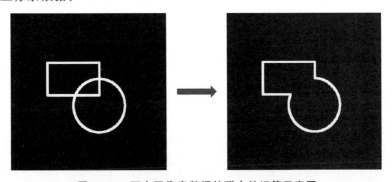

图 15-16 两个亚像素数据的联合的运算示意图

15.4.3 亚像素数据的判断

1. 闭合判断

在使用一些 HALCON 函数时,都需要使用闭合的亚像素数据,为了避免错误,在使用之前都会判断亚像素数据是否闭合。若一个亚像素数据首尾点相同,则这个亚像素数据是闭合的。在 HALCON 中使用 test_closed_xld 来判断一个亚像素数据是否是闭合的,这个函数的参数中:

(1) 第一个参数 XLD 为需要进行判断的亚像素数据;

(2) 第二个参数 IsClosed 为判断结果,1 为亚像素数据闭合,0 为不闭合。

2. 自交判断

有时在使用 HALCON 的函数时,如果使用了自交的亚像素数据可能会造成计算结果的失效,所以在使用这些函数之前,需要进行亚像素数据的自交判断,以保证计算结果有效。在 HALCON 中使用 test_self_intersection_xld 进行自交判断,这个函数的参数中:

(1) 第一个参数 XLD 为需要进行判断的亚像素数据;

(2) 第二个参数 CloseXLD 为输入条件亚像素数据是否是闭合的,true 表示亚像素数据是闭合的,false 表示不闭合;

(3) 第三个参数 DoesIntersect 为判断的结果,1 为亚像素数据自交,0 为不自交。

3. 判断点是否在亚像素数据内

有时需要确定一些点是否在亚像素数据中,例如判断一个零件是否在盒子里面,药片有没有放在盘子里面等。在 HALCON 中使用 test_xld_point 来实现点是否在亚像素数据内的判断,这个函数的参数中:

(1) 第一个参数 XLD 为需要进行判断的亚像素数据;

(2) 第二个参数 Row 为需要判断的点的行坐标;

(3) 第三个参数 Column 为需要判断点的列坐标;

(4) 第四个参数 IsInside 为判断结果,1 为在亚像素数据当中,0 为不在亚像素数据当中。

## 第 16 章

亚像素数据的拟合

　　科学和工程问题可以通过采样、实验等方法获得若干离散的数据,往往希望通过这些数据得到一个连续的函数或者更加密集的离散方程,这个过程就叫作拟合。

　　在图像处理中,通过梯度或者阈值把图像的轮廓分割出来,这些图像的轮廓是一些离散的点,这些点受到噪声和光学透镜等成像因素的影响,得到的轮廓并不是真实的轮廓。这时可以通过拟合的方式,求取想要的轮廓。例如,原来的轮廓为一条直线,可以把离散的点拟合为一条直线,以更好地进行定性分析。

　　当不需要大量离散点的数据进行描述时,为了减轻数据方面的负担,也可以通过拟合的方式,减少点数据量。

　　在 HALCON 中,只有轮廓类型的亚像素数据可以进行拟合,这些亚像素数据一般是由亚像素点组成的。

16.1　直线拟合

1. 直线的表现方式

　　在介绍直线拟合之前,先介绍一下直线的表述方式,通常会使用如下表达方式来表达直线:

$$y = kx + b$$

其中,x、y 为图像点的列坐标和行坐标。

　　这样的描述方式在要求某点到直线的距离的时候,不方便计算。但对于直线拟合,求取点到直线的距离是必要的,所以可以通过黑塞范式来表示直线,方法如下:

$$qr + pc + b = 0$$

其中,r、c 为图像坐标点的行坐标和列坐标。

　　黑塞范式是一个过渡参数的表达式,参数 q、p、b 通过额外的条件 $q^2 + p^2 = 1$ 确定下来。用这样的方式可以直接把行、列坐标代入,从而得到点到直线的距离。

　　在拟合直线的时候,通常使用最小二乘法,即计算每个点到拟合的直线的距离,使得每个点到直线的距离的平方和最小。

计算直线的距离分为代数型和几何型。代数型是使用直线公式来计算距离,表示为

$$qr + pc + b = 0$$

其中,r、c 为图像坐标点的行坐标和列坐标。

平方和公式为

$$\varepsilon^2 = \sum_{i=0}^{n}(qr_i + pc_i + b)^2$$

但是实际中,上式存在一些问题,当 $q = p = b = 0$ 时,将得到一个零误差,所以需要把额外条件 $q^2 + p^2 = 1$ 作为拉格朗日乘子,则平方和公式变为

$$\varepsilon^2 = \sum_{i=0}^{n}(qr_i + pc_i + b)^2 - \lambda(q^2 + p^2 - 1)n$$

求取的结果是当 ε 最小时对应的 q、p、b 的值。

代数型计算简便,公式中不包含开方和平方,运算的速度会比较快。

几何型是计算点到直线的几何距离,如图 16-1 所示。

数学表达式表示为

$$d = \left| \frac{qr + pc + b}{\sqrt{q^2 + p^2}} \right|$$

其中,r、c 为图像坐标点的行坐标和列坐标。

平方和的表达式为

$$\varepsilon^2 = \sum_{i=0}^{n}\left(\frac{qr + pc + b}{\sqrt{q^2 + p^2}} \right)^2 - \lambda(q^2 + p^2 - 1)n$$

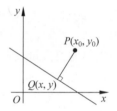

图 16-1 点到直线的距离

求取的结果是当 ε 最小时对应的 q、p、b 的值。

图 16-2 所示是图像拟合结果的示意图。使用图像拟合的方法对小的凸起有一定的抑制作用,但是无法抑制大的凸起,这会对直线的方向产生影响。图 16-2 中,深色的直线穿过了凸起。

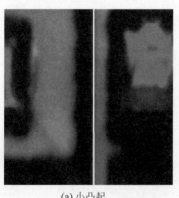
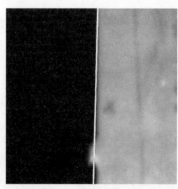

(a) 小凸起   (b) 大凸起

图 16-2 图像拟合结果的示意图

最小平方拟合直线在面对大的离群值的时候是不具备健壮性的,直线距离远的那些点在最优化过程中会有非常大的权重。但是实际上不希望拟合直线时,这些点带来太大的权重。为了减小这些点的权重,对每一个点添加一个权重值 w。对于离群点应该设置较小的权重,权重值的计算稍后进行说明。则计算代数平方和的表达式变为

$$\varepsilon^2 = \sum_{i=0}^{n} w_i (qr_i + pc_i + b)^2 - \lambda(q^2 + p^2 - 1)n$$

几何表达式为

$$\varepsilon^2 = \sum_{i=0}^{n} w_i \left(\frac{qr + pc + b}{\sqrt{q^2 + p^2}} \right)^2 - \lambda(q^2 + p^2 - 1)n$$

现在定义权重 w,希望离群点有着较小的权重。离群点的判断是点到直线的距离,在没有计算出直线的时候,无法判断什么点是离群点,所以只能多次迭代计算来拟合直线。在第一次迭代中使用 $w=1$ 的设定,即执行一次无权重的直线拟合,这样就可以得到一条直线,所有点到直线的距离 σ 也就可以求出;然后再通过权重函数 $f(\sigma)$ 计算出每个点的权重,然后再进行带权重的计算。

2. 权重函数

权重函数有很多种。其中,图基和胡贝尔权重使用最多。

1) 胡贝尔权重

胡贝尔权重需要设置一个胡贝尔阈值 C,根据下面的方法计算出权值。

$$\rho(r) = \begin{cases} r^2/2 & (|r| < C) \\ C \cdot |r| - C^2/2 & (|r| \geqslant C) \end{cases}$$

其中,参数 C 为距离阈值,它定义了什么点会被视为离群值;参数 r 为点到直线的距离。

可以看到当 r 大于 C 的时候,通过 C 乘以 r,而不是 r 的平方来减小权值,而且还剪去一个 $C^2/2$ 的减数。

如果使用时觉得胡贝尔权重的平方计算过于复杂,也可以使用简化的胡贝尔权重:

$$\rho(r) = \begin{cases} 1 & (|r| < C) \\ C/|r| & (|r| \geqslant C) \end{cases}$$

其中,参数 C 为距离阈值,它定义了什么点会被视为离群值;参数 r 为点到直线的距离。

2) 图基权重

在胡贝尔权重中对于离群值依然会存在较小的权重,如果离群值过大,也会对拟合产生影响,这个时候可以考虑图基权重。

图基权重需要设置一个胡贝尔阈值 C,根据下面的方法计算出权值:

$$\rho(r) = \begin{cases} \dfrac{r^2}{C^2} - \dfrac{r^4}{C^4} + \dfrac{r^6}{3C^6} & (|r| < C) \\[2mm] \dfrac{1}{3} & (r \geqslant C) \end{cases}$$

其中,参数 C 为距离阈值,它定义了什么点会被视为离群值;参数 r 为点到直线的距离。

在图基权重中对于离群值采用了一个固定的值来确定权值。

如果使用时觉得图基权重的平方计算过于复杂,可以使用简化的图基权重:

$$\rho(r) = \begin{cases} \left[1 - \dfrac{r^2}{C^2} \right]^2 & (|r| < C) \\ 0 & (|r| \geqslant C) \end{cases}$$

其中,参数 C 为距离阈值,它定义了什么点会被视为离群值;参数 r 为点到直线的距离。

对于离群值直接进行舍去,对于其他值,它们的权重在 $0 \sim 1$ 变化。

这两个权重函数都需要进行距离阈值的设定,对于不同的系统,需要针对性地调整来保证拟合的正确性。

也可以通过数据自身来确定距离阈值,这样会比较方便。可以通过基于点到直线的距离值的标准偏差来实现,这个标准偏差不是正规的标准偏差,因为只想得到离群值,所以使用如下式子计算偏差值。一般情况下使用 1 倍的偏差值作为距离阈值。

$$\theta_r = \frac{\mathrm{median}[r_i]}{0.6745}$$

其中,θ 为偏差;r 为点到直线的距离。

如果距离值数据符合正态分布,也可以使用标准偏差的小的倍数,如下式:

$$\theta_r = 2 \frac{\mathrm{median}[r_i]}{0.6745}$$

使用图基权重处理图 16-3 中的大凸起的图像,结果如下:

可以看到,经过图基权值处理的直线,和轮廓比较贴合。

但是在某些情况下,同权重来抑制离群值的方法也会失效。因为初始时,权重是正常值,它给出的结果是能被离群值干扰的。因此,权重函数可能丢失正常值。为了加强健壮性,可以使用方法 RANSAC (the random sample consensus,随机样本一致性)算法,这个算法采用了相继丢弃离群值的处理,它先通过随机选择最少数点的方式,例如只选择两个点,来

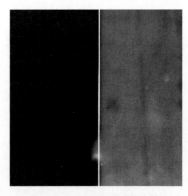

图 16-3　图基权重拟合

构造一条直线的解,然后检查有多少个点在这条直线上,如此重复,直到在直线上的点的比例达到一个值,这个直线解即拟合结果。当点集如图 16-4 呈现时就会比较有效,左图为原始图,右图蓝线为拟合的结果。

在 HALCON 中使用 fit_line_contour_xld 函数来实现直线的拟合,这个函数的参数中:

(1) 第一个参数 Contours 为需要拟合的线;

(2) 第二个参数 Algorithm 为选择的算法;

图 16-4 RANSAC 算法拟合直线

（3）第三个参数 MaxNumPoints 为参与拟合的点的个数，−1 表示所有的点都参与；

（4）第四个参数 ClippingEndPoint 为裁切首尾点的个数；

（5）第五个参数 Iterations 为迭代的次数；

（6）第六个参数 ClippingFactor 为距离阈值的因子；

（7）第七个参数 RowBegin 为拟合直线的起始点的行坐标；

（8）第八个参数 ColBegin 为拟合直线的起始点的列坐标；

（9）第九个参数 RowEnd 为拟合直线的结束点的行坐标；

（10）第十个参数 ColEnd 为拟合直线的结束点的列坐标；

（11）第十一个参数 Nr 为行方向向量；

（12）第十二个参数 Nc 为列方向向量；

（13）第十三个参数 Dist 为图像原点到这条直线的距离。

算法类型介绍如下：

（1）regression：标准最小二乘拟合。

（2）Huber：加权最小二乘直线拟合，其中根据胡贝尔的方法减少了离群值的影响。

（3）tukey：加权最小二乘直线拟合，其中根据图基的方法减少了离群值的影响。

（4）drop：最小二乘拟合，其中的离群值被忽略的方式为：如果点到直线的距离大于所有轮廓线的点到直线的距离的均值乘以距离阈值因子的值，则该点会被忽略。

（5）gauss：加权最小二乘直线拟合，根据所有轮廓点到拟合线距离的平均值和标准差减少离群点的影响。

16.2 圆拟合

圆拟合是把一系列的点拟合为一个圆形，使用如下的公式：

$$x^2 + y^2 + Dx + Ey + F = 0$$

这个公式可以快速计算出圆形的代数距离，计算方便。

拟合的思路和拟合直线相似，即计算轮廓上的点到拟合圆的距离的平方，然后再把所有的距离进行连加求和，最后对这个求和的值求最小化。

计算圆拟合的方式分为代数方式和几何方式。

1．圆的代数距离

圆的代数距离的计算公式如下：

$$Adis = x^2 + y^2 + Dx + Ey + F$$

其中，D、E、F 为圆方程的系数；$Adis$ 为点到圆的代数距离。

代数计算比较方便，计算的是 x、y 的二次函数。

2．圆的几何距离

圆的几何距离的计算公式如下：

$$Gdis = \left| \sqrt{(x-a)^2 + (y-b)^2} - r \right|$$

其中，(a,b) 为圆心坐标，r 为半径；$Gdis$ 为点到圆的几何距离。

几何距离计算复杂，涉及开平方，但是计算比较准确，是实际的几何距离。几何距离是一个非线性优化的问题，只能采用非线性最优化方法的迭代来解决。

图 16-5 所示是一个带有凸起的圆，我们使用圆拟合的方式对这个圆进行拟合。

圆拟合结果如图 16-6 所示。

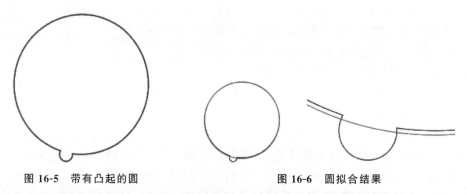

图 16-5　带有凸起的圆　　　　　　　图 16-6　圆拟合结果

浅色圆为拟合的结果，把凸起的地方局部放大如图 16-5 右侧所示，浅色的圆并没有和深色的圆重叠，说明拟合的结果受到凸起的离群值的影响，也反映了这个算法的健壮性有待提升。

为了增加算法的健壮性，可以参考拟合直线的方式，加入权重来减小离群值的影响，

计算步骤和直线拟合差不多，先进行一个正常的最小平方拟合，然后用这个轮廓圆来计算后续迭代的距离，去除离群值。

权重分为胡贝尔权重和图基权重，方式与直线拟合的相同，这里就不再赘述。圆拟合也可以使用自适应的胡贝尔和图基阈值，方式也和直线拟合一致。

使用图基权重几何距离的方式计算得到的凸起圆拟合的结果如图 16-7 所示。

可以看到，浅色的拟合结果和原始的圆完全贴合了，表明带权重的计算方式成功地处理了离群点。

在一些极限情况下，拟合圆也需要使用到 RANSAC 算法。

图 16-7 权值凸起圆拟合结果

在 HALCON 中,使用 fit_circle_contour_xld 函数来实现圆的拟合,这个函数的参数中:

(1) 第一个参数 Contours 为需要拟合的线;

(2) 第二个参数 Algorithm 为选择的算法;

(3) 第三个参数 MaxNumPoints 为参与拟合的点的个数,−1 表示所有的点都参与;

(4) 第四个参数 MaxClosureDist 为轮廓端点之间被认为是"闭合"的最大距离;

(5) 第五个参数 ClippingEndPoint 为裁切首尾点的个数;

(6) 第六个参数 Iterations 为迭代的次数;

(7) 第七个参数 ClippingFactor 为距离阈值的因子;

(8) 第八个参数 Row 为拟合圆的圆心的行坐标;

(9) 第九个参数 Column 为拟合圆的圆心的列坐标;

(10) 第十个参数 Radius 为拟合圆的半径;

(11) 第十一个参数 StartPhi 为起始的圆角度;

(12) 第十二个参数 EndPhi 为结束的圆角度;

(13) 第十三个参数 PointOrder 为圆的点的顺序。

圆拟合的模式如下:

(1) algebraic:该方法为最小二乘法计算,计算的距离为代数距离。

(2) ahuber:该方法为最小二乘法计算,计算的距离为代数距离。权重基于胡贝尔方法对轮廓点进行加权,以减少异常点的影响。

(3) atukey:该方法为最小二乘法计算,计算的距离为代数距离。权重基于图基方法对轮廓点进行加权,以减少异常点的影响。

(4) geometric:该方法为最小二乘法计算,计算的距离为几何距离。

(5) geohuber:该方法为最小二乘法计算,计算的距离为几何距离。权重基于胡贝尔方法对轮廓点进行加权,以减少异常点的影响。

(6) geotukey:该方法为最小二乘法计算,计算的距离为几何距离。权重基于图基方法对轮廓点进行加权,以减少异常点的影响。

16.3 椭圆拟合

椭圆拟合是把点集拟合成椭圆,拟合的原理和直线拟合、圆拟合的方式一致,是点集的点到拟合的椭圆的距离的平方和的最小值。表示椭圆使用的是椭圆的隐式表达式:

$$\alpha x^2 + \beta xy + \gamma y^2 + \delta x + \zeta y + \eta = 0$$

对于圆和直线点到它们的距离可以比较容易确认,但是对于椭圆就比较难,这需要找四次多项式的根。这样计算会很复杂,所以在椭圆拟合的时候,大多数采用代数距离,不采用几何距离。椭圆的代数距离是椭圆的隐式表达式的直接计算值,公式如下:

$$Adis = \alpha x^2 + \beta xy + \gamma y^2 + \delta x + \zeta y + \eta$$

这个公式还可以表示双曲线和抛物线,如果要表示椭圆就应符合下式:

$$\beta^2 - 4\alpha\gamma < 0$$

令

$$\beta^2 - 4\alpha\gamma = -1$$

这样既能用隐式方程表达椭圆,也可以用线性的方式来求取点到椭圆的距离。

代数距离在拟合时的精度是会有偏差的,如果需要以最高精度来确认椭圆参数,可以使用椭圆的几何距离。

在椭圆拟合中也可以像直线拟合和圆拟合那样加入权重来提高算法的健壮性,大多数还是使用胡贝尔权重和图基权重,这里的方法和直线拟合一致,这里不再赘述。

极端条件下拟合椭圆也可以使用 RANSAC 算法。

在 HALCON 中还可以使用焦点法来拟合椭圆,焦点法也是一种近似的计算方式,如图 16-8 所示。

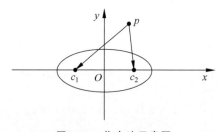

焦点法的计算方式为点 p 到焦点 c_1、c_2 的距离的和,减去椭圆长轴两倍,结果为 d,公式如下:

$$d = pc_1 + pc_2 - 2a$$

用 d 来代替点到椭圆的距离,求取 d 的最小平方和,来求取椭圆。

图 16-8 焦点法示意图

焦点法中也可以加入胡贝尔权重和图基权重来去除离群值。焦点法的 d 值为一次函数,计算简单,适用于需要快速拟合的场景,但是精度相对较低。

在 HALCON 中使用 fit_ellipse_contour_xld 函数来实现椭圆拟合,这个函数的参数中:

(1) 第一个参数 Contours 为需要拟合的线;

(2) 第二个参数 Algorithm 为选择的算法;

(3) 第三个参数 MaxNumPoints 为参与拟合的点的个数,-1 表示所有的点都参与;

(4) 第四个参数 MaxClosureDist 为轮廓端点之间被认为是"闭合"的最大距离;

(5) 第五个参数 ClippingEndPoint 为裁切首尾点的个数;

(6) 第六个参数 VossTabSize 为存储沃斯算法的圆形段的数量;

(7) 第七个参数 Iterations 为迭代的次数;

(8) 第八个参数 ClippingFactor 为距离阈值的因子;

（9）第九个参数 Row 为拟合椭圆的圆心的行坐标；

（10）第十个参数 Column 为拟合椭圆的圆心的列坐标；

（11）第十一个参数 Phi 为拟合椭圆的朝向；

（12）第十二个参数 Radius1 为拟合椭圆的半长轴；

（13）第十三个参数 Radius2 为拟合椭圆的半短轴；

（14）第十四个参数 StartPhi 为起始的椭圆弧角度；

（15）第十五个参数 EndPhi 为结束的椭圆弧角度；

（16）第十六个参数 PointOrder 为椭圆的点的顺序。

椭圆拟合的算法如下：

（1）fitzgibbon：这种方法计算的是代数距离，约束条件 $4ac - b^2 = 1$ 保证得到的多项式描述的是椭圆，而不是双曲线或抛物线。计算公式如下：

$$Adis = \alpha x^2 + \beta xy + \gamma y^2 + \delta x + \zeta y + \eta$$

（2）fhuber：这种方法计算的是代数距离，基于胡贝尔权值对轮廓点进行加权，以减少异常点的影响。

（3）ftukey：这种方法计算的是代数距离，基于图基权值对轮廓点进行加权，以减少异常点的影响。

（4）geometric：这种方法计算的是几何距离，这种距离测量在统计上是最优的，但是需要更多的计算时间。

（5）geohuber：这种方法计算的是几何距离，基于胡贝尔权值对轮廓点进行加权，以减少异常点的影响。

（6）geotukey：这种方法计算的是几何距离，基于图基权值对轮廓点进行加权，以减少异常点的影响。

（7）voss：每个输入轮廓在仿射标准位置进行变换。根据变换后的轮廓（即封闭图像区域）的矩，选择标准圆段，其标准位置与轮廓的标准位置最匹配。利用仿射变换对所选圆段的标准位置对应的椭圆进行再变换，得到与原轮廓匹配的椭圆的标准位置。VossTabSize 参数用于此计算。为了加快处理速度，在第一次调用 fit_ellipse_contour_xld 时创建的表中存储了相应的矩表和其他数据。

（8）focpoints：这种方法计算的是焦点距离，然后通过最小二乘法求取椭圆的参数。

（9）fphuber：这种方法计算的是焦点距离，基于胡贝尔方法进行了加权的最小二乘优化，以减少异常值的影响。

（10）fptukey：这种方法计算的是焦点距离，基于图基方法进行了加权的最小二乘优化，以减少异常值的影响。

第 17 章

图像处理结果的表述和绘制

17.1　图形窗口

图形窗口是观察图像数据的交接口,可以通过图形窗口显示绘制的文字、图像、区域和亚像素数据等,这样可以更好地观察图像处理的过程中的结果,方便修改调试程序,也方便用户直观地观察结果。例如,在图像上直接绘制图像缺陷区域,可以更好地让客户观察到缺陷位置。

1. 打开窗口

在 HALCON 中使用 dev_open_window 函数来创建一个窗口,这个函数的参数中:

(1) 第一个参数 Row 为窗口的起始行坐标;

(2) 第二个参数 Column 为窗口的起始列坐标;

(3) 第三个参数 Width 为窗口的宽;

(4) 第四个参数 Height 为窗口的高;

(5) 第五个参数 Background 为窗口的背景颜色;

(6) 第六个参数 WindowHandle 为窗口的句柄。

当创建一个窗口时,这个窗口将自动激活,这意味着所有的输出都将被显示到该窗口。可以通过窗口的信号灯图标来判断当前是哪一个窗口在激活。图 17-1 所示是窗口的信号灯所在位置,用深色方框标出。

2. 激活窗口

当需要在不同的窗口显示不同的对象时,就需要激活不同的窗口,可以通过单击图像窗口上面的灯泡来激活某窗口为当前窗口,也可以通过 dev_set_window 函数来激活窗口,这个函数的参数中, WindowHandle 为窗口对应的句柄。

3. 清空窗口

需要清空窗口内容时,可以单击图形窗口上的清空图像按钮,如图 17-2 所示,深色方框区域是清空图像按钮。

图 17-1 窗口的信号灯所在位置

也可以通过使用函数 dev_clear_window 函数来清除当前激活窗口的图像,该函数没有参数。清空窗口只清空显示的图像,包括历史显示图像,该窗口设置的输出参数不会被清空。

图 17-2 清空图像按钮

4. 关闭窗口

在不需要窗口的时候,可以把窗口关闭,关闭一个窗口后,窗口的资源会被释放,对窗口的所有设置不再存在。可以通过单击窗口上的"×"来关闭窗口,也可以通过 dev_close_window 函数来关闭窗口,被关闭的窗口是当前激活的窗口,该函数没有参数。

5. 窗口大小

窗口大小是窗口用于显示图像的尺寸,一般用像素来作为单位。可以在打开窗口的时候设置窗口的大小,也可以根据最新显示图像的大小调整图形窗口的大小,使用 dev_set_window_extents 函数来实现这个操作,这个函数的参数中:

(1) 第一个参数 Row 为窗口的左上角的行坐标,如果是负数,则窗口的位置不变;

(2) 第二个参数 Column 为窗口的左上角的列坐标,如果是负数,则窗口的位置不变;

(3) 第三个参数 Width 为窗口的新的宽度;

(4) 第四个参数 Height 为窗口的新的高度,如果高度和宽度有一个为负数,窗口的大小不变。

图 17-3 所示是把图像窗口从 512×512 调整为 640×320。

6. 窗口中显示对象

需要把处理过的图像、区域或亚像素数据展现出来的时候,需要在窗口中显示对象。可以通过 dev_display 函数来显示想展示的图像、区域和亚像素数据对象。这个函数的参数

图 17-3   图像窗口从 512×512 调整为 640×320

中,Object 为要显示的对象变量,该函数默认把对象显示在已经激活的窗口。

7. 窗口参数

1)窗口显示色彩的数量

窗口显示色彩的数量是指显示多个区域和多个亚像素数据时,可以以几种颜色来区别显示,即每个区域(或亚像素数据)以不同的颜色显示,默认设置是使用 12 种颜色。可以通过 dev_set_colored 函数来设置需要的颜色数量,这个函数的参数中,NumColors 为颜色的数量。

图 17-4 所示是窗口内 3 个独立的区域使用一种颜色显示和三种颜色显示的对比图。

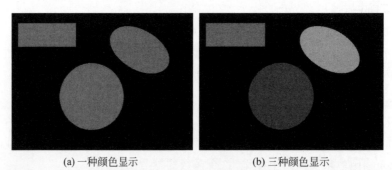

(a) 一种颜色显示   (b) 三种颜色显示

图 17-4   窗口内 3 个独立的区域使用一种颜色显示和三种颜色显示的对比图

2)显示颜色

设置当前显示的颜色可通过 dev_set_color 函数定义,用于在图形窗口中显示区域、亚像素数据和其他几何对象的颜色。这个函数的参数中,ColorName 为颜色的名称。

可以使用 query_color 函数来查询可用的颜色,这个函数的参数中:

(1)第一个参数 WindowHandle 是窗口的句柄;

(2)第二个参数 Colors 是可用的颜色的字符串数组。

此外,在♯rrggbb 和♯rrggbbaa 中,可以将 ColorName 指定为十六进制 RGB 三联体或 RGBA 四联体。'rr'、'gg'、'bb'和'aa'分别是'00'和'ff'之间的十六进制数。'rr'表示颜色的红色通道数值,'gg'表示颜色的绿色通道数值,'bb'表示颜色的蓝色通道的数值,'aa'表示颜色的 alpha 通道值,可以用来显示透明区域。通道的数组范围为十进制的 0~255。

3）填充模式

填充模式设置的是区域的显示是否是完整的填充状态,还是只显示区域边缘。

使用 dev_set_draw 函数来实现填充模式的设置,这个函数的参数中,DrawMode 为填充模式类型。

4）线宽

线宽是指在绘制亚像素数据或者是边缘模式下的区域时绘制的线的宽度。通过 dev_set_line_width 函数来实现线宽的设置,这个函数的参数中,LineWidth 为线的宽度,单位为像素。

5）形状模式

形状模式是指在显示区域时,会显示这个区域的转换图像,例如原始区域的外接矩形。通过 dev_set_shape 函数来实现形状模式的设置,这个函数的参数中,Shape 为形状模式的类型。

转换图形的类型可以通过 query_shape 函数来进行查询,这个函数的参数中,DisplayShape 为可以使用的形状模式的数组。

模式类型如下:

（1）original：形状显示不变。不过显示的是区域的边界,我可以通过 dev_set_line_width 等参数来设置区域边界的线宽。这也适用于所有其他模式。

（2）outer_circle：显示最小外接圆。

（3）inner_circle：显示最小内接圆。

（4）ellipse：显示区域的等效椭圆。

（5）rectangle1：显示区域的水平最小外接矩形。

（6）rectangle2：显示区域的最小外接矩形。

（7）convex：显示区域的凸多边形。

（8）icon：在区域的重心位置用直径为 10 的圆进行显示。

6）颜色查找表

颜色查找表指的是通过不同的颜色查找表来显示不同颜色的灰度值图像和彩色图像。通过 dev_set_lut 函数来实现颜色查找表的设置,这个函数的参数中,LutName 为颜色查找表的类型。

可以通过 query_lut 来查询可以使用的颜色查找表,这个函数的参数中:

（1）第一个参数 WindowHandle 为窗口的句柄;

（2）第二个参数 LookUpTable 为查找表的名字数值。

图 17-5 所示是原始图像和使用伪彩色查找表显示黑白图像,人眼对彩色的分辨能力要高于人眼对灰度的分辨能力,可以更好地分辨图像灰阶。

(a) 伪彩色查找表颜色　　　　　　　(b) 原始查找表颜色

图 17-5　原始图像和使用伪彩色查找表显示黑白图像

7）立体显示模式

立体显示模式是切换 2D 灰度显示，把灰度值作为第三维度信息，使用 3D 模式来显示。通过 dev_set_paint 函数来实现立体显示模式的设置，这个函数的参数中，Mode 为显示的模式。

图 17-6 所示为立体显示模式的对比。

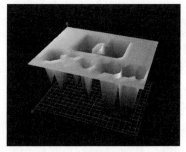

(a) 2D图片　　　　　　　　　　(b) 3D图片

图 17-6　立体显示模式的对比

8）立即更新模式

立即更新模式指创建对象时会直接显示在激活的窗口，如果设置的模式为不使用，则创建对象时不会显示在激活的窗口。通过 dev_update_window 函数来实现，这个函数的参数中：DIsplayMode 为设置是否开启，开启填入字符串"on"，关闭填入字符串"off"。

此选项对单步模式下的对象输出没有影响。在执行单步操作符之后，图形输出对象总是显示在活动图形窗口中。

9）显示部分图像

显示部分图像是在图像大于窗口尺寸的时候显示图像的一部分，使用 dev_set_part 函数来实现显示部分图像，这个函数的参数中：

（1）第一个参数 Row1 为窗口左上角的行坐标对应图像的行坐标。

（2）第二个参数 Column1 为窗口左上角的列坐标对应图像的列坐标。

（3）第三个参数 Row2 为窗口右下角的行坐标对应图像的行坐标。

（4）第四个参数 Column2 为窗口右下角的列坐标对应图像的列坐标。

17.2 绘制对象

17.2.1 绘制区域

在显示图像时，可以通过 dev_display 把区域绘制在已经激活的窗口，也可以先通过 dev_set_window 来指定要显示的窗口，然后再使用 dev_display 函数进行区域显示。

显示区域的时候，可以通过 dev_set_draw 来设置绘制的模式是填充还是非填充；也可以使用 dev_set_line_width 来设置区域绘制模式是非填充时的边界线宽，使得显示更为明显；也可以通过 dev_set_color 来调整显示区域的颜色，来达到显示不同区域，使用不同颜色的效果。

也可以使用 paint_region 函数把区域绘制在图像上，这样在保存图像的时候，就可以把绘制的结果一起保存下来。如果使用的是 dev_display 函数，则是绘制在窗口上，图像上不会出现绘制结果。

在 paint_region 函数的参数中：

（1）第一个参数 Region 为要绘制的区域；

（2）第二个参数 Image 为被绘制的图像；

（3）第三个参数 ImageResult 为绘制后的图像；

（4）第四个参数 Grayval 为绘制的灰度值；

（5）第五个参数 Type 为绘制模式。

如果要绘制彩色的区域，需要在三个通道上分别绘制，再把三个通道合并起来，黑白图像的三个通道图像一致。

17.2.2 绘制亚图像数据

在显示图像时，可以通过 dev_display 把亚图像数据绘制在已经激活的窗口，绘制在窗口上的亚图像数据以亚像素的线来表示，如图 17-7 所示。可以看到图像上的白色边缘是穿过像素的，说明白色边界的分辨率是大于图像的。

也可以使用 dev_set_line_width 来设置亚像素数据绘制线体的宽度。使得显示更为明显，也可以通过 dev_set_color 来调整显示亚像素数据的颜色，来达到显示不同区域，使用不同颜色的效果。可以使用 dev_set_contour_style 来设置边缘的类型，这个函数的参数中，Style 为绘制的类型。

绘制的类型有如下几种：

（1）stroke：只显示轮廓线。

（2）fill：被轮廓包围的区域被填充。

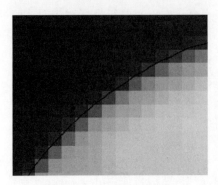

图 17-7　绘制亚像素数据

（3）stroke_and_fill：显示轮廓线，填充封闭区域。

可以使用 paint_xld 函数实现把亚像素数据绘制在图像上，绘制在图像上的亚像素数据不再是亚像素级别而是像素级别，而且绘制的亚像素数据是会被封闭和填充的。图 17-8 所示是在图像上绘制 L 型亚像素数据的结果。首先对亚像素数据进行填充，然后根据设置的颜色绘制出来。这里设置的是 128 的灰度。

图 17-8　在图像上绘制 L 型亚像素数据

如果要绘制轮廓的边缘，需要把亚像素数据转换为区域，然后再通过绘制区域轮廓绘制在图像上。使用 gen_region_contour_xld 将亚像素数据转换为区域，这个函数参数中：

（1）第一个参数 Contour 为需要转换的轮廓；

（2）第二个参数 Region 为转换的区域；

（3）第三个参数 Mode 为转换的方式，是填充还是轮廓。

17.2.3　绘制文字

实际应用中，有在窗口上输出文字的需求，例如需要显示测量的数值，显示产品判别的结果是 OK 或 NG，或者需要写一些引导性的文字协助操作者进行操作等。

使用 set_display_font 函数设置要显示的字体的大小、字体类型，以及是否加粗和斜体表示的情况，这个函数的参数中：

（1）第一个参数 WindowHandle 为设置字体的窗口句柄；

（2）第二个参数 Size 为字体大小；

（3）第三个参数 Font 为字体类型；

（4）第四个参数 Bold 为字体是否加粗；

（5）第五个参数 Slant 为字体是否倾斜。

使用 dev_disp_text 函数来显示文字，这个函数的参数中：

（1）第一个参数 String 为要显示的字符串；

（2）第二个参数 CoordinateSystem 为设置坐标系，可以以窗口坐标为基准，也可以图像坐标为参考；

（3）第三个参数 Row 为显示字符串的左上角的行坐标；

（4）第四个参数 Column 为显示字符串的左上角的列坐标；

（5）第五个参数 Color 为字体颜色；

（6）第六个参数为需要设置的参数的名字；

（7）第七个参数为需要设置的参数的变量值。

dev_disp_text 函数可以设置的参数有如下几种：

（1）box：如果将 box 设置为 true，则文本将存在一个框中。可以使用下面的通用参数配置框及其可选阴影的外观。

（2）box_color：设置框的颜色。颜色的变量与 dev_set_color 的一样，可以用字符串表示，也可以用十六进制表示。

（3）shadow：如果 shadow 设置为 true，则在框下显示另一个阴影（需要 box 为 true）。

（4）shadow_color：如果 shadow 为 true，则设置阴影的颜色。颜色的变量与 dev_set_color 的一样，可以用字符串表示，也可以用十六进制表示。

（5）border_radius：控制框角的圆度。对于锐角设置为 0，对于平滑角设置为更高的值。

（6）box_padding：box 框向周围扩展的像素数量。

（7）shadow_sigma：控制框下阴影的模糊程度。把它设为 0，设置为锐利的阴影。

（8）shadow_dx 和 shadow_dy：控制阴影在列（shadow_dx）和行（shadow_dy）方向的偏移（以像素为单位）。

## 第 18 章

数组的应用

18.1 字符串的处理

18.1.1 字符串的合并

合并字符串是把两个字符串合并在一起。在 HALCON 中可以使用加号来合并字符串,例如:

```
* 创建字符串
str2: = 'cb'
str3: = 'cd'
```

将字符串 str2 和字符串 str3 进行合并。

str2 和 str3 进行相加的代码如下:

```
Result: = str2 + str3
```

得到的结果为"cbcd"。

18.1.2 字符串的分割

字符串的分割是指把一个字符串分割成两段。在 HALCON 中使用 tuple_split 函数来实现分割字符串的效果,这个函数的参数中:

(1) 第一个参数 String 为需要分割的字符串;

(2) 第二个参数 Separator 为分割的字符标识;

(3) 第三个参数 Substrings 为分割后的字符串。

```
* 创建字符串
str1: = "ab12cdbef"
```

把分割的字符设置为 str1 的第三个字符,通过符合"{}"来选择 str1 的第三个字符,如:

str1{3}

使用如下代码分割字符串：

tuple_split(str1, str1{3}, Substrings1)

得到的结果为['ab1', 'cdbef']，使用的标识符会被删除。

使用 str1 中的第二个字符作为标识符，即 str{2}，再次调用分割函数。

tuple_split(str1, str1{2}, Substrings1)

得到的结果为['ab', '2cdbef']。

使用'b'作为标识符，这个标识和 str1 的第二个字符是一致的，但是得到的结果就不一样，调用分割函数：

tuple_split(str1, 'b', Substrings3)

得到的结果为['a', '12cd', 'ef']，字符串在所有"b"的位置进行了分割，而且'b'都会被消除。

如果不想把标准字符串删除，就需要把标志字符添加回去，代码如下：

```
for i: = 0 to |Substrings2| − 2 by 1
    * str1{2}为标志符
    Substrings2[i + 1]: = str1{2} + Substrings2[i + 1]
    * 如果要把删除的字符添加在前面字符串为
    * Substrings2[i]: = Substrings2[i] + str1{2}
Endfor
```

使用 tuple_str_first_n 函数来从字符串前面分割 n 个字符，这个函数的参数中：

（1）第一个参数 String 为被分割的字符串；

（2）第二个参数 Position 为被分割的位置；

（3）第三个参数 Substring 为被分割的字符串。

把字符串 str1 的前 3 个字符截取出来。

tuple_str_first_n(str1, 2, Substring)

得到的结果为"ab1"。

使用 tuple_str_last_n 函数从字符串后方分割 n 个字符，这个函数的参数中：

（1）第一个参数 String 为被分割的字符串；

（2）第二个参数 Position 为被分割的位子；

（3）第三个参数 Substring 为被分割的字符串。

把字符串 str1 的第三个字符后的字符截取出来，代码如下：

tuple_str_first_n(str1,3, Substring)

得到的结果为"2cdbef"。

18.1.3　字符串的插入

字符串的插入是在当前字符串内插入需要的字符串。

```
* 创建字符串
str1: = 'ab12cdbef'
str3: = 'cd'
```

把字符串 str3 插入 str1 中,插入的位置为 str1 的第三个字符的位置,实现代码如下:

```
* 添加位置,因为分割函数会删除一个字符,所有位置的值需要减1
i: = 2
* 分割字符串
tuple_split(str1, str1{i}, Substrings1)
* 添加字符串
resStr: = Substrings1[0] + str1{i} + str3 + Substrings1[1]
```

得到的结果为"ab1cd2cdbef"。

18.1.4　字符串的删除

字符串的删除是把一个字符串某个位置的字符串删除,例如"abcdef"字符串,要把字符串中第二个位置的字符"b"进行删除,得到的字符串为"acdef"。

在 HALCON 中,使用 tuple_substr 来进行字符串的提取,这个函数的参数中:

(1) 第一个参数 String 为输入的需要进行删除操作的字符串;

(2) 第二个参数 Position1 为开始提取的位置,位置从 0 开始;

(3) 第三个参数 Position2 为结束提取的位置;

(4) 第四个参数 Substring 为删除后的字符串。

```
* 创建字符串
str1: = 'ab12cdbef'
```

把字符串第二个字符删除,代码如下:

```
* 删除
* 删除起始字符位置
delstrat: = 2
* 删除结束字符位置
delend: = 4
* 提取前段部分
tuple_substr(str1,0,delstrat - 1,s)
* 提取后段部分
tuple_substr(str1,delend + 1,strlen(str1) - 1,s1)
* 合并结果
res: = s + s1
```

得到的结果为"abdbef"。

18.1.5 字符串的替换

字符串的替换是把一个字符串的值替换为另一个值。例如字符串"abc"中的"b"替换为"1",得到的结果为"a1c"。在 HALCON 中,使用 tuple_regexp_replace 函数来实现字符串的替换。这个函数的参数中:

(1) 第一个参数 Data 为输入的字符串;

(2) 第二个参数 Expression 为需要替换的字符串;

(3) 第三个参数 Replace 为替换的字符串;

(4) 第四个参数 Result 为替换结果。

```
* 创建字符串
Str5: = 'abc'
Str6: = '1'
```

使用函数将"b"进行替换,代码如下:

```
tuple_regexp_replace(Str5, 'b', Str6, Result)
```

得到的结果为"a1c"。

18.1.6 字符串的交集

字符串的交集是把两个字符串进行相交运算,并输出相交的结果。如果没有相同的部分,则输出空的字符串,如字符串"abc"和字符串"b"求交集,得到的结果为"b"。

在 HALCON 中使用 tuple_regexp_match 函数来求取字符串的交集,这个函数的参数中:

(1) 第一个参数 Data 为输入的字符串;

(2) 第二个参数 Expression 为第二个字符串;

(3) 第三个参数 Matches 为相交的结果。

```
* 创建字符串 Str5 和 Str7 进行相交计算
Str5: = 'abc'
Str7: = 'b'
tuple_regexp_match(Str5,Str7, Matches)
```

得到的结果为"b"。

18.1.7 字符串的筛选

字符串的筛选是通过某个特定的字符数组进行筛选,与特定字符串有相同部分的字符串进行选择。例如,字符串数组['a', 'ab', 'c'],从字符串数组中选择带有"a"的字符串,得到结果为['a','ab']。

在 HALCON 中,使用 tuple_regexp_select 函数来实现字符串筛选,这个函数的参数中:

(1) 第一个参数 Data 为输入的字符串;

(2) 第二个参数 Expression 为特征字符串;

(3) 第三个参数 Selection 为筛选的字符串。

```
* 创建字符串 strArray 和 str7,然后进行筛选
strArray: = ['a','ab','c']
str7: = 'a'
tuple_regexp_select(['a','ab','c'],str7, Selection)
```

得到的结果为['a', 'ab']。

18.1.8　字符串的查询

字符串的查询是查询字符串内是否有目标字符串,如果有,则返回目标字符串所在的被查询字符串中的位置。例如字符串'abc',目标字符串为'b',就会返回1,位置是从 0 开始计数的。在 HALCON 中使用 tuple_strchr 函数来查询字符的位置,这个函数的参数中:

(1) 第一个参数 String 为被查询的字符串;

(2) 第二个参数 ToFind 为要查询的目标字符;

(3) 第三个参数 Position 为查询到的字符串的位置,位置从 0 开始计数。

```
* 创建字符串
Str5: = 'abc'
Str7: = 'b'
* 在 Str5 当中查找 Str7
tuple_strchr(Str5, Str7, Position)
```

Position 为字符所在的位置,结果为 1。

如果把 Str7 替换为 Str8:

```
Str8: = 'ac'
```

这个函数在查询有多个字符的字符串的时候,会逐个字符去查询,如果查询到了对应字符就会把字符串的位置输出,停止继续搜索。执行如下代码:

```
tuple_strchr(Str5, Str8, Position)
```

Position 为字符的位置,结果为 0,因为首先找到了"a"的位置,则把"a"的位置进行了输出。

使用 tuple_strstr 函数来查询字符串,这个函数参数中:

(1) 第一个参数 String 为被查找的字符串;

（2）第二个参数 ToFind 为要查找的字符串；

（3）第三个参数 Position 为查找到的位置。

```
* 创建字符串
Str5: = 'abc'
Str7: = 'b'
* 在 Str5 里面查找 Str7
tuple_strstr(Str5, Str7, Position)
```

查找结果为 1。

如果把 Str7 替换为 Str8

```
Str8: = 'ac'
tuple_strstr(Str5, Str8, Position)
```

查找结果为 −1。−1 表示没有查询到目标字符串。

```
* 如果把 Str5 替换为 Str6,把 Str8 替换为 Str9
Str6: = 'abca'
Str9: = 'a'
tuple_strstr(Str6, Str9, Position)
```

查找结果为 0。

tuple_strstr 函数在查找时,如果查找到了字符串,就会直接跳出,不会继续查找下去。

可以通过以下代码来查找整个字符串。

```
* 查询整个字符串
* 字符串剪切位置
Positionx: = 0
* 字符串赋值给零时字符串
str1T: = str1
* 目标字符串
strX: = 'b'
* 已经选择过的字符长度
selectedNumber: = 0
* 选择到的位置
PositionFind: = [ ]
* 循环查找
while(Positionx!= − 1)
    * 从头寻找第一次
    tuple_strstr(str1T, strX, PositionT)
    * 剪切位置赋值
    Positionx: = PositionT
    * 判断是否查询到字符
    if(Positionx!= − 1)
        * 剪切前面字符串
        tuple_str_last_n(str1T, PositionT + 1, Substring1)
```

```
        * 裁剪完的字符串赋值给查询字符串
        str1T: = Substring1
        * 保存找到的位置
        PositionFind: = [PositionFind, PositionT + selectedNumber]
        * 记录已查询过的值
        selectedNumber: = PositionT + 1
    endif
endwhile
```

18.2　数组的操作

18.2.1　数组的创建

可以通过直接给数组赋值来创建一个数组。

```
* 创建一个数值数组
Number: = [10,20,45,1,178,9,13]
* 创建一个字符数组
character: = ['a','b','f','c']
* 创建一个字符串数组
String: = ['av','bva','fq','cfww']
```

在 HALCON 中数组的成员可以是不同类型的值。

```
* 创建一个混合的数组
Mix: = ['av',1,'q','fww']
```

18.2.2　数组排序

数组排序是把数组按照数组元素的数值顺序进行排列,字符则转换为 ASCII 码来进行排序。在 HALCON 中使用 tuple_sort 函数来进行排序,这个函数参数中:

(1) 第一个参数 Tuple 为需要排序的数组;

(2) 第二个参数 Sorted 为排过序的数组。

```
* 将 Number 数组进行排序
tuple_sort(Number, Sorted)
```

得到的结果为[1, 9, 10, 13, 20, 45, 178]。

```
* 将 character 数组进行排列
tuple_sort(character, Sorted)
```

得到的结果为['a', 'b', 'c', 'f']。

```
* 将 String 进行排序
```

```
tuple_sort(String, Sorted)
```

得到的结果为['av', 'bva', 'cfww', 'fq']，排序时会使用字符串首字母进行排序。

对混合字符串是不能进行排序的。

可以使用 tuple_sort_index 函数来排序数组，返回字符索引，字符索引按照字符排序的顺序返回，这个函数的参数中：

（1）第一个参数 Tuple 为输入的数组；

（2）第二个参数 Indices 为输出排序的索引数组。

```
* 将 Number 数组进行排序
tuple_sort(Number, Sorted)
```

得到的结果为[3, 5, 0, 6, 1, 2, 4]，返回的数组是原数组的索引，排第一的数值是1，数值1的索引是3，所以3排在第一位。数值的索引是从0开始的。

使用 tuple_inverse 函数来实现数组的逆向排列，这个排列只对数组顺序方向，不进行排序，这个函数的参数中：

（1）第一个参数 Tuple 为输入数组；

（2）第二个参数 Inverted 为输出的数组。

```
* 将 character 数组进行逆向排列
tuple_inverse(character, Inverted)
```

得到的结果为['c', 'f', 'b', 'a']。

还可以将数组进行随机排列，代码如下。其中，Tuple 为输入数组，Shuffled 为输出数组。

```
if (|Tuple| > 0)
    * 把数组索引随机排列
    ShuffleIndices := sort_index(rand(|Tuple|))
    * 把随机排列的数组赋值
    Shuffled := Tuple[ShuffleIndices]
else
    * 如果数组为空,返回空数组
    Shuffled := []
Endif
```

18.2.3　删除数组元素

删除数组元素是把数组的某个成员进行删除，后续的成员补上删除成员的位置。在 HALCON 中使用 tuple_remove 函数来实现数组元素的删除，这个函数的参数中：

（1）第一个参数 Tuple 为输入的数组；

（2）第二个参数 Index 为删除成员的索引；

（3）第三个参数 Reduced 为删除成员后的数组。

```
* 创建数组 Array1
Array1:=[1,2,56,'y','xx']
* 把第二个元素进行删除
tuple_remove(Array1,1, Reduced)
```

得到的结果为[1，56，'y'，'xx']，删除的数组索引是从 0 开始的，输入索引为 1，即删除第二个元素"2"。

18.2.4　插入数组元素

插入数组元素是把数组元素插入相应的位置。在 HALCON 中使用 tuple_insert 函数来实现数组的插入，这个函数的参数中：

(1) 第一个参数 Tuple 为输入的数组；

(2) 第二个参数 Index 为插入位置的索引；

(3) 第三个参数 InsertTuple 为插入的数组元素；

(4) 第四个参数 Extended 为插入后输出的数组。

```
* 创建数组 Array2
Array2:=[1,2,3,4]
* 在数组 Array2 的第二个位置插入一个数组元素 a
a:=5555
tuple_insert(Array2, 1, a, Extended)
```

得到的结果为[1，5555，2，3，4]，插入的索引是从 0 开始的，在第二个位置插入数组元素"a"，原来数组的元素依次向后移。

18.2.5　修改数组元素

修改数组元素是把数组中的某一个元素改为另一个值。在 HALCON 中使用 tuple_replace 函数来修改数组元素，这个函数的参数中：

(1) 第一个参数 Tuple 为输入的数组；

(2) 第二个参数 Index 为修改的数组元素索引；

(3) 第三个参数 ReplaceTuple 为要修改成的数组元素；

(4) 第四个参数 RePlaced 为修改后的数组。

```
* 创建数组 Array3
Array3:=[5,'vision',7,9]
* 把 Array3 中的第二个元素改为 6
tuple_replace(Array3, 1, b, Replaced)
```

得到的结果为[5，6，7，9]，修改的索引是从 0 开始的。

18.2.6　查询数组元素

查询数组元素是通过给定的数组元素，在原有的数组当中查找目标元素的位置。在

HALCON 中使用 tuple_find 函数来实现数组元素的查找,这个函数的参数中:

(1) 第一个参数 Tuple 为输入的函数;

(2) 第二个参数 ToFind 为要查找的元素;

(3) 第三个参数 Indices 为查找到的元素的索引。

```
* 创建数组 Array4
Array4: = [5,'vision',79,86]
* 在 Array3 中查找'vision'元素
tuple_find(Array5, 'vision', Indices)
```

得到的结果是 1,查找数组的索引是从 0 开始的。

如果一个数组当中有多个被查询元素,返回的索引为多个值,代码如下:

```
* 创建 Array5
Array5: = [5,'vision',7,'vision',99]
* 查询'vision'
tuple_find(Array5, 'vision', Indices)
```

得到的结果为[1, 3]。

使用 tuple_find_first 函数查找时,从数组前面查询到一个目标函数就停止查询功能,并返回索引位置,这个函数的参数中:

(1) 第一个参数 Tuple 为输入的数组;

(2) 第二个参数 ToFind 为需要查询的参数;

(3) 第三个参数 Index 为返回的位置索引。

```
* 在 Array5 中从头查询'vision'字符串
tuple_find_first(Array5, 'vision', Index)
```

得到的结果为 1。当函数查询到一个 vision 的时候,函数停止查询,而索引在 3 号位置的 vision 的索引没有被返回。

使用 tuple_find_last 函数查找时,从数组后面查询到一个目标函数就停止查询功能,并返回索引位置,这个函数的参数中:

(1) 第一个参数 Tuple 为输入的数组;

(2) 第二个参数 ToFind 为需要查询的参数;

(3) 第三个参数 Index 为返回的位置索引。

```
* 在 Array5 中从后面查询'vision'字符串
tuple_find_last(Array5, 'vision', Index1)
```

得到的结果为 3,当函数从数组后面查询到一个 vision 的时候,函数停止查询,索引在 1 号位置的 vision 的索引没有被返回。

18.2.7 数组元素的选择

数组元素的选择是通过某个条件选择数组中的某个元素。经常需要提取数组中的某个数值,例如在排序之后要选择最大的数值,就会用到数组元素的选择。在 HALCON 中使用 tuple_select 函数来实现该功能,这个函数的参数中:

(1) 第一个参数 Tuple 为要选择的数组;

(2) 第二个参数 Index 为数组元素的索引;

(3) 第三个参数 Selected 为选择的元素。

例如,从 Array1 里面选择第二个元素。

```
* 创建数组 Array1
Array1: = [1,2,56,'y','xx']
tuple_select(Array1, 1, Selected)
```

结果为 2。

也可以使用类似于 C 语言的数组索引方式。例如要选择 Array1 的第二个元素可以写作 Array1[1],元素的索引是从 0 开始的。

可以使用 tuple_select_range 函数来提取一个范围的数组元素,这个函数的参数中:

(1) 第一个参数 Tuple 为输入的数组;

(2) 第二个参数 LeftIndex 为要筛选的数组元素的起始的位置索引;

(3) 第三个参数 Rightindex 为要筛选的数组元素的终止的位置索引;

(4) 第四个参数 Selected 为筛选的数组元素组。

从 Array1 里面选择第 2~4 个元素。

```
* 创建数组 Array1
Array1: = [1,2,56,'y','xx']
tuple_select_range(Array1, 1, 3, Selected4)
```

结果为[2, 56, 'y']。元素的索引是从 0 开始的。

可以使用 tuple_select_rank 来达到排序和选择的效果,选择的数组元素是排序过后的对应元素,这个函数的参数中:

(1) 第一个参数 Tuple 为输入数组;

(2) 第二个参数 RankIndex 为选择的元素索引;

(3) 第三个参数 Selected 为选择的元素。

从 Number 中筛选排位为 1 的数组元素。

```
* 创建数组 Number
Number: = [10,20,45,1,178,9,13]
tuple_select_rank(Number, 0, Selected)
```

得到的结果为 1。数组 Number 排序后最小的值为 1,所以选择第一个数组元素的时候,数值为 1。

可以通过使用 tuple_select_mask 函数来实现数组的掩膜选择。掩膜选择即为创建一个掩膜来选择数组元素,掩膜的值为 1,则进行选择对应位置的元素,为 0 则不选择,掩膜的长度要和数组长度一致。这个函数的参数中：

（1）第一个参数 Tuple 为输入的数组；

（2）第二个参数 Mask 为掩膜；

（3）第三个参数 Selected 为选择的数组。

```
* 创建掩膜 m
m: = [1,0,1,1,0,1,0]
* 对 Number 进行选择
Number: = [10,20,45,1,178,9,13]
tuple_select_mask(Number, m, SelectMask)
```

得到的结果为[10，45，1，9]。

18.2.8　去除相邻重复的数组元素

在图像处理时，会遇到很多相同的元素的数组，一般情况下，我们更关心的是元素变化的部分，所以会去除相邻重复的数组元素来简化数组。在 HALCON 中使用 tuple_uniq 函数来实现去除相邻重复的数组元素，这个函数的参数中：

（1）第一个参数 Tuple 为输入的数组；

（2）第二个参数 Uniq 为输出的数组。

例如，把数组 repetitive 进行简化。

```
* 创建 repetitive 数组
repetitive: = [1,1,2,1,2,2,1,2]
tuple_uniq(repetitive, Uniq)
```

得到的结果为[1，2，1，2，1，2]。

18.2.9　数组的运算

1. 数组差异集

求数组差异集是对两个元素的数值进行对比。如果一样，就把相同的元素删除。在 HALCON 中使用 tuple_difference 函数来求数组差异集，函数允许输入数组中的元素为混合类型。但是，不同类型的元素被认为是不同的元素，即 1.0 和 1 是不同的。这个函数的参数中：

（1）第一个参数 Set1 为输入的数组；

（2）第二个参数 Set2 为对比数组；

（3）第三个参数 Difference 为去除后的数组。

```
* 创建数组 Array6 和 Array7,然后进行相同元素去除
Array6: = [1,2,10,4,5]
Array7: = [2,3,1.0,5,4]
```

```
tuple_difference(c, Selected6, Difference)
```

得到的结果为[1, 10]。Array7 中不包含 10,所有 10 被保留了下来,1.0 和 1 被认为不一样的值,因为类型不同,所有 1 被保留了下来。

2. 数组交集

求数组的交集是对两个数组元素值进行对比。如果一样,就把相同的元素保留下来,在 HALCON 中使用 tuple_intersection 函数来求数组的交集。函数也允许输入数组中的元素为混合类型。但是,不同类型的元素被认为是不同的元素,即 1.0 和 1 是不同的。这个函数的参数中:

(1) 第一个参数 Set1 为输入的第一个数组;

(2) 第二个参数 Set2 为输入的第二个数组;

(3) 第三个参数 Intersection 为交集数组。

```
* 创建数组 Array6 和 Array7,然后求数组交集
Array6: = [1,2,10,4,5]
Array7: = [2,3,1.0,5,4]
tuple_intersection(Array6, Array7, Intersection)
```

得到的结果为[2, 4, 5]。Array6 和 Array7 中不同的元素为 10 和 3,所以没有得到保留,1 和 1.0 为不同的类型,所以也没有得到保留。

3. 数组异或集

数组异或集是对两个数组元素进行比较,如果值是各自独立存在的,就把这些值保留下来形成新的数组。在 HALCON 中使用 tuple_symmdiff 来实现求数组异或集,函数允许输入数组中的元素为混合类型。但是,不同类型的元素被认为是不同的元素,即 1.0 和 1 是不同的。这个函数的参数中:

(1) 第一个参数 Set1 为输入的第一个数组;

(2) 第二个参数 Set2 为输入的第二个数组;

(3) 第三个参数 SymmDiff 为数组的异或集。

```
* 创建数组 Array6 和 Array7,然后求数组异或集
Array6: = [1,2,10,4,5]
Array7: = [2,3,1.0,5,4]
tuple_symmdiff(Array6, Array7, SymmDiff)
```

得到的结果为[1, 10, 3, 1.0]。两个数组不相同的元素为 10 和 3,所以被保留了下来,1 和 1.0 为不同类型的数值,所以也被保留下来。

4. 联合数组

联合数组是把两个数组的元素按顺序联合起来,去除相同的元素。在 HALCON 中使用 tuple_union 来实现联合数组的操作。这个函数的参数中:

(1) 第一个参数 Set1 为输入的第一个数组;

（2）第二个参数 Set2 为输入的第二个数组；

（3）第三个参数 Union 为联合数组。

```
* 创建数组 Array6 和 Array7,然后进行数组联合
Array6: = [1,2,10,4,5]
Array7: = [2,3,1.0,5,4]
tuple_union(Array6, Array7, Union)
```

得到的结果为$[1,2,3,4,5,10,1.0]$。

18.2.10 判断数组元素是否相同

判断数组元素是否相同是通过对元素一一比对,如果相同则返回 1,不同则返回 0,返回的结果与原数组的元素数量相等。在 HALCON 中使用 tuple_equal_elem 函数来实现数组元素的判断。第二个数组的长度可以为 1,这样所有的元素都会和这个唯一的元素对比。

```
* 创建数组 Array6 和 Array7,然后进行元素相同的判断
Array6: = [1,2,10,4,5]
Array7: = [2,3,1.0,5,4]
tuple_equal_elem(Array6, Array7, Equal)
```

得到的结果为$[0,0,0,0,0]$。

```
tuple_equal_elem(Array6, 1, Equal1)
```

得到的结果为$[1,0,0,0,0]$。

18.2.11 数组的保存和读取

创建和计算得到的数组可以保存为 windows 文件,也可以从 windows 文件读取数组。在 HALCON 中使用 write_tuple 来保存数组,这个函数的参数中:

（1）第一个参数 Tuple 为要保存的数组;

（2）第二个参数 FileName 为保存的地址和文件名。

使用 read_tuple 来读取数组文件,这个函数的参数中:

（1）第一个参数 Tuple 为要读取的数组;

（2）第二个参数 FileName 为读取的地址和文件名。

18.3 数学函数

HALCON 中提供多种数学函数,方便计算。

18.3.1 三角函数

三角函数如下:

* 反余弦
tuple_acos(0, ACos)
* 反正弦
tuple_asin(1, ASin)
* 反正切
tuple_atan(0.2, ATan)
* 余弦
tuple_cos(0.5, Cos)
* 双曲余弦
tuple_cosh(0.1, Cosh)
* 正弦
tuple_sin(0.1, Sin)
* 双曲正弦
tuple_sinh(0.1, Sinh)
* 正切
tuple_tan(0.1, Tan)
* 双曲正切
tuple_tanh(0.1, Tanh)

这些函数参数的第一个值是计算值,第二个值是计算结果。

18.3.2 取整

取整函数如下:

* 创建一个数值数组
Number2: = [1.5,1.6,1.4,6.2]
* 然后进行向上取整
tuple_ceil(Number2, Ceil)

得到的结果为[2.0, 2.0, 2.0, 7.0]。

* 对数组进行向下取整
tuple_floor(Number2, Floor)

得到的结果为[1.0, 1.0, 1.0, 6.0]。

创建数组 Number,对数组进行累加,即把当前位置的数值和之前的数值进行相加来代替当前位置的值。

* 创建数组 Number
Number: = [1,2,3,5]
tuple_cumul(Number, Cumul)

得到的结果为[1, 3, 6, 11]。

18.3.3 角度的换算

在使用与角度有关的 HALCON 函数的时候,一般情况下,函数都是以弧度制来计算的,但是在平时的描述中多使用角度制。可以通过下面的方式来进行弧度和角度的转换。

弧度转换为角度使用 tuple_deg 函数来实现,函数的参数中:

(1) 第一个参数 Rad 为输入的弧度制数值;

(2) 第二个参数 Deg 为输出的角度值。

角度转换为弧度制使用 tuple_rad 函数来实现,函数的参数中:

(1) 第一个参数 Deg 为输入的角度制数值;

(2) 第二个参数 Rad 为输出的弧度值。

18.3.4 四则运算

1. 加法

使用 tuple_add 函数来实现数组的加法,这个函数的参数中:

(1) 第一个参数 S1 为输入的第一个数组;

(2) 第二个参数 S2 为输入的第二个数组;

(3) 第三个参数 Sum 为数值相加的结果。

```
* 创建数组 S1 和 S2
S1: = [12,21]
S2: = [14,10]
* 对两个数组进行相加
tuple_add(S1, S2, Sum)
```

得到的结果为[26,31]。

2. 减法

使用 tuple_sub 来实现数组的减法,这个函数的参数中:

(1) 第一个参数 D1 为输入的被减数数组;

(2) 第二个参数 D2 为输入的减数数组;

(3) 第三个参数 Diff 为数组相减的结果。

```
* 对 S1 和 S2 进行相减
tuple_sub(S1, S2, Diff)
```

得到的结果为[-2,11]。

3. 除法

使用 tuple_div 函数来实现数组的除法,这个函数的参数中:

(1) 第一个参数 Q1 为输入的被除数数组;

(2) 第二个参数 Q2 为输入的除数数组;

(3) 第三个参数 Quot 为数组相除的结果。

```
* 创建数组 Num1 和 Num2
```

```
Num1: = [1,1.0,1,0.1]
Num2: = [2,2,2.0,2]]
* 把 Num1 除以 Num2
tuple_div(Num1, Num2, Quot)
```

得到的结果为[0，0.5，0.5，0.05]。如果被除数是整数，除数也为整数，计算的结果也为整数；如果被除数和除数有一个是小数，计算结果即为小数。

4. 乘法

使用 tuple_mult 函数来实现数组的乘法，这个函数的参数中：

（1）第一个参数 P1 为输入的第一个数组；

（2）第二个参数 P2 为输入的第二个数组；

（3）第三个参数 Prod 为数组相乘的结果。

```
* 把 Num1 乘以 Num2
tuple_mult(Num1, Num2, Prod)
```

得到的结果为[2，2.0，2.0，0.2]。

18.3.5 绝对值

使用 tuple_abs 函数来求取数组的绝对值，这个函数的参数中：

（1）第一个参数 T 为输入的值；

（2）第二个参数 Abs 为输出的绝对值。

```
* 创建数组 Num3
Num3: = [ - 1.1,1, - 2]
* 对 Num3 求绝对值
tuple_abs(Num3, Abs)
```

得到的结果为[1.1，1，2]。

也可以使用 tuple_fabs 函数来求绝对值，这个函数输出的绝对值都是以小数的方式进行表示的，这个函数的参数中：

（1）第一个参数 T 为输入的值；

（2）第二个参数 Abs 为输出的绝对值。

```
* 对 Num3 求取绝对值
tuple_fabs(Num3, Abs)
```

得到的结果为[1.1，1.0，2.0]。

18.3.6 余数

使用 tuple_mod 函数来求取余数，被除数数组和除数数组的值不能为小数，这个函数的参数中：

(1) 第一个参数 T1 为输入的被除数数组；

(2) 第二个参数 T2 为输入的除数数组；

(3) 第三个参数 Mod 为余数。

```
* 创建数组 Num4 和 Num5
Num4: = [5,6,7]
Num5: = [5,5,5]
用 Num4 对 Num5 求余
tuple_mod(Num4, Num5, Mod)
```

得到的结果为[0，1，2]。

使用 tuple_fmod 函数来求取浮点除法的余数，商为整数，余数为小数，这个函数支持被除数和除数数组为小数的情况。这个函数的参数中：

(1) 第一个参数 T1 为输入的被除数数组；

(2) 第二个参数 T2 为输入的除数数组；

(3) 第三个参数 Fmod 为余数。

```
* 创建数组 Num6 和 Num7
Num6: = [5.5,6,7]
Num7: = [5,5.5,5]
* 用 Num6 对 Num7 求余
tuple_fmod(Num6, Num7, Fmod)
```

得到的结果为[0.5，0.5，2.0]。

18.3.7 次方

使用 tuple_exp 来求取 e 的 n 次方，这个函数的参数中：

(1) 第一个参数 T 为输入的次方数；

(2) 第二个参数 Exp 为结果。

```
* 对 e 求取 2 次方
tuple_exp(2, Exp)
```

得到的结果为 7.38906。

使用 tuple_ldexp 函数来计算 T_1 乘以 2 的 T_2 次方，计算公式如下：

$$res = T_1 \times 2^{T_2}$$

这个函数的参数中：

(1) 第一个参数 T1 为乘数；

(2) 第二个参数 T2 为 2 的幂指数。

使用 tuple_pow 函数求取数组的指数，这个函数的参数中：

(1) 第一个参数 T1 为底数数组；

(2) 第二个参数 T2 为指数数组；

(3) 第三个参数 Pow 为结果数组。

```
* 创建数组 Num4 和 Num5
Num4: = [5,6,7]
Num5: = [5,5,5]
* 使用 tuple_pow 函数求 Num4 的 Num5 幂指数
tuple_pow(Num4,Num5)
```

得到的结果为 $[3125.0，7776.0，16807.0]$。

使用 tuple_sqrt 函数来求取数组的开平方，这个函数的参数中：

(1) 第一个参数 T 为输入的数组；

(2) 第二个参数 Sqrt 为输出的开平方数组。

18.3.8 对数

使用 tuple_log 函数来求取以 e 为底的对数，这个函数的参数中：

(1) 第一个参数 T 为输入的数组；

(2) 第二个参数 Log 为输出的对数数组。

```
* 对 Num4 进行对数的求取
tuple_log(Num4, Log)
```

得到的结果为 $[1.60944，1.79176，1.94591]$。

使用 tuple_log10 函数来求取以 10 为底的对数，这个函数的参数中：

(1) 第一个参数 T 为输入的数组；

(2) 第二个参数 Log10 为输出的对数数组。

```
* 对 Num4 进行对数的求取
tuple_log10(Num4, Log10)
```

得到的结果为 $[0.69897，0.778151，0.845098]$。

18.3.9 最大值和最小值

1. 最大值

使用 tuple_max2 来求取两个数中的最大值，这个函数也支持数组输入，即对应的数组位置进行比较，保留最大的数值。这个函数的参数中：

(1) 第一个参数 T1 为第一个输入的数组；

(2) 第二个参数 T2 为第二个输入的数组；

(3) 第三个参数 Max2 为输出的最大值。

＊将 1 和 2 进行最大值比较
tuple_max2(1, 2, Max2)

得到的结果为 2。

＊将 Num4 和 Num5 进行比较
Num4：= [5,6,7]
Num5：= [5,5,5]
tuple_max2 (Num4, Num5, Max2)

得到的结果为 [5，6，7]。

2．最小值

使用 tuple_min2 来求取数组的最小值，这个函数的参数中：

（1）第一个参数 T1 为第一个输入的数组；

（2）第二个参数 T2 为第二个输入的数组；

（3）第三个参数 Min2 为输出的最小值。

最小值和最大值一样支持数组输入，即对应的数组位置进行比较，保留最小的数值。

＊将 Num4 和 Num5 进行比较
tuple_min2(Num4, Num5, Min2)

得到的结果为 [5，5，5]。

18.3.10　计算元素正负号

通过使用 tuple_sgn 来判断数组元素的正负号，这个函数的参数中：

（1）第一个参数 T 为输入的数组；

（2）第二个参数 Sgn 为输出的正负号值。

＊创建数组 Num8
Num8：= [0，-5,2]
求取 Num8 的正负号
tuple_sgn(Num8, Sgn)

得到的结果为 [0，-1，1]。输出的正负号使用 -1 和 1 代替，1 表示正，-1 表示负，0 表示数值为 0。

实 战 篇

实战篇包括第 19 章和第 20 章,通过实例介绍如何使用 HALCON 来解决实际的问题,主要介绍了一维码、二维码、光学字符识别、3D 图像检测等常见问题,并介绍了 HALCON 与其他语言联合编程的方式,可以在不同的编程语言中使用 HALCON 算法。

HALCON 实例与算法

19.1 二维码识别

19.1.1 二维码介绍

二维码又称二维条码,常用的码制有:Data Matrix、MaxiCode、Aztec、QR Code、Vericode、PDF417、Ultracode、Code 49 和 Code 16K 等。二维码是用某种特定的几何图形按一定规律在平面(二维方向上)分布的黑白相间的图形,用于记录数据符号信息。在代码编制上巧妙地利用构成计算机内部逻辑基础的"0""1"比特流的概念,使用若干个与二进制相对应的几何形体来表示文字数值信息;通过图像输入设备或光电扫描设备自动识读以实现信息自动处理。它具有条码技术的一些共性:每种码制有其特定的字符集;每个字符占有一定的宽度;具有一定的校验功能等;同时还可以对不同行的信息进行自动识别及处理图形旋转变化等。

现在常用的二维码是 QR Code,QR 即 Quick Response,是速解释的意思,它比传统的二维条形码能存储更多的信息,也能表示更多的数据类型。

二维码分为堆叠式和矩阵式。

堆叠式二维条码又称堆积式二维条码或层排式二维条码,其编码原理是建立在一维条码基础之上,按需要堆积成两行或多行。它在编码设计、校验原理和识读方式等方面继承了一维条码的一些特点,识读设备与条码印刷与一维条码技术兼容。但由于行数的增加,需要对行进行判定,其译码算法与软件也不完全相同于一维条码,代表类型有 PDF417。

矩阵式二维条码又称棋盘式二维条码,它是在一个矩形空间通过黑、白像素在矩阵中的不同分布进行编码。在矩阵相应元素位置上,用点(方点、圆点或其他形状)的出现表示二进制"1",点的不出现表示二进制"0",点的排列组合确定了矩阵式二维条码所代表的意义。矩阵式二维条码是建立在计算机图像处理技术和组合编码原理等基础上的一种新型图形符号自动识读处理码制,代表类型有 QR Code。

HALCON 中的参数 SymbolType 用于确定要处理的数据代码的类型。目前,支持五种主要类型:数据矩阵 ECC 200、QR 代码、微型 QR 码、PDF417 和 Aztec 码。此外,还支持三种 GS1 类型:GS1 DataMatrix、GS1 QR Code 和 GS1 Aztec。不支持 ECC 000-140 类型的数据矩阵代码。对于 QR 码,可以读取旧型号 1 和新型号 2。PDF417 可以以常规格式和紧凑格式进行读取。Aztec 代码可以紧凑、全范围和符文形式读取。三种 GS1 符号体系的结构基本上与非 GS1 符号体系相同,分别为数据矩阵 ECC 200、QR 码和 Aztec 码。

19.1.2 二维码的定位与解码

1. 定位

不同的二维码制式有不同的特性,不同的二维码制式有不同的寻码特征,因此所采用的方法也不太一样。例如,Datamatrix 二维码的定位图像为 L 型的黑边,PDF417 二维的定位图像为两边的竖线,QR Code 二维码的定位图像为三个小矩形框,如图 19-1 所示。

(a) Datamatrix二维码　　　　(b) PDF417二维码　　　　(c) QR Code二维码

图 19-1　二维码

二维码的定位一般是先进行粗定位,即定位到二维码的大致位置,然后精定位以方便获取到二维码的信息。

2. 解码

解码的一般步骤如下:

(1) 校准透视畸变信息;

(2) 获取格式、版本信息和黑白格信息;

(3) 完成黑白格模块到数据矩阵的转换;

(4) 根据二进制信息进行解码;

(5) 通过 RS 纠错进行纠错处理;

(6) 对数值码进行翻译;

(7) 输出信息。

19.1.3 HALCON 二维码实例

下例演示如何访问二维码检测的中间结果,根据中间结果显示结果信息,可以判断是否要增强搜索过程,或者可以查找出没有找到二维码的原因。

```
** 初始化图像路径
* 关闭窗口更新
dev_update_off()
* 关闭窗口
dev_close_window()
* 图像路径
ImagePath := '二维码'
** 打开参数列表窗口
* 打开窗口
dev_open_window(0, 0, 550, 600, 'black', ParamWindow)
* 设置字体
set_display_font(ParamWindow, 14, 'mono', 'true', 'false')
** 步骤 1:创建二维码模型
* 创建二维码模型
create_data_code_2d_model('Data Matrix ECC 200', 'default_parameters', 'enhanced_recognition',
DataCodeHandle)
* 设置为持续存储中间结果
set_data_code_2d_param(DataCodeHandle, 'persistence', 1)
** 查询参数名称
* 获取符号搜索的字母数字结果的参数
query_data_code_2d_params(DataCodeHandle, 'get_result_params', GenParamName)
* 获取符号搜索的图标对象的参数
query_data_code_2d_params(DataCodeHandle, 'get_result_objects', GenObjectNames)
** 设置参数名称的颜色
* 创建 ColorAlph 数组
ColorAlph := gen_tuple_const(|GenParamName|,'#808080')
* 创建 ColorIcon 数组
ColorIcon := gen_tuple_const(|GenObjectNames|,'#808080')
* 设置窗口宽度
WWidth := 500
* 设置窗口高度
WHeight := 300
* 计算窗口比例
WRatio := real(WWidth) / WHeight
* 打开图像窗口
dev_open_window(0, 560, WWidth, WHeight, 'white', ImageWindow)
* 设置图像窗口字体
set_display_font(ImageWindow, 14, 'mono', 'true', 'false')
* 设置绘制宽度为 3
dev_set_line_width(3)
* 设置绘制颜色为绿色
dev_set_color('green')
* 打开结果窗口
dev_open_window(360, 560, 500, 240, 'white', ResultWindow)
* 设置结果窗口字体
set_display_font(ResultWindow, 14, 'mono', 'true', 'false')
*
```

```
** 步骤 2：读取二维码
for Index : = 0 to 5 by 1
    * 激活窗口
    dev_set_window(ImageWindow)
    * 清空窗口
    dev_clear_window()
    * 读取图像
    read_image(Image, ImagePath + 'ecc200_distorted_' + Index + 1.$ '02d')
    * 计算窗口缩放比例
    determine_part(Image, WRatio, WWidth, WHeight, Row1, Col1, Row2, Col2)
    * 设置窗口位置
    dev_set_part(Row1, Col1, Row2, Col2)
    * 显示图像
    dev_display(Image)
    * 显示图像序号
    disp_message(ImageWindow, 'Example ' + (Index + 1) + ' of 6', 'window', 12, 12, 'black', '
true')
    * 设置二维码方块的最小占用像素
    if(Index == 3)
        * 设置二维码方块的最小占用像素为 24
        set_data_code_2d_param(DataCodeHandle, 'module_size_min', 24)
    endif
    if(Index == 4)
        * 设置二维码方块的最小占用像素为 10
        set_data_code_2d_param(DataCodeHandle, 'module_size_min', 10)
    endif
    if(Index == 5)
        * 设置二维码方块的最小占用像素为 2
        set_data_code_2d_param(DataCodeHandle, 'module_size_min', 2)
    endif
    if(Index == 2)
        * 小二维码方块的读取健壮性设置为高,因为模块太小
        set_data_code_2d_param(DataCodeHandle, 'small_modules_robustness', 'high')
    else
        * 小二维码方块的读取健壮性设置为低
        set_data_code_2d_param(DataCodeHandle, 'small_modules_robustness', 'low')
    endif
    * 解码二维码
    find_data_code_2d(Image, SymbolXLDs, DataCodeHandle, [], [], ResultHandles,
DecodedDataStrings)
    * 生成结果名称数组
    GenResultNames : = ['min_search_level','max_search_level','pass_num','result_num',
'candidate_num','undecoded_num','aborted_num']
    * 生成结果值的数值
    GenResultValues : = []
    * 获取搜索时的参数
    get_data_code_2d_results(DataCodeHandle, 'general', GenResultNames, GenResultValues)
```

```
    * 整合信息放入数组
    GenResult : = (GenResultNames + ': ') $ '-20' + GenResultValues $ '2'
    * 显示信息
    disp_message(ResultWindow, 'General alphanumeric results about the search:', 'window', 12,
12, 'black', 'false')
    * 显示搜索二维码的结果参数
    disp_message(ResultWindow, GenResult, 'window', 40, 12, 'black', 'false')
    * 激活参数窗口
    dev_set_window(ParamWindow)
    * 清空窗口
    dev_clear_window()
    * 显示信息
    disp_message(ParamWindow, 'Highlighted parameters are shown on the right', 'window', 12,
12, 'black', 'true')
    * 显示图标对象文字
    disp_message(ParamWindow, 'Parameters for iconic objects:', 'window', 50, 12, 'black','true')
    * 显示图标对象参数名
    disp_message(ParamWindow, GenObjectNames, 'window', 80, 12, ColorIcon, 'false')
    *
    * 字母数字结果的参数
    * 设置参数名颜色
    ColorAlph[0,1,2,3,4,5,6] : = 'white'
    * 显示字母数字结果的文字
    disp_message(ParamWindow, 'Parameters for alphanumeric results:', 'window', 190, 12, 'black
', 'true')
    * 显示字母数字结果的参数名
    disp_message(ParamWindow, GenParamName[0:18], 'window', 220, 12, ColorAlph, 'false')
    * 设置参数名颜色
    ColorAlph[0,1,2,3,4,5,6] : = '#808080'
    * 显示字母数字结果的参数名
    disp_message(ParamWindow, GenParamName[19:37], 'window', 220, 260, ColorAlph, 'false')
    * 激活结果窗口
    dev_set_window(ResultWindow)
    * 清空窗口
    dev_clear_window()
    * 给对应的变量赋值
    CandidateNum : = GenResultValues[4]
    UndecodedNum : = GenResultValues[5]
    AbortedNum : = GenResultValues[6]
    * 候选数量大于 0
    if(CandidateNum > 0)
        * 激活图像窗口
        dev_set_window(ImageWindow)
        * 清空图像窗口
        dev_clear_window()
        * 获取金字塔图像中的搜索定位图像
        get_data_code_2d_objects(SearchImage, DataCodeHandle, 0,'search_image')
```

```
    * 缩放图像大小以适合窗口
     determine _ part (SearchImage, WRatio, WWidth, WHeight, SearchRow1, SearchCol1,
SearchRow2, SearchCol2)
       * 设置显示位置
     dev_set_part(SearchRow1, SearchCol1, SearchRow2, SearchCol2)
       * 显示图像
     dev_display(SearchImage)
       * 整理信息文本
     Message : = 'Example ' + (Index + 1) + ' of 6  Search image'
       * 显示信息
     disp_message(ImageWindow, Message, 'window', 12, 12, 'black', 'true')
       * 切换到参数窗口
     dev_set_window(ParamWindow)
       * 清除窗口内容
     dev_clear_window()
       * 显示信息文本
     disp_message(ParamWindow, 'Highlighted parameters are shown on the right', 'window',
12, 12, 'black', 'true')
       * 设置参数名颜色
     ColorIcon[3] : = 'white'
       * 显示图像标志参数文本信息
     disp_message(ParamWindow, 'Parameters for iconic objects:', 'window', 50, 12, 'black',
'true')
       * 显示图像标志参数
     disp_message(ParamWindow, GenObjectNames, 'window', 80, 12, ColorIcon, 'false')
       * 设置参数名颜色
     ColorIcon[3] : = '#808080'
       * 显示字母数字结果的参数文本
     disp_message(ParamWindow, 'Parameters for alphanumeric results:', 'window', 190, 12, '
black', 'true')
       * 显示一段参数名
     disp_message(ParamWindow, GenParamName[0:18], 'window', 220, 12, ColorAlph, 'false')
       * 显示二段参数名
     disp_message(ParamWindow, GenParamName[19:37], 'window', 220, 260, ColorAlph, 'false')
       * 激活图像窗口
     dev_set_window(ImageWindow)
       * 清空窗口
     dev_clear_window()
       * 获取测试图像
     get_data_code_2d_objects(ProcessImage, DataCodeHandle, 0, 'process_image')
       * 缩放图像大小以适合窗口
      determine _ part (ProcessImage, WRatio, WWidth, WHeight, ProcessRow1, ProcessCol1,
ProcessRow2, ProcessCol2)
       * 设置显示位置
     dev_set_part(ProcessRow1, ProcessCol1, ProcessRow2, ProcessCol2)
       * 显示图像
     dev_display(ProcessImage)
```

```
            *整理信息
            Message := 'Example ' + (Index + 1) + ' of 6  Process image'
            *显示信息
            disp_message(ImageWindow, Message, 'window', 12, 12, 'black', 'true')
            *设置参数名颜色
            ColorIcon[4] := 'white'
            *高亮过程图像参数名
            disp_message(ParamWindow, GenObjectNames, 'window', 80, 12, ColorIcon, 'false')
            *设置参数名颜色
            ColorIcon[4] := '#808080'
        endif
    *成功解析图像句柄长度大于0
    if (|ResultHandles| > 0)
        *解析每个二维码结果
        for J := 0 to |ResultHandles| - 1 by 1
            *清空窗口
            dev_clear_window()
            *设置显示的位置
            dev_set_part(Row1, Col1, Row2, Col2)
            *显示图像
            dev_display(Image)
            *显示二维码区域
            dev_display(SymbolXLDs)
            *显示图像标识信息
            disp_message(ImageWindow, 'Example ' + (Index + 1) + ' of 6', 'window', 12, 12, '
black', 'true')
            *查询搜索结果的参数名数组
            ResultVariousNames := ['polarity','module_gap','pass','status','mirrored','module_
height','module_width','slant','contrast','decoded_string']
            *初始化搜索结果的参数数组
            ResultVariousValues := []
            *获取参数值
            get_data_code_2d_results(DataCodeHandle, ResultHandles[J], ResultVariousNames,
ResultVariousValues)
            *确定字符串显示的长度
            get_string_ extents (ImageWindow, ResultVariousValues [9], Ascent, Descent,
TWidth, THeight)
            *如果字符串长度大于窗口长宽则进行换行
            if(TWidth >= WWidth)
                ResultVariousValues[9] := ResultVariousValues[9]{0:20} + '...'
            endif
            *参数名和参数值进行叠加
            VariousResults := (ResultVariousNames + ':') $ '-18' + ResultVariousValues
            *显示文本
            disp_message(ResultWindow, 'Alphanumeric results about the symbol:', 'window', 12,
12, 'black', 'false')
            *显示二维码图像的结果值
```

```
                disp_message(ResultWindow, VariousResults, 'window', 30, 12, 'black', 'false')
                * 激活图像窗口
                dev_set_window(ImageWindow)
                * 获取黑色点阵
                get_data_code_2d_objects(Foreground, DataCodeHandle, ResultHandles[J], 'module_
1_rois')
                * 设置线宽
                dev_set_line_width(1)
                * 设置为显示边界
                dev_set_draw('margin')
                * 设置颜色
                dev_set_color('blue')
                * 显示黑色点阵
                dev_display(Foreground)
                * 获取白色点阵
                get_data_code_2d_objects(Background, DataCodeHandle, ResultHandles[J], 'module_
0_rois')
                * 设置颜色
                dev_set_color('yellow')
                * 显示白色点阵
                dev_display(Background)
                * 显示信息
                disp_message(ImageWindow, 'Foreground and Background', 'window', 40, 12, 'black',
'true')
                * 设置线宽
                dev_set_line_width(3)
                * 设置颜色
                dev_set_color('green')
                * 激活参数窗口
                dev_set_window(ParamWindow)
                * 清空窗口
                dev_clear_window()
                * 显示信息
                 disp_message(ParamWindow, 'Highlighted parameters are shown on the right',
'window',12, 12, 'black', 'true')
                * 设置参数名颜色
                ColorIcon[1,2] := ['blue','yellow']
                * 显示信息
                disp_message(ParamWindow, 'Parameters for iconic objects:', 'window', 50, 12,
'black', 'true')
                * 显示图标参数名
                disp_message(ParamWindow, GenObjectNames, 'window', 80, 12, ColorIcon, 'false')
                * 设置参数名颜色
                ColorAlph[8,11,16,17,18] := 'white'
                * 显示信息
                disp_message(ParamWindow, 'Parameters for alphanumeric results:', 'window', 190,
12, 'black', 'true')
```

```
        * 显示结果参数名
         disp_message(ParamWindow, GenParamName[0:18], 'window', 220, 12, ColorAlph,
'false')
        * 设置参数名颜色
        ColorAlph[8,11,16,17,18] := '#808080'
        * 设置参数名颜色
        ColorAlph[2,3,4,5,6] := 'white'
        * 显示参数名
         disp_message(ParamWindow, GenParamName[19:37], 'window', 220, 260, ColorAlph,
'false')
        * 设置参数名颜色
        ColorAlph[2,3,4,5,6] := '#808080'
        * 显示结果字符的 ASCII 码
        * 获取结果字符的 ASCII 码
        get_data_code_2d_results(DataCodeHandle, ResultHandles[J], 'decoded_data',
ResultASCIICode)
        * ASCII 码转换为字符串
        format_text(3, ResultASCIICode, 10, FormattedString)
        * 激活结果窗口
        dev_set_window(ResultWindow)
        * 清空窗口
        dev_clear_window()
        * 显示信息
        disp_message(ResultWindow, 'ASCII Code of the symbol:', 'window', 12, 12, 'black', '
false')
        * 显示 ASCII 码
        disp_message(ResultWindow, FormattedString, 'window', 40, 12, 'black', 'false')
        * 激活参数窗口
        dev_set_window(ParamWindow)
        * 清空窗口
        dev_clear_window()
        * 显示信息
         disp_message(ParamWindow, 'Highlighted parameters are shown on the right',
'window', 12, 12, 'black', 'true')
        * 显示信息
         disp_message(ParamWindow, 'Parameters for iconic objects:', 'window', 50, 12,
'black', 'true')
        * 显示图标参数名
        disp_message(ParamWindow, GenObjectNames, 'window', 80, 12, ColorIcon, 'false')
        * 设置参数名颜色
        ColorIcon[1,2] := '#808080'
        * 显示信息
        disp_message(ParamWindow, 'Parameters for alphanumeric results:', 'window', 190,
12, 'black', 'true')
        * 显示结果参数名
         disp_message(ParamWindow, GenParamName[0:18], 'window', 220, 12, ColorAlph,
'false')
```

```
                * 设置参数名颜色
            ColorAlph[12] := 'white'
                * 显示结果参数名
            disp_message(ParamWindow, GenParamName[19:37], 'window', 220, 260, ColorAlph,
'false')
                * 设置参数名颜色
            ColorAlph[12] := '#808080'
        endfor
    else
        * 找到无法解码的符号
        if(UndecodedNum > 0)
            * 获取未解码的句柄
            get_data_code_2d_results(DataCodeHandle, 'all_undecoded', 'handle',
HandlesUndecoded)
            * 查询未解码的原因
            for J := 0 to |HandlesUndecoded| - 1 by 1
                * 激活图像窗口
                dev_set_window(ImageWindow)
                * 清空窗口
                dev_clear_window()
                * 设置显示位置
                dev_set_part(Row1, Col1, Row2, Col2)
                * 显示图像
                dev_display(Image)
                * 整合图像索引信息
                Message := 'Example ' + (Index + 1) + ' of 6  Undecoded symbol ' + (J + 1) +
' of ' + |HandlesUndecoded|
                * 显示信息
                disp_message(ImageWindow, Message, 'window', 12, 12, 'black', 'true')
                * 查询并显示结果信息
                get_data_code_2d_results(DataCodeHandle, HandlesUndecoded[J], 'status',
StatusValue)
                * 显示信息
                disp_message(ResultWindow, 'Alphanumeric results about the symbol:', 'window', 12,
12, 'black', 'false')
                * 显示信息
                 disp_message(ResultWindow, 'Status: ' + StatusValue, 'window', 40, 12,
'black', 'false')
                * 获取未解码二维码的轮廓
                get_data_code_2d_objects(DataCodeObject, DataCodeHandle,
HandlesUndecoded[J], 'candidate_xld')
                * 设置颜色
                dev_set_color('red')
                * 显示二维码轮廓
                dev_display(DataCodeObject)
                *
                * 获取黑色点阵
```

```
get_data_code_2d_objects(Foreground, DataCodeHandle, HandlesUndecoded[J], '
module_1_rois')
            * 设置线宽
            dev_set_line_width(1)
            * 设置为显示边界
            dev_set_draw('margin')
            * 设置颜色
            dev_set_color('blue')
            * 显示黑色点阵
            dev_display(Foreground)
            *
            * 设置白色点阵
            get_data_code_2d_objects(Background, DataCodeHandle, HandlesUndecoded[J], '
module_0_rois')
            * 设置颜色
            dev_set_color('yellow')
            * 显示白色点阵
            dev_display(Background)
            * 显示信息
            disp_message(ImageWindow, 'Foreground and Background', 'window', 40, 12,
'black', 'true')
            * 设置线宽
            dev_set_line_width(3)
            * 设置颜色
            dev_set_color('green')
            * 设置参数名颜色
            ColorIcon[0,1,2] := ['red','blue','yellow']
            * 显示对象参数名
            disp_message(ParamWindow, GenObjectNames, 'window', 80, 12, ColorIcon,
'false')
            * 设置参数名颜色
            ColorIcon[0,1,2] := '#808080'
            * 设置参数名颜色
            ColorAlph[17] := 'white'
            * 显示结果参数名
            disp_message(ParamWindow, GenParamName[0:18], 'window', 220, 12, ColorAlph,
'false')
            * 设置参数名颜色
            ColorAlph[17] := '#808080'
            * 显示结果参数名
            disp_message(ParamWindow, GenParamName[19:37], 'window', 220, 260,
ColorAlph, 'false')
            * 获取二进制信息
            get_data_code_2d_results(DataCodeHandle, HandlesUndecoded[J], 'bin_module_
data', ResultBinModules)
            * 数值转换为字符串
            format_text(3, ResultBinModules, 10, FormattedBinModules)
```

```
            * 激活结果窗口
            dev_set_window(ResultWindow)
            * 清空窗口
            dev_clear_window()
            * 显示信息
            disp_message(ResultWindow, 'Binary symbol data of the modules:', 'window', 12,
12, 'black', 'false')
            * 显示信息字符串
            disp_message(ResultWindow, FormattedBinModules, 'window', 30, 12, 'black',
'false')
            * 显示参数名
            disp_message(ParamWindow, GenParamName[0:18], 'window', 220, 12, ColorAlph,
'false')
            * 设置参数名颜色
            ColorAlph[9] := 'white'
            * 显示参数名
              disp_message(ParamWindow, GenParamName[19:37], 'window', 220, 260,
ColorAlph, 'false')
            * 设置参数名颜色
            ColorAlph[9] := '#808080'
            * 激活结果窗口
            dev_set_window(ResultWindow)
            * 清空结果窗口
            dev_clear_window()
        endfor
    else
        * 未找到二维码
        if(CandidateNum == 0)
            * 激活参数窗口
            dev_set_window(ParamWindow)
            * 清空参数窗口
            dev_clear_window()
            * 显示信息
            disp_message(ParamWindow, 'No candidate found', 'window', 12, 12, 'black',
'true')
        endif
        * 搜索终止的原因
        if(AbortedNum > 0)
            * 激活图像窗口
            dev_set_window(ImageWindow)
            * 清空窗口
            dev_clear_window()
            * 设置显示位置
            dev_set_part(Row1, Col1, Row2, Col2)
            * 显示图像
            dev_display(Image)
            * 设置图像索引信息
```

```
            Message := 'Example ' + (Index + 1) + 'of 6'
            * 设置文本
            Message[1] := 'Search aborted: Invalid candidates'
            * 显示信息
            disp_message(ImageWindow, Message, 'window', 12, 12, 'black', 'true')
            * 获取无效候选项
            get_data_code_2d_results(DataCodeHandle, 'all_aborted', 'handle',
HandlesAborted)
            * 显示信息
            if(|HandlesAborted| > 3)
                disp_message(ImageWindow, 'The first 3 invalid candidates are ...',
'window', 60, 12, 'black', 'true')
            endif
            * 激活参数窗口
            dev_set_window(ParamWindow)
            * 清空窗口
            dev_clear_window()
            * 显示信息
            disp_message(ParamWindow, 'Highlighted parameters are shown on the right',
'window', 12, 12, 'black', 'true')
            * 显示图标参数信息
            disp_message(ParamWindow, 'Parameters for iconic objects:', 'window', 50, 12,
'black', 'true')
            * 显示图标参数名
             disp_message(ParamWindow, GenObjectNames, 'window', 80, 12, ColorIcon,
'false')
            * 显示字母数值参数信息
            disp_message(ParamWindow, 'Parameters for alphanumeric results:', 'window',
190, 12, 'black', 'true')
            * 设置参数名颜色
            ColorAlph[6] := 'white'
            * 显示字母数值参数名
            disp_message(ParamWindow, GenParamName[0:18], 'window', 220, 12, ColorAlph,
'false')
            * 显示字母数值参数
            ColorAlph[6] := '#808080'
            * 显示字母数值参数名
            disp_message(ParamWindow, GenParamName[19:37], 'window', 220, 260,
ColorAlph, 'false')
            * 查询无效候选信息
            for J := 0 to |HandlesAborted| - 1 by 1
                if(J < 3)
                    * 激活图像窗口
                    dev_set_window(ImageWindow)
                    * 清空窗口
                    dev_clear_window()
                    * 设置显示位置
```

```
dev_set_part(Row1, Col1, Row2, Col2)
* 显示图像
dev_display(Image)
* 设置图像索引
Message := 'Example ' + (Index + 1) + 'of 6  Invalid candidate: ' +
(J + 1) + 'of ' + |HandlesAborted|
    * 显示信息
disp_message(ImageWindow, Message, 'window', 12, 12, 'black', 'true')
    * 显示候选二维码轮廓
get_data_code_2d_objects(DataCodeObject, DataCodeHandle,
HandlesAborted[J], 'candidate_xld')
    * 设置颜色
dev_set_color('yellow')
    * 显示轮廓
dev_display(DataCodeObject)
    * 设置颜色
dev_set_color('green')
    * 获取搜索状态
get_data_code_2d_results(DataCodeHandle, HandlesAborted[J],
'status', StatusValue)
    * 数据转换为字符串
Substrings := regexp_replace(StatusValue,'(: )',':\n')
    * 显示信息
 disp_message(ResultWindow, 'Alphanumeric results about the symbol:',
'window', 12, 12, 'black', 'false')
    * 显示数据
 disp_message(ResultWindow, 'status:\n\'' + Substrings + '\'',
'window', 40, 12, 'black', 'false')
    * 设置颜色
ColorIcon[0] := 'yellow'
    * 设置颜色
ColorAlph[17] := 'white'
    * 显示图标名
disp_message(ParamWindow, GenObjectNames, 'window', 80, 12,
ColorIcon, 'false')
    * 显示参数名
 disp_message(ParamWindow, GenParamName[0:18], 'window', 220, 12,
ColorAlph, 'false')
    * 设置颜色
ColorIcon[0] := '#808080'
    * 设置颜色
ColorAlph[17] := '#808080'
    * 激活结果窗口
dev_set_window(ResultWindow)
    * 清空窗口
dev_clear_window()
        endif
```

```
        endfor
        * 候选项超过三项
        if(|HandlesAborted| > 3)
            * 激活图像窗口
            dev_set_window(ImageWindow)
            * 清空窗口
            dev_clear_window()
            * 设置颜色
            dev_set_colored(12)
            * 显示图像
            dev_display(Image)
            * 获取无效候选项
            get_data_code_2d_objects(DataCodeObjects, DataCodeHandle, 'all_aborted
', 'candidate_xld')
            * 显示轮廓
            dev_display(DataCodeObjects)
            * 显示图像索引
            disp_message(ImageWindow, 'Example ' + (Index + 1) + ' of 6', 'window',
12, 12, 'black', 'true')
            * 显示无效候选项
            disp_message (ImageWindow, 'All ' + |HandlesAborted| + ' invalid
candidates', 'window', 40, 12, 'black', 'true')
            * 显示参数名
            disp_message (ParamWindow, GenParamName[0:18], 'window', 220, 12,
ColorAlph, 'false')
                endif
            endif
        endif
    endif
    * 激活结果窗口
    dev_set_window(ResultWindow)
    * 清空结果窗口
    dev_clear_window()
endfor
```

19.2　一维码识别

19.2.1　一维码介绍

一维码即指黑色码条和白色条码的排列,常用的一维码的码制包括 EAN 码、39 码、交叉 25 码、UPC 码、128 码、93 码、ISBN 码和 Codabar 等。图 19-2 所示是一些常见的一维码示意图。

(a) 128码   (b) EAN 8   (c) Codabar

图 19-2　常见的一维条码示意图

19.2.2　一维码的定位与解码

1. 定位

一维码是一些密集的竖条结构,可利用这一特性进行一维码定位。首先在图像上获取图像的边界,判断边缘周围的边缘方向是否一致,一致则把边缘保留下来;把保留下来的边缘再次进行筛选,以边缘为中心绘制方块,统计方块内的边缘点是否达到需求值 T,如果达到就把边缘保留下来;再对保留下来的边缘为中心绘制方块,统计方块内的边缘的梯度的方向是否一致,如果一致边缘保留;最后利用条码的密集型特点,对候选区域进行闭运算,最终定位到条码区域。

获得到的条码区域可能会存在倾斜的现象,通过求取区域的等效椭圆来获取区域的方向,然后通过仿射变换旋转区域到水平。

2. 解码

(1) 解码利用一维码上白条和黑条的间隔,通过画线测量条码上的间隔获取对应的0、1码值。一般情况下会绘制多条线段来读取条码,保证读取的稳定性。如图 19-3 所示,如果图形上的条码存在缺陷,可以通过多条线的信息合并获取到条码的完整信息。

图 19-3　缺陷条码读取

(2) 得到条码信息后,通过测量0、1码的宽度判断白条和黑条的单位宽度,然后读取条码符号串,通过识别起始、终止字符来判别出条码符号的码制及扫描方向,然后根据码制所对应的编码规则,可将条形符号换成相应的数字、字符信息。

19.2.3　HALCON 一维码的读取实例

下面是 HALCON 一维码的读取实例。本例子主要介绍如何使用 HALCON 的一维条形码自动识别功能。

```
* 创建一维码模型
create_bar_code_model([], [], BarCodeHandle)
* 开启强制检测条码首尾空白区域
set_bar_code_param(BarCodeHandle, 'quiet_zone', 'true')
* 关闭窗口更新
dev_update_off()
* 关闭窗口
dev_close_window()
* 打开窗口
dev_open_window(0, 0, 512, 512, 'black', WindowHandle)
* 设置字体
set_display_font(WindowHandle, 14, 'mono', 'true', 'false')
* 设置绘制方式
dev_set_draw('margin')
* 设置线宽为 3
dev_set_line_width(3)
* 设置绘制颜色
dev_set_color('forest green')
*
* 图像地址
list_image_files('single', 'default', [], ExampleImagesAny)
* 条码个数
ExpectedNumCodes := [1,1,1]
* 条码内容
ExpectedData := ['507680','554528096','72527273070']
* 第二部分图像地址
list_image_files('mixed', 'default', [], ExampleImagesMixed)
* 设置检测方式
for IdxExample := 0 to 1 by 1
    if(IdxExample == 0)
        * 自动检测条码类型
        CodeTypes := 'auto'
    else
        * 限制条码类型为'EAN－13','Code 39','GS1 DataBar Omnidir'
        CodeTypes := ['auto','EAN－13','Code 39','GS1 DataBar Omnidir']
    endif
    for IdxIma := 0 to |ExampleImagesAny| － 1 by 1
        * 条码地址赋值
        FileName := ExampleImagesAny[IdxIma]
        * 读取图像
        read_image(Image, FileName)
```

```
* 获取图像大小
get_image_size(Image, Width, Height)
* 扩充窗口
dev_set_window_extents( - 1, - 1, Width, Height)
* 显示图像
dev_display(Image)
* 开始计时
count_seconds(Start)
* 寻找条码
find_bar_code(Image, SymbolRegions, BarCodeHandle, CodeTypes, DecodedDataStrings)
* 结束计时
count_seconds(Stop)
* 计算用时
Duration : = (Stop - Start) * 1000
* 检测结果是否正确
Start : = sum(ExpectedNumCodes[0:IdxIma]) - ExpectedNumCodes[IdxIma]
* 条码信息赋值
DataExp : = ExpectedData[Start:Start + ExpectedNumCodes[IdxIma] - 1]
* 初始化错误条码索引数组
WrongIndex : = []
for I : = 0 to |DecodedDataStrings| - 1 by 1
    * 查询结果是否错误
    tuple_find(DataExp, DecodedDataStrings[I], Indices)
    if(Indices == - 1)
        * 记录错误位置
        WrongIndex : = [WrongIndex,I]
    endif
endfor
* 设置颜色
Color : = ['black',gen_tuple_const(|DecodedDataStrings|,'forest green')]
* 设置错误颜色
Color[WrongIndex + 1] : = 'red'
* 显示结果
for I : = 1 to |DecodedDataStrings| by 1
    * 显示寻找到的条码区域
    select_obj(SymbolRegions, ObjectSelected, I)
    * 设置颜色
    dev_set_color(Color[I])
    * 显示区域
    dev_display(ObjectSelected)
endfor
* 获取条码类型
get_bar_code_result(BarCodeHandle, 'all', 'decoded_types', DecodedDataTypes)
* 显示获取的条码信息
disp_message(WindowHandle, ['Found bar code(s) in ' + Duration $ '.0f' + ' ms:',
DecodedDataTypes + ': ' + DecodedDataStrings], 'window', 5 * 12, 12, Color, 'true')
stop()
```

```
        endfor
    endfor
    * 清空窗口
    dev_clear_window()
    stop()


for IdxExample := 0 to 1 by 1
    * 获取条码种类
    get_param_info('find_bar_code', 'CodeType', 'value_list', AllCodeTypes)
    if(IdxExample)
        * 获取带有 GS1 的字符串
        NoGS1 := '~' + regexp_select(AllCodeTypes, 'GS1.*')
        * 获取带有 UPC 的字符串
        NoUPC := '~' + regexp_select(AllCodeTypes, 'UPC.*')
        * 设置条码类型
        CodeTypes := ['auto', NoGS1, NoUPC]
        * 设置类型信息
        CodeTypesDescription := 'all types, except GS1 and UPC variants'
    else
        * 获取带有 EAN-13 的字符串
        AllEAN := regexp_select(AllCodeTypes, 'EAN-13.*')
        * 设置条码类型
        CodeTypes := [AllEAN, 'Code 39']
        * 设置类型信息
        CodeTypesDescription := 'Code 39 and all EAN variants'
    endif
    for IdxIma := 0 to |ExampleImagesMixed| - 1 by 1
        * 获取图像地址
        FileName := ExampleImagesMixed[IdxIma]
        * 读取图像
        read_image(Image, FileName)
        * 获取图像大小
        get_image_size(Image, Width, Height)
        * 扩充窗口大小
        dev_set_window_extents(-1, -1, Width / 2, Height / 2)
        * 显示图像
        dev_display(Image)
        * 寻找条码
        find_bar_code(Image, SymbolRegions, BarCodeHandle, CodeTypes, DecodedDataStrings)
        * 设置颜色
        dev_set_color('forest green')
        * 显示条码区域
        dev_display(SymbolRegions)
        * 获取条码类型
        get_bar_code_result(BarCodeHandle, 'all', 'decoded_types', DecodedDataTypes)
        * 获取条码区域中心
        area_center(SymbolRegions, Area, Rows, Columns)
```

```
        * 显示条码信息
        disp_message(WindowHandle, DecodedDataTypes + ': ' + DecodedDataStrings, 'image',
Rows, Columns - 160, 'forest green', 'true')
    endfor
endfor
```

19.3 光学字符识别

光学字符识别(Optical Character Recognition,OCR)是指数码相机检查打印、雕刻的字符。通过图像的暗、亮对比来获取图像的形状,然后用机器学习的方式识别字符内容,最后转换成数字信息。

一个 OCR 识别系统,目的是识别图像上的文字,判断文字是否与预计的文字一致,或者与图像的二维码和一维码的内容是否一致。从图像到结果输出,须经过图像输入、图像预处理、文字区域提取、文字区域识别、最后经人工校正将认错的文字更正并将结果输出。

1. 图像输入

需要进行 OCR 处理的物体首先通过电子成像器件进行捕获,如图像扫描仪或相机,将实物转换为数字信息。

2. 图像预处理

图像预处理是 OCR 系统中重要的步骤之一。图像预处理将不清晰的图像或噪声较多的图像进行锐化和去噪,以获得理想的图像,然后将带有透视畸变的图像进行校正,变为水平正视的图像,如图 19-4 所示。

5201314
5201314

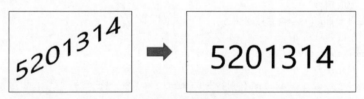

图 19-4　水平校正

然后,将倾斜的字符或弯曲的字符进行校正,分别如图 19-5 和图 19-6 所示。

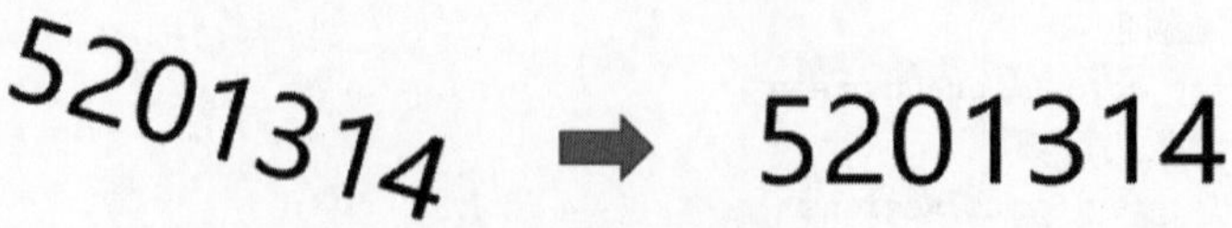
5201314
5201314

图 19-5　旋转校正

图 19-6　弯曲校正

3. 二值化

由于彩色图像所含的信息量过于巨大,在对图像中的字符进行识别处理前,需要对图像进行二值化处理,使图像只包含黑色的前景信息和白色的背景信息,提升识别处理的效率和精确度。

4. 字符特征提取

文字特征提取是 OCR 的核心,使用的特征提取的方式直接影响识别的正确率。特征提取可分为两类:一类为统计的特征,如文字区域内的黑/白点数比,当文字区分为好几个区域时,这一个个区域的黑/白点数比之和,就构成了一个空间的数值向量,在比对时,就可以通过基本的数学理论来进行识别;而另一类特征为结构的特征,如文字图像细线化后,取得字的笔画端点、交叉点的数量及位置,或以笔划段为特征。

5. 建立或获取对比数据库

当输入文字提取完特征之后,无论是统计还是结构的特征,都必须和数据库进行比对。数据库的内容包含所有期望识别的文字集和这些文字集的特征。

6. 对比识别

对比识别是可充分发挥数学运算理论的一个模块,根据不同的特征特性,选用不同的数学距离函数。较有名的对比方法有:欧式空间的对比方法、松弛对比法、动态程序对比法,以及类神经网络的数据库建立及对比等方法。为了使识别结果更稳定,可以利用各种特征对比方法的相异进行互补,使识别出的结果的可信度更高。

7. 结果输出

结果一般以字符串或者字符的方式进行输出,当需要和原图像文字排版一致的输出时,需要获取字符的位置,然后按照字符的位置进行排版输出。

以下是 HALCON 光学字符识别实例,介绍如何在圆弧上识别 OCR 字符。

```
* 关闭窗口更新
dev_update_off()
* 关闭窗口
dev_close_window()
* 设置窗口宽度
WidthP := 900
```

```
* 设置窗口高度
HeightP : = 20
* 读取图像
read_image(Image, '罐底.png')
* 获取图像尺寸
get_image_size(Image, Width, Height)
* 打开窗口
dev_open_window(HeightP + 60, 0, Width * 2 / 3, Height * 2 / 3, 'black', WindowHandle)
* 设置字体
set_display_font(WindowHandle, 16, 'mono', 'true', 'false')
* 显示原始图像
dev_display(Image)
** 分割圆弧
* 均值滤波
mean_image(Image, ImageMean, 211, 211)
* 动态阈值
dyn_threshold(Image, ImageMean, RegionDynThresh, 15, 'dark')
* 独立非连通区域
connection(RegionDynThresh, ConnectedRegions)
* 选择区域最大面积
select_shape_std(ConnectedRegions, SelectedRegions, 'max_area', 0)
* 获取区域边界亚像素数据
gen_contour_region_xld(SelectedRegions, Contours, 'border')
* 把边界拟合为圆
fit_circle_contour_xld(Contours, 'ahuber', - 1, 0, 0, 3, 2, Row, Column, Radius, StartPhi,
EndPhi, PointOrder)
* 生成边界拟合的圆形
gen_circle(CircleO, Row, Column, Radius - 5)
* 生成内圆弧
gen_circle(CircleI, Row, Column, Radius - 30)
* 获取要截取的圆环
difference(CircleO, CircleI, Ring)
* 设置显示为边界
dev_set_draw('margin')
* 设置颜色为绿色
dev_set_color('green')
* 设置边界线宽为3
dev_set_line_width(3)
* 显示圆环
dev_display(Ring)
** 极坐标变换圆弧
* 极坐标变换圆弧
polar_trans_image_ext(Image, ImagePolar, Row, Column, 0, rad(360), Radius - 30, Radius - 5,
WidthP, HeightP, 'bilinear')
* 创建极坐标变换后用于显示的窗口
dev_open_window(0, 0, WidthP, HeightP, 'black', WindowHandle2)
* 旋转图像
```

```
rotate_image(ImagePolar, ImageRotate, 180, 'constant')
```
** 分割字符
* 均值滤波
```
mean_image(ImageRotate, ImageMeanRotate, 51, 9)
```
* 动态阈值
```
dyn_threshold(ImageRotate, ImageMeanRotate, RegionDynThreshChar, 5, 'dark')
```
* 独立非连通区域
```
connection(RegionDynThreshChar, ConnectedRegions1)
```
* 选择符合条件的区域
```
select_shape(ConnectedRegions1, SelectedRegions, ['area','width'], 'and', [30,4], [150,10])
```
* 区域排序
```
sort_region(SelectedRegions, SortedRegions, 'character', 'false', 'column')
```
** 排除干扰
* 阈值
```
threshold(ImageMeanRotate, Region, 90, 255)
```
* 求区域交集
```
intersection(SelectedRegions, Region, RegionIntersection)
```
** 过滤掉孔区域
* 获取区域面积
```
area_center(RegionIntersection, Area, Row1, Column1)
```
* 统计个数
```
count_obj(RegionIntersection, Number)
```
* 对比区域的个数是否与统计个数相同
```
if(Number != |Area [>] 0|)
    * 抛出错误
    throw('Number of elements in Objects and Mask do not match. ')
endif
```
* 检测数据类型是否都为整数和浮点数
```
AllNumbers := sum(is_real_elem(Area [>] 0)) + sum(is_int_elem(Area [>] 0)) == |Area [>] 0|
if(not AllNumbers and Area [>] 0 != [])
    * 抛出错误
    throw('Invalid type: Elements of Mask must be integer or real numbers. ')
endif
```
* 区域面积大于 0 的区域索引
```
Indices := select_mask([1:|Area [>] 0||],Area [>] 0)
```
* 选择区域面积大于 0 的区域
```
select_obj(RegionIntersection, Characters, Indices)
```
* 显示旋转的图像
```
dev_display(ImageRotate)
```
** 识别字符
* 读取数据库
```
read_ocr_class_mlp('Industrial_0-9A-Z_NoRej', OCRHandle)
```
* 排列区域
```
sort_region(Characters, SortedRegions, 'character', 'true', 'row')
```
* 读取字符信息
```
do_ocr_multi_class_mlp(SortedRegions, ImageRotate, OCRHandle, Class, Confidence)
```
* 把 0 识别成 o 的错误进行校正

```
tuple_regexp_replace(sum(Class), '0', '0', Result)
* 设置颜色
dev_set_colored(6)
* 设置绘制为填充
dev_set_draw('fill')
* 显示字符区域
dev_display(RegionIntersection)
* 显示字符结果
disp_message(WindowHandle, Result, 'image', Height / 2 − 20, Width / 2 − 150, 'black', 'true')
```

19.4　识别飞行时间成像三维物体

本例介绍如何通过飞行时间（time of flight，TOF）相机获取图像，TOF 图像如图 19-7 所示，它可以识别到目标物体。

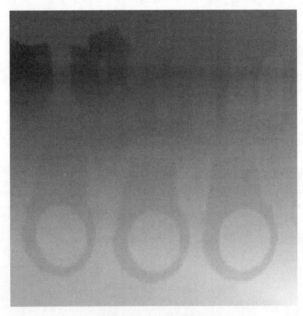

图 19-7　TOF 图像

```
* 关闭更新
dev_update_off()
* 创造空的对象
gen_empty_obj(EmptyObject)
* 设置图像地址
ImagePath := '飞行时间'
* 关闭窗口
dev_close_window()
** 从图像生成模型
```

```
* 读取图像
read_image(Image, ImagePath + 'engine_cover_xyz_01')
* 分割图像
decompose3(Image, Xm, Ym, Zm)
* 阈值移除背景
threshold(Zm, ModelZ, 0, 650)
* 独立非连通区域
connection(ModelZ, ConnectedModel)
* 选择 ROI 区域
select_obj(ConnectedModel, ModelROI, [10,9])
* 联合区域
union1(ModelROI, ModelROI)
* 裁剪 ROI 区域
reduce_domain(Xm, ModelROI, Xm)
* 打开窗口
dev_open_window_fit_image(Zm, 0, 0, -1, -1, WindowHandle)
* 设置字体
set_display_font(WindowHandle, 14, 'mono', 'true', 'false')
* 显示图像
dev_display(Zm)
* 设置线宽为 2
dev_set_line_width(2)
* 设置绘制边界
dev_set_draw('margin')
* 设置颜色为绿色
dev_set_color('green')
* 显示区域
dev_display(ModelROI)
* 暂停观察
stop()
* 清空窗口
dev_clear_window()
** 创建表面模型
* 从图像转换为 3D 模型
xyz_to_object_model_3d(Xm, Ym, Zm, ObjectModel3DModel)
* 创建表面 3D 模型
create_surface_model(ObjectModel3DModel, 0.03, [], [], SFM)
*
* Display the model
Instructions[0] := 'Rotate: Left button'
Instructions[1] := 'Zoom:   Shift + left button'
Instructions[2] := 'Move:   Ctrl  + left button'
*
Message := 'Surface model'
* 显示 3D 模型
visualize_object_model_3d(WindowHandle, ObjectModel3DModel, [], [], [], [], Message, [],
Instructions, PoseOut)
```

```
** 3D 匹配识别
* 图像数量
NumImages : = 10
for Index : = 2 to NumImages by 1
    * 读取 TOF 图像
    read_image(Image, ImagePath + 'engine_cover_xyz_' + Index $ '02')
    * 分割成 3 通道
    decompose3(Image, X, Y, Z)
    * 阈值移除背景
    threshold(Z, SceneGood, 0, 666)
    * 裁切区域
    reduce_domain(X, SceneGood, XReduced)
    * 从图像转换成 3D 模型
    xyz_to_object_model_3d(XReduced, Y, Z, ObjectModel3DSceneReduced)
    * 开始计时
    count_seconds(T0)
    * 查找参考模型
    find_surface_model(SFM, ObjectModel3DSceneReduced, 0.05, 0.3, 0.2, 'true', 'num_matches',
10, Pose, Score, SurfaceMatchingResultID)
    * 计时结束
    count_seconds(T1)
    * 统计运行时间
    TimeForMatching : = (T1 - T0) * 1000
    ** 显示结果
    * 初始化结果数组
    ObjectModel3DResult : = []
    for Index2 : = 0 to |Score| - 1 by 1
        * 如果分数过低直接跳过结果
        if(Score[Index2] < 0.11)
            continue
        endif
        * 获取模型姿态
        CPose : = Pose[Index2 * 7:Index2 * 7 + 6]
        * 从参数转换为 3D 模型
        rigid_trans_object_model_3d(ObjectModel3DModel, CPose, ObjectModel3DRigidTrans)
        * 统计 3D 模型句柄
        ObjectModel3DResult : = [ObjectModel3DResult,ObjectModel3DRigidTrans]
    endfor
    * 从图像转换成 3D 模型
    xyz_to_object_model_3d(X, Y, Z, ObjectModel3DScene)
    ** 获取匹配点
    * 整理信息
    Message : = 'Original scene points(white)'
    Message[1] : = 'Sampled scene points(cyan)'
    Message[2] : = 'Key points(yellow)'
    * 获取样本场景
    get_surface_matching_result(SurfaceMatchingResultID, 'sampled_scene', [], SampledScene)
    * 获取模型关键点
    get_surface_matching_result(SurfaceMatchingResultID, 'key_points', [], KeyPoints)
    * 清空窗口
```

```
dev_clear_window()
* 显示 3D 模型
visualize_object_model_3d(WindowHandle, [ObjectModel3DScene, SampledScene, KeyPoints],
[], [], ['color_' + [0,1,2],'point_size_' + [0,1,2]], ['gray','cyan','yellow',1.0,3.0,5.0],
Message, [], Instructions, PoseOut)
* 整理信息
Message := 'Scene: ' + Index
Message[1] := 'Found ' + |ObjectModel3DResult| + ' object(s) in ' + TimeForMatching $
'.3' + ' ms'
ScoreString := sum(Score $ '.2f' + ' / ')
Message[2] := 'Score(s): ' + ScoreString{0:strlen(ScoreString) - 4}
* 统计匹配结果数量
NumResult := |ObjectModel3DResult|
* 创建显示颜色数组
tuple_gen_const(NumResult, 'green', Colors)
* 创建显示模型点数组
tuple_gen_const(NumResult, 'circle', Shapes)
* 设置索引
Indices := [1:NumResult]
* 清空窗口
dev_clear_window()
* 显示 3D 模型
visualize_object_model_3d(WindowHandle, [ObjectModel3DScene,ObjectModel3DResult], [],
PoseOut, ['color_' + [0, Indices],'point_size_0'], ['gray',Colors,1.0], Message, [],
Instructions, PoseOut)
endfor
```

19.5　立体 3D 测量

本例通过采集如图 19-8 所示的树枝模型，计算采集后的叶片的角度、面积和树枝枝干的直径。采集的 3D 模型如图 19-9 所示。

图 19-8　树枝

图 19-9　3D 模型

HALCON 代码如下。

```
* 关闭窗口
dev_close_window()
* 打开窗口
dev_open_window(0, 0, 800, 800, 'gray', WindowHandle)
* 设置字体
set_display_font(WindowHandle, 14, 'mono', 'true', 'false')
* 读取采集到的 3D 模型
read_object_model_3d('植物.om3', 'm', [], [], Plant, Status)
* 通过选择图像上的点的 Z 值范围来去除背景
select_points_object_model_3d(Plant, 'point_coord_z', 0, 0.607, ObjectModel3DThresholded)
* 通过点的相对距离来去除多余的杂点
select_points_object_model_3d(ObjectModel3DThresholded, 'num_neighbors_fast 0.01', 100,
1e + 10, PlantThresholded)
* 设置三维模型的姿态
PoseVis : = [0.434603, - 0.334464,2.41924,255.878,304.461,240.131,0]
* 显示三维模型
visualize_object_model_3d(WindowHandle, PlantThresholded, [], PoseVis, ['intensity_red',
'intensity_green','intensity_blue','disp_pose'], ['coord_x','coord_y','coord_z','true'], 'Plant', [],
[], PoseOut)
* ***************************
* 分割叶片 *
* ***************************
* 分割叶片
segment_leaves_3d(PlantThresholded, Leaves, PlanesCollected, Trunk, BBox, Pose, Length1)
* 把叶片点集进行采样
sample_object_model_3d(Leaves, 'fast', 0.001, [], [], LeavesSampled)
* 将采样点转换为三角形
triangulate_object_model_3d(LeavesSampled, 'greedy', [], [], LeavesTriangulated, Information1)
* 显示三维模型
visualize_object_model_3d(WindowHandle, [PlantThresholded,LeavesTriangulated], [], PoseVis,
['colored','alpha_0'], [12,0.1], '1. Segmented leaves', [], [], PoseOut)
** 定位叶片的 z 轴
* 获取叶片的长方体姿态
get_object_model_3d_params(BBox, 'primitive_pose', BBoxPose)
* 将每一个模型姿态转换为数组
pose_invert(BBoxPose, BBoxPoseInverted)
* 根据姿态改变叶片模型位置
rigid_trans_object_model_3d(LeavesTriangulated, BBoxPoseInverted, LeavesTransTmp)
* 根据姿态改变主干模型位置
rigid_trans_object_model_3d(Trunk, BBoxPoseInverted, TrunkTransTmp)
* 将叶片移动到指定位置
rigid_trans_object_model_3d(LeavesTransTmp, [0.07,0,0,0,180,0,0], LeavesTrans)
* 将主干移动到指定位置
rigid_trans_object_model_3d(TrunkTransTmp, [0.07,0,0,0,180,0,0], TrunkTrans)
* 激活窗口
```

```
dev_set_window(WindowHandle)
* 关闭窗口
dev_close_window()
* 打开窗口 1
dev_open_window(0, 0, 500, 500, 'gray', WindowHandle1)
* 打开窗口 2
dev_open_window(0, 500, 500, 500, 'gray', WindowHandle2)
* 设置字体
set_display_font(WindowHandle1, 14, 'mono', 'true', 'false')
* 设置字体
set_display_font(WindowHandle2, 14, 'mono', 'true', 'false')
* **************************************************
* 确定叶片的角度分布 *
* **************************************************
for j := 8 to |LeavesTriangulated| - 1 by 1
    * 获取叶片中心位置
    get_object_model_3d_params(LeavesTrans[j], 'center', Center)
    * 生成中心点
    gen_object_model_3d_from_points(Center[0], Center[1], Center[2], ObjectModel3D)
    * 初始化中心点
    X := Center[0]
    Y := 0
    Z := 0
    * 生成中心点投影到 X 平面的点
    gen_object_model_3d_from_points(X, Y, Z, ObjectModel3D3)
    * 计算角度
    tuple_atan2(Center[1], Center[2], ATan)
    * 转换为角度制
    Angle := deg(ATan)
    * 生成姿态 yoz 平面
    PoseVis1 := [-0.0,0.0,2.7,270,90,90,0]
    * 生成姿态 xoy 平面
    PoseVis2 := [0.0,0.08,3.0,180,90,90,0]
    * 以 xoy 平面显示 3D 模型
    disp_object_model_3d(WindowHandle2, [LeavesTrans[j],TrunkTrans], [], PoseVis2, ['color_
0','color_1','disp_pose'], ['cyan','yellow','true'])
    * 激活窗口
    dev_set_window(WindowHandle2)
    * 计算高度,单位为 mm
    HeightL := Center[0] * 1000
    * 显示高度和角度信息
    dev_disp_text('Height of the leaf: ' + HeightL $ '0.1f' + 'mm', 'window', 'top', 'left',
'black', [], [])
    * 以 yoz 平面显示 3D 模型
    visualize_object_model_3d(WindowHandle1, [LeavesTrans[j],TrunkTrans], [], PoseVis1,
['color_0','color_1','disp_pose'], ['cyan','yellow','true'], ['2. The angular distribution of the
leaves','Angle: ' + Angle $ '0.1f' + ' deg'], [], [], PoseOut1)
```

```
endfor
stop()
* 激活窗口1
dev_set_window(WindowHandle1)
* 关闭窗口1
dev_close_window()
* 激活窗口2
dev_set_window(WindowHandle2)
* 关闭窗口2
dev_close_window()
* 打开窗口
dev_open_window(0, 0, 800, 800, 'gray', WindowHandle)
* 设置字体
set_display_font(WindowHandle, 14, 'mono', 'true', 'false')
* ************************************************************
* 计算叶片面积
* ************************************************************
* 获取叶片面积
area_object_model_3d(LeavesTriangulated, Area)
* 单位换算为平方厘米
AreaF := Area * 10000
* 显示1位小数
AreaF := AreaF $ '0.1f'
* 生成显示的姿态
PoseVis := [-0.0590142, -0.00151176, 2.56947, 0.0, 0.0, 0.0, 0]
* 显示3D模型
visualize_object_model_3d(WindowHandle, [PlantThresholded, LeavesTriangulated], [], [],
['intensity_red','intensity_green','intensity_blue','alpha_0'], ['coord_x','coord_y','coord_z', 0.2],
'3. Area of leaves:', ['', AreaF + ' cm^Cp2'], [], PoseOut)
* ************************************************
* 计算主干直径
* ************************************************
* 获取主干的最小长方体
smallest_bounding_box_object_model_3d(PlantThresholded, 'oriented', Pose1, Length11,
Length21, Length31)
* 转换姿态
pose_invert(Pose, PoseInvert)
* 模型转换到相应的姿态
rigid_trans_object_model_3d(PlantThresholded, PoseInvert, ObjectModel3DRigidTrans)
* 初始化直径数组
DiameterAll := []
for k := 1 to 2 by 0.01
    * 位置平移姿态
    PoseShift := [0.01 * k, 0, 0, 0, 90, 0, 0]
    * 生成平面
    gen_plane_object_model_3d(PoseShift, [-1, 1, 1, -1] / 50.0, [-1, -1, 1, 1] / 50.0, Plane)
    * 3D模型与平面相交
```

```
        intersect_plane_object_model_3d(ObjectModel3DRigidTrans, PoseShift, ObjectModel3DIntersection)
        * 获取相交模型直径
        get_object_model_3d_params(ObjectModel3DIntersection, 'diameter', Diameter)
        * 记录直径
        DiameterAll : = [DiameterAll,Diameter]
endfor
* 计算平均直径
Diameter : = mean(DiameterAll) * 1000
*
* 叶片模型和主干模型进行姿态转换
rigid_trans_object_model_3d([LeavesTriangulated,Trunk], PoseInvert, ObjectModel3DRigidTransVis)
* 生成模型姿态
PoseVis : = [ - 0.005,0.03,2,0,270,80,0]
* 生成 3D 显示的 Alpha 数组值
tuple_gen_const(|LeavesTriangulated|, 0.2, Alpha)
* 生成 3D 显示的 Dummy 数组值
tuple_gen_const(|LeavesTriangulated|, '', Dummy)
* 显示 3D 模型
visualize_object_model_3d(WindowHandle, [ObjectModel3DRigidTransVis, Plane], [ ], PoseVis,
['alpha_' + [0:|LeavesTriangulated| - 1],'intensity_red','intensity_green','intensity_blue'],
[Alpha,'coord_x','coord_y','coord_z'], '4. Diameter of the trunk:', [Dummy,'','Diameter: ' +
Diameter $ '0.1f' + ' mm'], [ ], PoseOut)
* *************************************
* 分析叶片的角度
* *************************************
* 获取搜集叶片平面的原始位置
get_object_model_3d_params(PlanesCollected, 'primitive_pose', PosePlanes)
* 对平面进行采样
sample_object_model_3d(PlanesCollected, 'fast', 0.001, [ ], [ ], SampledPlanes)
* 计算平面重心
moments_object_model_3d(SampledPlanes, 'principal_axis', Moments)
* 打开窗口
dev_open_window(0, 800, 512, 512, 'gray', WindowHandle1)
* 设置线宽为 2
dev_set_line_width(2)
* 设置字体
set_display_font(WindowHandle1, 14, 'mono', 'true', 'false')
* 定义虚拟相机
CamParam : = ['area_scan_division',1,0,1e - 003,1e - 003,512 / 2,512 / 2,512,512]
* 设置姿态
Pose3 : = [2.14809e - 011, - 2.64974e - 005,0.117874,0.0,90.0,0.0,0]
*
for Index : = 0 to |PlanesCollected| - 1 by 1
    * 获取叶片的点数
    get_object_model_3d_params(LeavesTriangulated[Index], 'num_points', NumPoints)
    if(NumPoints > 500)
        * 现在的姿态
```

```
CurrPose : = Moments[7 * Index:7 * Index + 6]
* 获取转换姿态
pose_invert(CurrPose, PosePlanesInvert)
* 转换平面位置
rigid_trans_object_model_3d([PlanesCollected[Index],LeavesTriangulated[Index]],
PosePlanesInvert, ObjectModel3DRigidTrans2)
* 生成平面
gen_plane_object_model_3d([0,0,0,0,90,0,0], [ - 1,1,1, - 1] / 50.0, [ - 1, - 1,1,1] /
50.0, Plane)
* 求取平面与 y 平面的交面
intersect_plane_object_model_3d(ObjectModel3DRigidTrans2[1], [0,0,0,0,90,0,0],
ObjectModel3DIntersection1)
* 通过 y 坐标进行筛选
select_points_object_model_3d(ObjectModel3DIntersection1, 'point_coord_y', - 0.5,
- 0.00025, ObjectModel3DLeft)
* 通过 y 坐标进行筛选
select_points_object_model_3d(ObjectModel3DIntersection1, 'point_coord_y',
0.00025, 0.5, ObjectModel3DRight)
* 将筛选的左边的点投影到相机平面
project_object_model_3d(ModelContoursLeft, ObjectModel3DLeft, CamParam, Pose3,
'data', 'lines')
* 将筛选的右边的点投影到相机平面
project_object_model_3d(ModelContoursRight, ObjectModel3DRight, CamParam, Pose3,
'data', 'lines')
* 拟合 2D 直线
fit_line_contour_xld(ModelContoursLeft, 'tukey', - 1, 0, 5, 2, RowBeginL, ColBeginL,
RowEndL, ColEndL, NrL, NcL, Dist)
* 拟合 2D 直线
fit_line_contour_xld(ModelContoursRight, 'tukey', - 1, 0, 5, 2, RowBeginR, ColBeginR,
RowEndR, ColEndR, NrR, NcR, Dist)
*
* 计算直线角度
tuple_atan2(NrR, NcR, ATanR)
* 计算直线角度
tuple_atan2(NrL, NcL, ATanL)
* 转换为角度
Ang1 : = deg(ATanL)
* 转换为角度
Ang2 : = deg(ATanR)
* 计算角度差
Angle : = 180 + Ang1 - Ang2
* 生成直线
gen_region_line(RegionLinesL, RowBeginL, ColBeginL, RowEndL, ColEndL)
* 生成直线
gen_region_line(RegionLinesR, RowBeginR, ColBeginR, RowEndR, ColEndR)
```

```
        *定义姿态
        PoseVis := [0.000473047, -0.00126634, 0.50, 288.642, 6.07009, 48.448, 0]
        *显示3D模型
        disp_object_model_3d(WindowHandle, [ObjectModel3DRigidTrans2[1], ObjectModel3DIntersection1],
[], [], 'colored', 12)
        *激活窗口1
        dev_set_window(WindowHandle1)
        *清空窗口
        dev_clear_window()
        *设置颜色
        dev_set_color('green')
        *显示左轮廓
        dev_display(ModelContoursLeft)
        *显示右轮廓
        dev_display(ModelContoursRight)
        *设置颜色
        dev_set_color('blue')
        *显示左线段
        dev_display(RegionLinesL)
        *显示右线段
        dev_display(RegionLinesR)
        *激活窗口
        dev_set_window(WindowHandle1)
        *显示角度
        dev_disp_text('Angle: ' + Angle, 'window', 12, 12, 'black', [], [])
        *激活窗口
        dev_set_window(WindowHandle)
        *显示角度
        dev_disp_text('Angle of leaves:', 'window', 12, 12, 'black', [], [])
    endif
endfor
```

19.6　对焦测距

对焦测距技术是一种根据目标景物像距求解物距的测距技术。目标景物的像距是指成清晰像的像面与光学系统像方主面之间的距离。通过调节相机的高度来对不同高度的物体对焦，基于变距的对焦测距方法通过摄像系统得到物体的理想像点位置，然后计算得到相机系统对目标景物所成像的像距，再根据公式计算物体作用距离。

1. 测距的原理

在几何光学中，光学系统对一定距离处物体成像时，在其理想像面位置成像最清晰，这个理想位置与物体位置满足共轭成像关系。当像面偏离了这个理想位置时,图像失焦。对焦测距是利用光学成像中景物在其理想像面上成像最清晰的原理实现测距的,相机对景物所成最清晰像的位置是景物理想像所在的位置,从而得到理想像的像距。由几何光学中的物像共轭关系,景物相对于相机的距离为

$$f = \frac{f \times l'}{f - l'}$$

式中,f 为相机镜头的焦距;l 为景物物距;l' 为景物对应的像距。

2. 对焦测距的主要步骤

(1) 通过不同高度的相机,对物体进行拍照,获取到系列图像;

(2) 获取到图像对焦清晰的部分;

(3) 把一系列图像清晰合成清晰图像图和 3D 距离图。

3. 在 HALCON 中的实现

实现的代码如下:

```
* 关闭更新
dev_update_off()
* 关闭窗口
dev_close_window()
* 读取图像
read_image(Image, 'dff/focus_pcb_solder_paste_37')
* 打开窗口
dev_open_window_fit_image(Image, 0, 0, -1, -1, WindowHandle)
* 获取图像尺寸
get_image_size(Image, Width, Height)
* 设置字体
set_display_font(WindowHandle, 16, 'mono', 'true', 'false')
* 绘制方式为 2D
dev_set_paint('default')
* 显示图像
dev_display(Image)
* 读取对焦测距图像集
NumImages := 91
* 初始化名称
Sequence := [NumImages:-1:1]
* 读取一张图像
read_image(ImageArray, 'dff/focus_pcb_solder_paste_' + Sequence $ '02')
* 图像的数组转换为多通道图像
channels_to_image(ImageArray, Image)
for I := NumImages to 1 by -1
    access_channel(Image, ImageDisp, I)
    dev_display(ImageDisp)
    disp_message(WindowHandle, 'DFF sequence of pad on a bga: ' + I $ '02', 'window', 50, 150,
'white', 'false')
```

```
    wait_seconds(0.05)
endfor
stop()
** 计算图像的锐度和深度
* 计算图像的深度
depth_from_focus(Image, Depth, Confidence, 'bandpass', 'next_maximum')
* 使用图像选择多通道图像的灰度值,获取锐度图像
select_grayvalues_from_channels(Image, Depth, SharpenedImage)
* 锐度图像灰度乘以 4
scale_image(SharpenedImage, ImageScaled, 4, 0)
* 深度图像灰度范围扩充至 0～255
scale_image_max(Depth, ImageScaleMax)
* 用矩形掩膜计算图像的中值
median_rect(ImageScaleMax, DepthMean, 25, 25)
** 显示结果
* 扩充图像大小
dev_set_window_extents(0, 0, Width * 0.7, Height * 0.7)
* 显示图像
dev_display(SharpenedImage)
* 显示锐度图像
disp_message(WindowHandle, 'Sharpened image', 'window', 12, 12, 'black', 'true')
* 打开深度窗口
dev_open_window(0, Width * 0.7 + 5, Width * 0.7, Height * 0.7, 'black', WindowHandle3D)
* 设置字体
set_display_font(WindowHandle3D, 16, 'mono', 'true', 'false')
* 设置显示为 3D
dev_set_paint(['3d_plot','texture'])
* 合并灰度图和深度图
compose2(DepthMean, ImageScaled, MultiChannelImage)
* 显示合并后的图像
dev_display(MultiChannelImage)
```

检测结果的 2D 锐度图如图 19-10 所示。

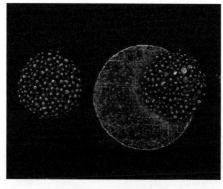

图 19-10　2D 锐度图

19.7　图像拼接

图像拼接是将数张有重叠部分的图像拼成一幅无缝的全景图或高分辨率图像的技术。图像拼接主要依赖于两个技术图像配准和图像融合。

图像配准可以概括为相对配准和绝对配准两种：相对配准是指选择多图像中的一张图像作为参考图像，将其他的相关图像与之配准，其坐标系统是任意的。绝对配准是指先定义一个控制网格，所有的图像相对于这个网格来进行配准，即分别完成各分量图像的几何校正来实现坐标系的统一。图像配准通常通过一个适当的多项式来拟合两图像之间的平移、旋转和仿射变换，由此将图像配准函数映射关系转化为如何确定多项式的系数，最终转化为如何确定配准控制点。确定配准控制点可基于灰度信息法、变换域法和特征法，其中基于特征法又可以根据所用的特征属性的不同而细分为若干类别。

图像融合是指将多源信道所采集到的关于同一目标的图像数据经过图像处理和计算机技术等，最大限度地提取各自信道中的有利信息，最后综合成高质量的图像，以提高图像信息的利用率，改善计算机解译精度和可靠性，提升原始图像的空间分辨率。

一般而言，图像拼接主要包括以下五个步骤。

(1) 图像预处理：包括数字图像处理的基本操作(如去噪、边缘提取和直方图处理等)，建立图像的匹配模板以及对图像进行某种变换(如傅里叶变换、小波变换等)等。

(2) 图像配准：采用一定的匹配策略，找出待拼接图像中的模板或特征点在参考图像中对应的位置，进而确定两幅图像之间的变换关系。

(3) 建立变换模型：根据模板或者图像特征之间的对应关系，计算出数学模型中的各参数值，从而建立两幅图像的数学变换模型。

(4) 坐标变换：根据建立的数学转换模型，将待拼接图像转换到参考图像的坐标系中，完成统一坐标变换。

(5) 融合重构：将待拼接图像的重合区域进行融合得到拼接重构的平滑无缝全景图像。

图 19-11 所示是图像拼接的步骤。

图 19-11　图像拼接的步骤

HALCON 图像拼接实例如下，它展示的是马赛克图像的拼接。马赛克拼接指的是图像的上下左右都可以进行图像拼接。图 19-12 所示是 10 张带有重叠部分的图像平铺图。

图 19-13 所示是图像特征点匹配图。

HALCON 图像拼接实例如下：

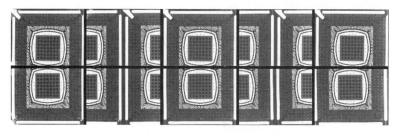

图 19-12　10 张带有重叠部分的图像平铺图

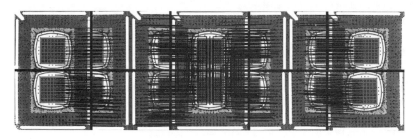

图 19-13　图像特征点匹配图

＊设置一个控制参数:定义是否消除径向畸变(true 为消除)

EliminateRadialDistortions : = true

＊定义一个参数,参数定义图像的拼接顺序

PairConfiguration : = 2

＊定义一个参数,是否使用刚性仿射变换(true 为使用)

UseRigidTransformation : = true

＊设置图像的路径和名称

ImgPath : = '拼接'

ImgName : = 'bga_r_'

＊关闭更新

dev_update_off()

＊关闭窗口

dev_close_window()

＊打开窗口

dev_open_window(0, 0, 640, 480, 'black', WindowHandle1)

＊设置颜色为绿色

dev_set_color('green')

＊设置字体

set_display_font(WindowHandle1, 16, 'mono', 'true', 'false')

＊设置相机的内部参数

gen_cam_par_area_scan_division(0.0121693, − 2675.63, 7.40046e − 006, 7.4e − 006, 290.491,
258.887, 640, 480, CamParam)

＊根据设置的相机参数获得新的相机参数

change_radial_distortion_cam_par('adaptive', CamParam, 0, CamParOut)

＊＊逐个显示图像

＊生成空的图像对象

```
gen_empty_obj(Images)
for J : = 1 to 10 by 1
    * 读取图像
    read_image(Image, ImgPath + ImgName + J $ '02')
    * 如果需要消除径向畸变
    if(EliminateRadialDistortions)
        * 改变图像的径向畸变
        change_radial_distortion_image(Image, Image, Image, CamParam, CamParOut)
    endif
    * 把图像合成一个数组
    concat_obj(Images, Image, Images)
    * 显示图像
    dev_display(Image)
    * 显示图像索引
    disp_message(WindowHandle1, 'Image ' + J $ 'd', 'window', 12, 12, 'black', 'true')
    * 等待 0.5 秒
    wait_seconds(0.5)
endfor
** 在大图像中展示图像的匹配关系
* 获取图像尺寸
get_image_size(Image, Width, Height)
* 拼接行间隔
TileSpacingRow : = 20
* 拼接列间隔
TileSpacingColumn : = 20
* 整体拼接宽度
TiledWidth : = 5 * Width + 4 * TileSpacingColumn
* 整体拼接高度
TiledHeight : = 2 * Height + TileSpacingRow
* 拓展窗口尺寸
dev_set_window_extents( - 1, - 1, TiledWidth / 4, TiledHeight / 4)
* 行偏移
OffsetRow : = Height + TileSpacingRow
* 列偏移
OffsetColumn : = Width + TileSpacingColumn
* 图像平铺拼接
tile_images_offset(Images, TiledImage, [0,0,0,0,0,OffsetRow,OffsetRow,OffsetRow,OffsetRow,
OffsetRow], [0 * OffsetColumn, 1 * OffsetColumn, 2 * OffsetColumn, 3 * OffsetColumn, 4 *
OffsetColumn,0 * OffsetColumn, 1 * OffsetColumn, 2 * OffsetColumn, 3 * OffsetColumn, 4 *
OffsetColumn], [ - 1, - 1, - 1, - 1, - 1, - 1, - 1, - 1, - 1, - 1], [ - 1, - 1, - 1, - 1, - 1, - 1, - 1,
- 1, - 1, - 1], [ - 1, - 1, - 1, - 1, - 1, - 1, - 1, - 1, - 1, - 1], [ - 1, - 1, - 1, - 1, - 1, - 1, - 1,
- 1, - 1, - 1], TiledWidth, TiledHeight)
* 清除窗口
dev_clear_window()
* 显示 10 张平铺图像
dev_display(TiledImage)
* 显示拼接信息
```

```
disp_message(WindowHandle1, 'All 10 images', 'window', 12, 12, 'black', 'true')
stop()
** 计算图像中的匹配点
* 清空窗口
dev_clear_window()
* 显示平铺图像
dev_display(TiledImage)
* 根据预设拼接顺序选择图像之间的关系
if(PairConfiguration == 1)
    From := [1,2,3,4,6,7,8,9,1]
    To := [2,3,4,5,7,8,9,10,6]
elseif(PairConfiguration == 2)
    From := [1,2,3,4,6,7,8,9,3]
    To := [2,3,4,5,7,8,9,10,8]
elseif(PairConfiguration == 3)
    From := [1,2,3,4,1,2,3,4,5]
    To := [2,3,4,5,6,7,8,9,10]
else
    From := [1,2,3,4,6,7,8,9,3]
    To := [2,3,4,5,7,8,9,10,8]
endif
* 设置拼接数
Num := |From|
* 设置图像所在行的位置数组
ImagePosRow := [0,0,0,0,0,1,1,1,1,1]
* 设置图像所在列的位置数组
ImagePosColumn := [0,1,2,3,4,0,1,2,3,4]
* 初始化投影矩阵
ProjMatrices := []
* 确认图像之间的转换关系
for J := 0 to Num - 1 by 1
    * 拼接的基础图像索引数组
    F := From[J]
    * 拼接的拼接图像索引数组
    T := To[J]
    * 选择基础图像
    select_obj(Images, ImageFrom, F)
    * 选择拼接图像
    select_obj(Images, ImageTo, T)
    ** 提取图像的特征点
    * 用于计算梯度的平滑量
    SigmaGrad := 1
    * 用于梯度积分的平滑量
    SigmaSmooth := 3
    * 平方梯度矩阵的平方迹的权值参数
    Alpha := 0.04
    * 点的滤波器的最小响应值
```

```
        Threshold : = 0
        * 获取基础图像特征点
        points _ harris ( ImageFrom, SigmaGrad, SigmaSmooth, Alpha, Threshold, RowFromAll,
ColumnFromAll)
        * 获取拼接图像特征点
        points_harris(ImageTo, SigmaGrad, SigmaSmooth, Alpha, Threshold, RowToAll, ColumnToAll)
        ** 设置图像重合的区域(是上、下、左或右)
        * 获取基础图像的行数
        FromImagePosRow : = ImagePosRow[F - 1]
        * 获取基础图像的列数
        FromImagePosColumn : = ImagePosColumn[F - 1]
        * 获取拼接图像的行数
        ToImagePosRow : = ImagePosRow[T - 1]
        * 获取拼接图像的列数
        ToImagePosColumn : = ImagePosColumn[T - 1]
        ** 确定在平铺图像的搜索的范围
        * 获取基础图像的行搜索位置
        FromShiftRow : = FromImagePosRow * Height
        * 获取基础图像的列搜索位置
        FromShiftColumn : = FromImagePosColumn * Width
        * 获取拼接图像的行搜索位置
        ToShiftRow : = ToImagePosRow * Height
        * 获取拼接图像的列搜索位置
        ToShiftColumn : = ToImagePosColumn * Width
        * 匹配特征点
        * 灰度值掩码的大小
        MaskSize : = 21
        * 行重叠系数
        OverlapRow : = 0.65
        * 列重叠系数
        OverlapColumn : = 0.5
        * 行重叠大小
        RowMove : = (FromShiftRow - ToShiftRow) * (1 - OverlapRow)
        * 列重叠大小
        ColumnMove : = (FromShiftColumn - ToShiftColumn) * (1 - OverlapColumn)
        * 匹配搜索窗口的半高
        RowTolerance : = 20
        * 匹配搜索窗口的半宽
        ColumnTolerance : = 20
        * 旋转角度范围
        Rotation : = 0
        * 用于灰度匹配的阈值
        MatchThreshold : = 50
        * 检查转换一致性的阈值
        DistanceThreshold : = 0.4
        * 随机种子
        RandSeed : = 0
```

```
     * 匹配特征点
     proj_match_points_ransac(ImageFrom, ImageTo, RowFromAll, ColumnFromAll, RowToAll, ColumnToAll,
'sad', MaskSize, RowMove, ColumnMove, RowTolerance, ColumnTolerance, Rotation, MatchThreshold,
'gold_standard', DistanceThreshold, RandSeed, ProjMatrix, Points1, Points2)
     * 如果使用刚性仿射变换
     if(UseRigidTransformation)
         ** 对特征点进行取整
         * 基础图像特征点行坐标取整
         RowFrom : = subset(RowFromAll,Points1)
         * 基础图像特征点列坐标取整
         ColumnFrom : = subset(ColumnFromAll,Points1)
         * 拼接图像特征点行坐标取整
         RowTo : = subset(RowToAll,Points2)
         * 拼接图像特征点列坐标取整
         ColumnTo : = subset(ColumnToAll,Points2)
         * 进行刚性仿射变换
         vector_to_rigid(RowFrom + 0.5, ColumnFrom + 0.5, RowTo + 0.5, ColumnTo + 0.5,
HomMat2D)
             * 得到转换矩阵
         ProjMatrix : = [HomMat2D,0,0,1]
     endif
     * 累积变换矩阵
     ProjMatrices : = [ProjMatrices,ProjMatrix]
     ** 定义特征点平移的大小
     * 基础图像行平移大小
     FromVisShiftRow : = FromImagePosRow * TileSpacingRow
     * 基础图像列平移大小
     FromVisShiftColumn : = FromImagePosColumn * TileSpacingColumn
     * 拼接图像行平移大小
     ToVisShiftRow : = ToImagePosRow * TileSpacingRow
     * 拼接图像列平移大小
     ToVisShiftColumn : = ToImagePosColumn * TileSpacingColumn
     * 显示基础图像特征点
     gen_cross_contour_xld(PointsFrom, RowFromAll + FromShiftRow + FromVisShiftRow,
ColumnFromAll + FromShiftColumn + FromVisShiftColumn, 6, rad(45))
     * 显示拼接图像特征点
     gen_cross_contour_xld(PointsTo, RowToAll + ToShiftRow + ToVisShiftRow, ColumnToAll +
ToShiftColumn + ToVisShiftColumn, 6, rad(45))
     ** 连接匹配点
     ** 更新匹配点在平铺图的位置
     * 基础图像行坐标特征点平移
     RowFrom : = subset(RowFromAll,Points1) + FromShiftRow + FromVisShiftRow
     * 基础图像列坐标特征点平移
     ColumnFrom : = subset(ColumnFromAll,Points1) + FromShiftColumn + FromVisShiftColumn
     * 拼接图像行坐标特征点平移
     RowTo : = subset(RowToAll,Points2) + ToShiftRow + ToVisShiftRow
     * 拼接图像行列标特征点平移
```

```
            ColumnTo : = subset(ColumnToAll,Points2) + ToShiftColumn + ToVisShiftColumn
        * 生成连接对象
        gen_empty_obj(Matches)
        for K : = 0 to |RowFrom| − 1 by 1
            * 连接特征点
            gen_contour_polygon_xld(Match, [RowFrom[K],RowTo[K]], [ColumnFrom[K],ColumnTo[K]])
            * 记录连接线
            concat_obj(Matches, Match, Matches)
        endfor
        * 设置颜色数量
        dev_set_colored(12)
        * 显示连接线
        dev_display(Matches)
        * 设置颜色
        dev_set_color('green')
        * 显示基础图像特征点
        dev_display(PointsFrom)
        * 显示拼接图像特征点
        dev_display(PointsTo)
endfor
* 显示信息
disp_message(WindowHandle1, 'Point matches', 'window', 12, 12, 'black', 'true')
stop()
** 拼接图像
* 中心图像索引
StartImage : = 3
* 马赛克图像的堆叠顺序
StackingOrder : = [6,10,7,9,8,1,5,2,4,3]
* 拼接图像
gen_projective_mosaic(Images, MosaicImage, StartImage, From, To, ProjMatrices, StackingOrder,
'false', MosaicMatrices2D)
* 获取图像尺寸
get_image_size(MosaicImage, Width, Height)
* 拓展窗口
dev_set_window_extents( − 1, − 1, Width / 2, Height / 2)
* 清空图像
dev_clear_window()
* 显示拼接图像
dev_display(MosaicImage)
* 显示拼接信息
disp_message(WindowHandle1, 'Projective mosaic', 'window', 12, 12, 'black', 'true')
stop()
** 显示拼接图像边界
* 获取图像的尺寸
get_image_size(Image, Width, Height)
* 生成空图像
gen_image_const(ImageBlank, 'byte', Width, Height)
```

```
* 生成图像尺寸小一像素的矩形
gen_rectangle1(Rectangle, 0, 0, Height - 1, Width - 1)
* 绘制矩形边框为白色
paint_region(Rectangle, ImageBlank, ImageBorder, 255, 'margin')
* 生成空对象
gen_empty_obj(ImagesBorder)
for J := 1 to 10 by 1
    * 把图像组成一个数组
    concat_obj(ImagesBorder, ImageBorder, ImagesBorder)
endfor
* 使用拼接矩阵进行拼接
gen_projective_mosaic(ImagesBorder, MosaicImageBorder, StartImage, From, To, ProjMatrices,
StackingOrder, 'false', MosaicMatrices2D)
* 阈值图像,获取白色边框
threshold(MosaicImageBorder, Seams, 128, 255)
* 清除窗口
dev_clear_window()
* 显示拼接图像
dev_display(MosaicImage)
* 设置颜色
dev_set_color('green')
* 显示拼图边缝
dev_display(Seams)
* 显示局部接缝
* 获取图像尺寸
get_image_size(MosaicImage, Width, Height)
* 显示局部区域的大小
PartHeight := 64
PartWidth := 256
PartCenterRow := 490
PartCenterCol := 1800
* 打开窗口
dev_open_window(Height / 2 + 70, 0, PartWidth * 2, PartHeight * 2, 'black', WindowHandle2)
* 显示区域
dev_set_part(PartCenterRow - PartHeight / 2 + 1, PartCenterCol - PartWidth / 2 + 1,
PartCenterRow + PartHeight / 2, PartCenterCol + PartWidth / 2)
* 显示拼接图像
dev_display(MosaicImage)
* 设置绘制方式
dev_set_draw('margin')
* 设置颜色
dev_set_color('orange red')
* 设置线宽
dev_set_line_width(6)
* 显示方框
disp_rectangle1(WindowHandle2, PartCenterRow - PartHeight / 2 + 1, PartCenterCol -
PartWidth / 2 + 1, PartCenterRow + PartHeight / 2, PartCenterCol + PartWidth / 2)
```

```
* 设置显示窗口句柄
dev_set_window(WindowHandle1)
* 获取图像尺寸
get_image_size(MosaicImage, Width, Height)
* 设置图像显示位置
dev_set_part(0, 0, Height - 1, Width - 1)
* 设置边界
dev_set_draw('margin')
* 设置颜色
dev_set_color('orange red')
* 线的宽度
dev_set_line_width(3)
* 显示矩形
disp_ rectangle1 (WindowHandle1, PartCenterRow - PartHeight / 2 + 1, PartCenterCol -
PartWidth / 2 + 1, PartCenterRow + PartHeight / 2, PartCenterCol + PartWidth / 2)
* 显示信息
disp_message(WindowHandle1, 'Seams between the images', 'window', 12, 12, 'black', 'true')
stop()
* 关闭接缝窗口
dev_close_window()
```

图 19-14 所示是拼接图像所在的拼接位置,图中的长直线和竖线为图像的边界。

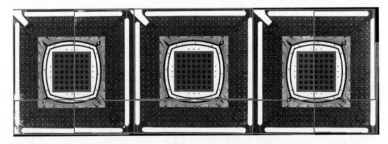

图 19-14　拼接图像所在的拼接位置

图 19-15 所示是接缝的特写图。从图中可以看出,马赛克的拼接在接缝处或多或少会出现像素不对齐的现象。如果只有两幅图像拼接,该问题会得到很好的解决。

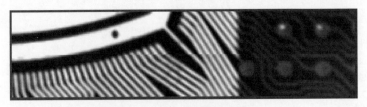

图 19-15　接缝的特写图

## 第 20 章

HALCON 联合开发

HALCON 是德国的一款图像处理软件,它具有交互式编程开发功能。可以通过导出功能导出 VB、C/C++和 C♯等代码,利用其自由的 HDevelop 编程软件就可以实现上述功能。

导出后的代码可以在 Microsoft Visual Studio 和 Qt 中运行,HDevelop 本身就是用 Qt 完成开发的,HDevelop 输出的程序代码通过指令加入程序中,程序的接口可以利用程序语言功能来完成,然后就可以进行编辑和连接了,完成应用程序的开发。如图 20-1 是 HALCON 开发标准流程。

图 20-1 HALCON 开发标准流程

下面介绍 HALCON 与 VB、C♯和 C++的联合编程。

20.1 HALCON 与 VB 联合编程——计数

黄豆的颗数统计可以通过图像处理方式实现准确计数。黄豆颗数统计系统是由计算机、光源、相机、镜头、Windows 系统、HALCON 和 VB 等软硬件来实现的。采集的黄豆图像如图 20-2 所示。

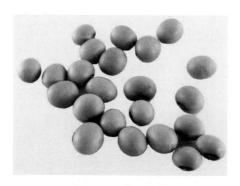

图 20-2 黄豆图像

1. HALCON 的代码开发

HDevelop 代码如下。

```
* 关闭窗口更新
dev_update_off()
* 关闭窗口
dev_close_window()
* 读取图像
read_image(Image, '黄豆.jpg')
* 获取图像大小
get_image_size(Image, Width, Height)
* 打开窗口
dev_open_window(0, 0, Width, Height, 'black', WindowHandle)
* 显示图像
dev_display(Image)
* 分割彩色图像
decompose3(Image, ImageR, ImageG, ImageB)
* 转换图像空间域
trans_from_rgb(ImageR, ImageG, ImageB, ImageH, ImageS, ImageV, 'hsv')
* 阈值
threshold(ImageH, Region, 24, 32)
* 开运算区域
opening_circle(Region, RegionOpening, 20)
* 腐蚀区域
erosion_circle(RegionOpening, RegionErosion1, 20)
* 独立非连通域
connection(RegionErosion1, ConnectedRegions)
* 统计数量
count_obj(ConnectedRegions, Number)
stop()
* 获取面积和区域中心
area_center(ConnectedRegions, Area, Row, Column)
* 生成圆点用于显示
gen_circle_contour_xld(ContCircle, Row, Column, gen_tuple_const(Number,2), 0, 6.28318,
'positive', 1)
* 生成圆区域
gen_region_contour_xld(ContCircle, Region1, 'filled')
* 设置颜色
dev_set_color('red')
* 显示区域
dev_display(Region1)
stop()
* 显示图像
dev_display(Image)
* 显示区域
dev_display(Region1)
```

```
* 设置字体
set_display_font(WindowHandle, 16, 'mono', 'true', 'false')
* 显示信息
disp_message(WindowHandle, ['检测数量:' + Number], 'window', 10, 10, 'green', 'false')
```

程序运行结果如图 20-3 所示。

图 20-3　黄豆计数运行结果

2. 导出程序

依次单击菜单栏中的"文件"→"导出",如图 20-4 所示,导出支持 VB 格式的文件,如图 20-5 所示。

图 20-4　文件导出

图 20-5　导出文件及格式

3. 新建一个 VB 对话框工程

在 VS 中新建一个 VB 对话工程，在窗口内插入两个 Button 按钮，图 20-6 所示为插入 Button 的方式。工具箱可以通过视图菜单打开，一个为打开图像，另一个为计数。右击 Botton→"属性"，把设计下的（Name）打开图像的改为"ImageOpen"，计数的改为"Count"。外观 Text 一个改为"打开图像"，一个改为"计数"。控件的"属性"→"外观"→Font 改为"宋体常规"，大小为 14.25pt。

图 20-6　按钮工具插入

插入两个 Label，一个来显示计数数量名称，另一个来显示计数数量值。将 Label1 的外观 Text 改为数量，label2 的外观 Text 进行删除，Label1 控件的"属性"→"外观"→Font 改为"宋体常规"，大小为 14.25pt，插入方式如图 20-7 所示。

右击工具栏，选择"添加"选项卡，如图 20-8 所示。

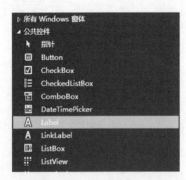

图 20-7　标签工具插入

图 20-8　添加选项卡

给选项卡命名为 HALCON，如图 20-9 所示。

在 HALCON 选项卡上右击，选择"选择项"，如图 20-10 所示。

图 20-9　添加选项卡命名 HALCON　　　　　图 20-10　添加选择项

在弹出的选择工具箱项窗口中单击浏览，如图 20-11 所示，然后按照"目录"→bin 文件夹→dotnet35 文件夹→halcondotnet.dll 找到 HALCON 文件。如图 20-12 所示，然后单击窗口中的"打开"，最后单击"选择工具箱项"窗口中的"确定"按钮。

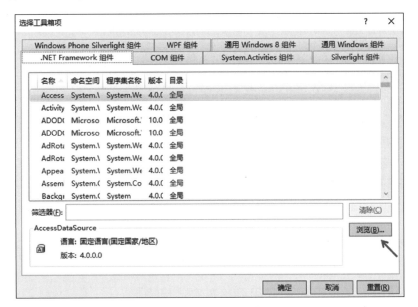

图 20-11　选择工具箱项

名称	修改日期	类型	大小
halcondotnet.dll	2019/5/28 17:36	应用程序扩展	1,481 KB
halcondotnetxl.dll	2019/5/28 17:36	应用程序扩展	1,481 KB
hdevenginedotnet.dll	2019/5/28 17:36	应用程序扩展	65 KB
hdevenginedotnetxl.dll	2019/5/28 17:36	应用程序扩展	65 KB

图 20-12　选择窗口

然后，单击工具栏中的 HWindowControl，在界面窗口中添加图像窗口，如图 20-13 所示。

图 20-13　添加 HWindowControl 窗口

最后，添加完成的效果图如图 20-14 所示。

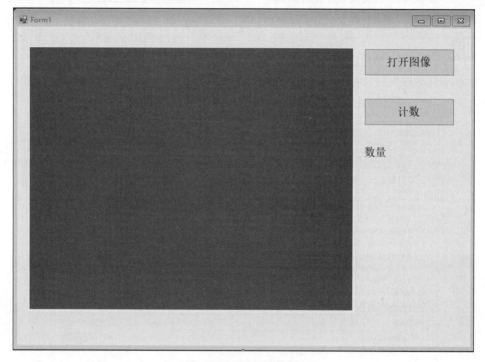

图 20-14　界面编辑图

4. 把 HALCON 导出代码应用到 VB 窗体当中

在代码中加入 Imports HALCONDotNet 来引用 HALCON 的库。

VB 代码如下：

```
Imports System.Windows.Forms.VisualStyles
Imports HALCONDotNet
Imports System
Imports Microsoft.VisualBasic

Public Class Form1
    '初始化变量
```

```
Dim ho_Image As HObject = Nothing
Dim ho_ImageR As HObject = Nothing
Dim ho_ImageG As HObject = Nothing
Dim ho_ImageB As HObject = Nothing
Dim ho_ImageH As HObject = Nothing
Dim ho_ImageS As HObject = Nothing
Dim ho_ImageV As HObject = Nothing
Dim ho_Region As HObject = Nothing
Dim ho_RegionOpening As HObject = Nothing
Dim ho_RegionErosion1 As HObject = Nothing
Dim ho_ConnectedRegions As HObject = Nothing
Dim ho_ContCircle As HObject = Nothing
Dim ho_Region1 As HObject = Nothing

Dim hv_Width As HTuple = New HTuple
Dim hv_Height As HTuple = New HTuple
Dim hv_WindowHandle As HTuple = New HTuple
Dim hv_Number As HTuple = New HTuple
Dim hv_Area As HTuple = New HTuple
Dim hv_Row As HTuple = New HTuple
Dim hv_Column As HTuple = New HTuple


'初始化
Private Sub Form1_load(ByVal sender As System.Object, ByVal e As System.EventArgs) Handles
MyBase.Load
    HOperatorSet.GenEmptyObj(ho_Image)
    '读取图像
    ho_Image.Dispose()
    HALCONDotNet.HOperatorSet.ReadImage(ho_Image, New HTuple("C://Users//administor//
Desktop//黄豆.jpg"))
    '获取图像大小
    hv_Width.Dispose()
    hv_Height.Dispose()
    HALCONDotNet.HOperatorSet.GetImageSize(ho_Image, hv_Width, hv_Height)
    '窗口赋值
    hv_WindowHandle = HWindowControl1.HALCONWindow
    HDevWindowStack.Push(hv_WindowHandle)
    '设置全窗口显示
    HALCONDotNet.HOperatorSet.SetPart(hv_WindowHandle, New HTuple(0), New HTuple(0), hv
_Height - 1, hv_Width - 1)
End Sub

'显示图像
Private Sub ImageOpen_Click()
    If(HDevWindowStack.IsOpen()) Then
```

```vb
            HALCONDotNet.HOperatorSet.DispObj(ho_Image, hv_WindowHandle)
        End If
    End Sub

    '计数
    Private Sub Count_Click()
        HOperatorSet.GenEmptyObj(ho_ImageR)
        HOperatorSet.GenEmptyObj(ho_ImageG)
        HOperatorSet.GenEmptyObj(ho_ImageB)
        HOperatorSet.GenEmptyObj(ho_ImageH)
        HOperatorSet.GenEmptyObj(ho_ImageS)
        HOperatorSet.GenEmptyObj(ho_ImageV)
        HOperatorSet.GenEmptyObj(ho_Region)
        HOperatorSet.GenEmptyObj(ho_RegionOpening)
        HOperatorSet.GenEmptyObj(ho_RegionErosion1)
        HOperatorSet.GenEmptyObj(ho_ConnectedRegions)
        HOperatorSet.GenEmptyObj(ho_ContCircle)
        HOperatorSet.GenEmptyObj(ho_Region1)
        '分割彩色图像
        ho_ImageR.Dispose()
        ho_ImageG.Dispose()
        ho_ImageB.Dispose()
        HALCONDotNet.HOperatorSet.Decompose3(ho_Image, ho_ImageR, ho_ImageG, ho_ImageB)
        '转换图像空间域
        ho_ImageH.Dispose()
        ho_ImageS.Dispose()
        ho_ImageV.Dispose()
        HALCONDotNet.HOperatorSet.TransFromRgb(ho_ImageR, ho_ImageG, ho_ImageB, ho_ImageH, ho_ImageS,
            ho_ImageV, New HTuple("hsv"))
        '阈值
        ho_Region.Dispose()
        HALCONDotNet.HOperatorSet.Threshold(ho_ImageH, ho_Region, New HTuple(24), New HTuple(32))
        '开运算区域
        ho_RegionOpening.Dispose()
        HALCONDotNet.HOperatorSet.OpeningCircle(ho_Region, ho_RegionOpening, New HTuple(20))
        '腐蚀区域
        ho_RegionErosion1.Dispose()
        HALCONDotNet.HOperatorSet.ErosionCircle(ho_RegionOpening, ho_RegionErosion1, New HTuple(20))
        '独立非连通域
        ho_ConnectedRegions.Dispose()
        HALCONDotNet.HOperatorSet.Connection(ho_RegionErosion1, ho_ConnectedRegions)
        '统计数量
        hv_Number.Dispose()
```

```
            HALCONDotNet.HOperatorSet.CountObj(ho_ConnectedRegions, hv_Number)
            ' stop(...); only in hdevelop
            '获取面积和区域中心
            hv_Area.Dispose()
            hv_Row.Dispose()
            hv_Column.Dispose()
            HALCONDotNet.HOperatorSet.AreaCenter(ho_ConnectedRegions, hv_Area, hv_Row, hv_
Column)
            '生成圆点用于显示
            Using dh As New HDevDisposeHelper()
                ho_ContCircle.Dispose()
                HALCONDotNet.HOperatorSet.GenCircleContourXld(ho_ContCircle, hv_Row, hv_
Column, HTuple.TupleGenConst(
                    hv_Number, New HTuple(2)), New HTuple(0), New HTuple(6.28318), New
HTuple("positive"),New HTuple(1))
            End Using
            '生成圆区域
            ho_Region1.Dispose()
            HALCONDotNet.HOperatorSet.GenRegionContourXld(ho_ContCircle, ho_Region1, New
HTuple("filled"))
            '设置颜色
            If(HDevWindowStack.IsOpen()) Then
                HALCONDotNet.HOperatorSet.SetColor(hv_WindowHandle, New HTuple("red"))
            End If
            '显示区域
            If(HDevWindowStack.IsOpen()) Then
                HALCONDotNet.HOperatorSet.DispObj(ho_Region1, hv_WindowHandle)
            End If
            ' stop(...); only in hdevelop
            '显示图像
            If(HDevWindowStack.IsOpen()) Then
                HALCONDotNet.HOperatorSet.DispObj(ho_Image, hv_WindowHandle)
            End If
            '显示区域
            If(HDevWindowStack.IsOpen()) Then
                HALCONDotNet.HOperatorSet.DispObj(ho_Region1, hv_WindowHandle)
            End If
            Label2.Text = hv_Number.I
    End Sub

    Private Sub ImageOpen_Click(sender As Object, e As EventArgs) Handles ImageOpen.Click
        ImageOpen_Click()
    End Sub

    Private Sub Count_Click(sender As Object, e As EventArgs) Handles Count.Click
        Count_Click()
    End Sub

End Class
```

运行时需要把"黄豆.jpg"放到工程目录下的 VBApp→bin→×64→Debug 目录下。如果不是 Debug 版,编译的为 Release 版,则放到 Release 目录下。

打开图像运行结果如图 20-15 所示。

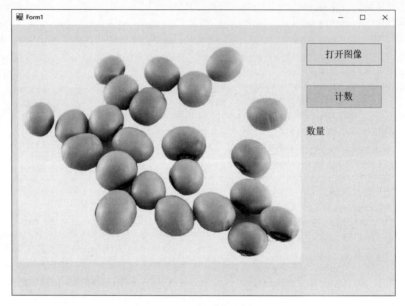

图 20-15　打开图像运行结果

处理图像运行结果如图 20-16 所示。

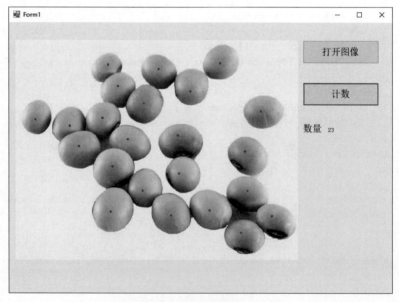

图 20-16　处理图像运行结果

20.2　HALCON 与 C♯ 联合编程——测量

测量是图像处理中的常用方法,通过非接触的光学拍摄得到图像,通过获取图像上的关键点来获取图像的尺寸,通过像素和世界坐标的比例,求得世界距离,从而达到量具的效果。图 20-17 所示是需要测量的圆形零件。

图 20-17　需要测量的圆形零件

程序步骤如下。

1. 新建 C♯ 程序

选择.NET Framework 3.5 运行平台,创建 Windows 窗体应用程序,修改解决方案名称为"圆形零件测量",项目名称也改为"圆形零件测量",如图 20-18 所示。然后单击"确定"按钮,创建 Form1 窗口,如图 20-19 所示。

图 20-18　程序创建窗口

图 20-19　创建的窗口

2. 配置环境

打开"解决方案资源管理器"，右击"引用"，单击"添加引用"，如图 20-20 所示。

图 20-20　添加引用

在引用的对话框中单击"浏览"选项，如图 20-21 所示。

找到 HALCON 目录下的 bin 文件夹中的 dotnet35 文件夹，选择 halcondotnet. dll，如图 20-22 所示，然后单击"确定"按钮。并把 HALCON 根目录→bin 文件夹→X64-Win64 文件夹下的 halcon. dll 文件复制到 C♯项目目录→bin 文件夹→X64 文件夹→Debug 中，并将解决方案配置设为 Debug，将解决方案平台设为 X64。

3. 添加工具

单击窗口右侧的"工具箱"，如图 20-23 所示。在工具箱的空白处右击，单击"添加"选项卡，选项卡的名字为 HALCON。如图 20-24 所示，然后右击 HALCON 选项卡，选择"选择项"，如图 20-25 所示。

图 20-21　添加引用窗口

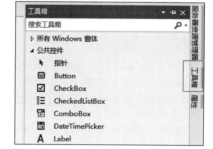

图 20-23　工具箱

图 20-22　dll 文件选择

图 20-24　添加选项卡

图 20-25　选择项

在弹出的窗口单击选择工具箱项中的"浏览",如图 20-26 所示。找到 HALCON 目录下 bin 文件夹中的 dotnet35 文件夹,选择 halcondotnet.dll,如图 20-27 所示,然后单击"确定"按钮。

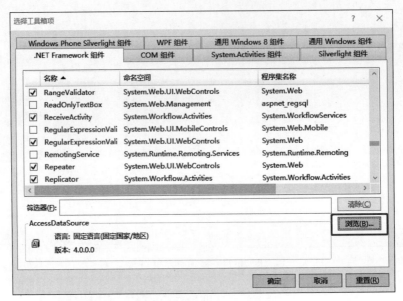

图 20-26　选择工具箱项窗口

图 20-27　dll 文件选择

4. 创建控件

在工具栏中选择一个 Button 控件作为读取图像的按钮,选择一个 Button 控件作为测量按钮,右击 Button→"属性",把打开图像的 Name 改为"ImageOpen",计数的改为"Measure"。外观 Text 一个改为"打开图像",一个改为"测量"。选择一个 Label 作为测量名称,一个 Label 作为测量数据的显示框。Label 测量的 Text 改为"测量",Label 测量数据的显示框 Text 进行删除。所有的控件的属性→外观→Font 改为"宋体常规",大小为 15pt,然后单击工具栏中的 HWindowControl,在界面窗口中添加图像窗口,将窗口属性中 Name 改为 HWindowControl,如图 20-28 所示。

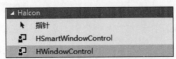

图 20-28　添加 HALCON 窗口

创建结果窗口如图 20-29 所示。

图 20-29　创建结果窗口

5.　编写 HALCON 程序

程序如下：

```
* 关闭窗口更新
dev_update_off()
* 关闭窗口
dev_close_window()
* 读取图像
read_image(Image, '圆轴.jpg')
* 获取图像大小
get_image_size(Image, Width, Height)
* 打开窗口
dev_open_window(0, 0, Width, Height, 'black', WindowHandle)
* 显示图像
dev_display(Image)
* 图像转换为黑白图像
rgb1_to_gray(Image, GrayImage)
* 阈值分割圆
threshold_sub_pix(GrayImage, Border, 128)
* 获取圆形区域
select_shape_xld(Border, SelectedXLD, 'circularity', 'and', 0.97, 1)
* 获取面积为 1500～2500 像素的对象
```

```
select_shape_xld(SelectedXLD, SelectedXLD1, 'area', 'and', 1500, 2500)
* 拟合圆获得圆的平均半径
fit_circle_contour_xld(SelectedXLD1, 'ahuber', -1, 0, 0, 3, 2, Row, Column, Radius, StartPhi,
EndPhi, PointOrder)
* 设置颜色
dev_set_color('red')
* 设置线宽
dev_set_line_width(3)
* 显示图像
dev_display(GrayImage)
* 生成拟合的圆
gen_circle_contour_xld(ContCircle, Row, Column, Radius, StartPhi, EndPhi, 'positive', 1)
* 显示圆
dev_display(ContCircle)
* 显示圆心
disp_cross(WindowHandle, Row, Column, 6, 0)
```

6. 导出 C♯ 程序

依次单击菜单栏中的"文件"→"导出",如图 20-30 所示,导出支持 C♯ 格式的文件,如图 20-31 所示。

图 20-30　文件导出

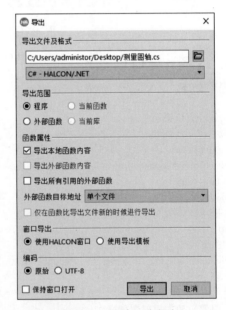

图 20-31　导出 C♯ 程序

7. 在 Form1 中添加 HALCON 代码

双击"读取图像"按钮,系统自动生成单击事件,在单击事件里输入"读取图像代码"。在函数中删除打开窗口语句改为窗口句柄赋值。

双击测量，系统自动生成单击事件，把测量代码插入函数中。

C♯的代码如下：

```csharp
using System;
using System.Collections.Generic;
using System.ComponentModel;
using System.Data;
using System.Drawing;
using System.Linq;
using System.Text;
using System.Threading.Tasks;
using System.Windows.Forms;
using HALCONDotNet;

namespace 圆形零件测量
{

    public partial class Form1 : Form
    {
        public Form1()
        {
            InitializeComponent();
        }
        HObject ho_Image;
        HObject ho_GrayImage;
        HObject ho_Border;
        HObject ho_SelectedXLD;
        HObject ho_SelectedXLD1;
        HObject ho_ContCircle;

        HTuple hv_Width = new HTuple();
        HTuple hv_Height = new HTuple();
        HTuple hv_WindowHandle = new HTuple();
        HTuple hv_Row = new HTuple();
        HTuple hv_Column = new HTuple();
        HTuple hv_Radius = new HTuple();
        HTuple hv_StartPhi = new HTuple();
        HTuple hv_EndPhi = new HTuple();
        HTuple hv_PointOrder = new HTuple();

        private void ReadImage()
        {
            HOperatorSet.GenEmptyObj(out ho_Image);
            ho_Image.Dispose();
            HOperatorSet.ReadImage(out ho_Image, "圆轴.jpg");
            //获取图像大小
            hv_Width.Dispose(); hv_Height.Dispose();
```

```
        HOperatorSet.GetImageSize(ho_Image, out hv_Width, out hv_Height);
        //打开窗口
        HOperatorSet.SetWindowAttr("background_color", "black");
        //窗口赋值
        hv_WindowHandle = hWindowControl1.HALCONWindow;
        HDevWindowStack.Push(hv_WindowHandle);
        //设置全窗口显示
        HALCONDotNet.HOperatorSet.SetPart(hv_WindowHandle, 0, 0, hv_Height - 1, hv_
    Width - 1);
        //显示图像
        if (HDevWindowStack.IsOpen())
        {
            HOperatorSet.DispObj(ho_Image, hv_WindowHandle);
        }
    }

    private void ImageOpen_Click(object sender, EventArgs e)
    {
        ReadImage();
    }

    private void Measure_Click(object sender, EventArgs e)
    {
        ReadImage();
        HOperatorSet.GenEmptyObj(out ho_GrayImage);
        HOperatorSet.GenEmptyObj(out ho_Border);
        HOperatorSet.GenEmptyObj(out ho_SelectedXLD);
        HOperatorSet.GenEmptyObj(out ho_SelectedXLD1);
        HOperatorSet.GenEmptyObj(out ho_ContCircle);
        //图像转换为黑白图像
        ho_GrayImage.Dispose();
        HOperatorSet.Rgb1ToGray(ho_Image, out ho_GrayImage);
        //阈值分割圆
        ho_Border.Dispose();
        HOperatorSet.ThresholdSubPix(ho_GrayImage, out ho_Border, 128);
        //获取圆形区域
        ho_SelectedXLD.Dispose();
        HOperatorSet.SelectShapeXld(ho_Border, out ho_SelectedXLD, "circularity", "and",
    0.97, 1);
        //获取面积为 1500～2500 像素的对象
        ho_SelectedXLD1.Dispose();
        HOperatorSet.SelectShapeXld(ho_SelectedXLD, out ho_SelectedXLD1, "area", "and",
    1500, 2500);
        //拟合圆获得圆的平均半径
        hv_Row.Dispose(); hv_Column.Dispose(); hv_Radius.Dispose(); hv_StartPhi.
    Dispose(); hv_EndPhi.Dispose(); hv_PointOrder.Dispose();
        HOperatorSet.FitCircleContourXld(ho_SelectedXLD1, "ahuber", -1, 0, 0, 3, 2, out
```

```
hv_Row, out hv_Column, out hv_Radius, out hv_StartPhi, out hv_EndPhi, out hv_PointOrder);
            //设置颜色
            if (HDevWindowStack.IsOpen())
            {
                HOperatorSet.SetColor(HDevWindowStack.GetActive(), "red");
            }
            //设置线宽
            if (HDevWindowStack.IsOpen())
            {
                HOperatorSet.SetLineWidth(HDevWindowStack.GetActive(), 3);
            }
            //显示图像
            if (HDevWindowStack.IsOpen())
            {
                HOperatorSet.DispObj(ho_GrayImage, hv_WindowHandle);
            }
            //生成拟合的圆
            ho_ContCircle.Dispose();
             HOperatorSet.GenCircleContourXld(out ho_ContCircle, hv_Row, hv_Column, hv_
Radius, hv_StartPhi, hv_EndPhi, "positive", 1);
            //显示圆
            if (HDevWindowStack.IsOpen())
            {
                HOperatorSet.DispObj(ho_ContCircle, hv_WindowHandle);
            }
            //显示圆心
            HOperatorSet.DispCross(hv_WindowHandle, hv_Row, hv_Column, 6, 0);
            label2.Text = hv_Radius.D.ToString();
            ho_GrayImage.Dispose();
            ho_Border.Dispose();
            ho_SelectedXLD.Dispose();
            ho_SelectedXLD1.Dispose();
            ho_ContCircle.Dispose();

            hv_Width.Dispose();
            hv_Height.Dispose();
            hv_WindowHandle.Dispose();
            hv_Row.Dispose();
            hv_Column.Dispose();
            hv_Radius.Dispose();
            hv_StartPhi.Dispose();
            hv_EndPhi.Dispose();
            hv_PointOrder.Dispose();
        }
    }
}
```

　　C♯运行结果如图 20-32 所示,所测量数值的单位为像素。运行时需要把"圆轴.jpg"放置在 C♯项目下的 bin 文件夹→X64 文件夹→Debug 中。

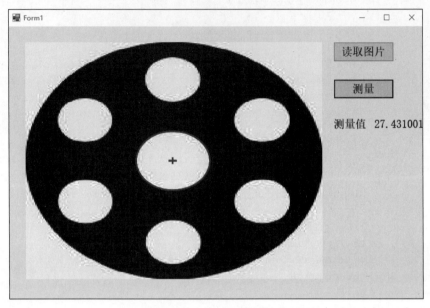

图 20-32　C♯运行结果

20.3　HALCON 与 C++、MFC 联合编程——缺陷检测

　　缺陷检测是图像处理主要的任务之一,缺陷检测通常是指对物品表面缺陷的检测。表面缺陷检测可采用先进的机器视觉检测技术,对工件表面的斑点、凹坑、划痕、色差和缺损等缺陷进行检测。缺陷检测的设计流程如下。通过图像处理来识别图像的缺陷图像如图 20-33 所示。

图 20-33　缺陷图像

1. 创建 C++ MFC 项目

图 20-34 所示为创建一个 MFC 应用程序项目；单击"确定"按钮后，弹出 MFC 应用程序向导；单击"下一步"按钮，如图 20-35 所示；在应用程序类型窗口选中"基于对话框"，如图 20-36 所示；然后单击"下一步"按钮，在用户界面功能窗口使用默认设置，如图 20-37 所示；再次单击"下一步"按钮，在高级功能窗口中选择默认设置，如图 20-38 所示；然后单击"下一步"按钮，在生成的类窗口选择 C 缺陷检测 Dlg，如图 20-39 所示；然后单击"完成"按钮；MCF 窗口生成结果如图 20-40 所示。

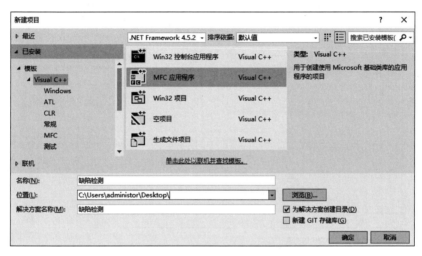

图 20-34　创建 MFC 应用程序

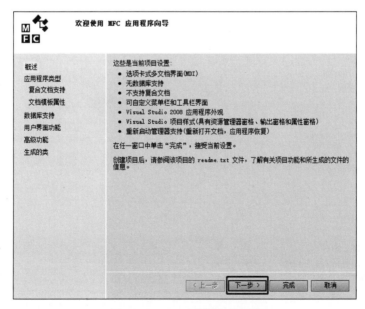

图 20-35　MFC 应用程序向导

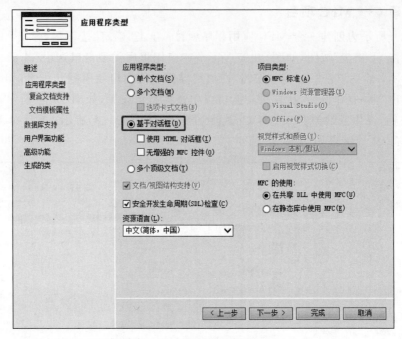

图 20-36　应用程序类型窗口

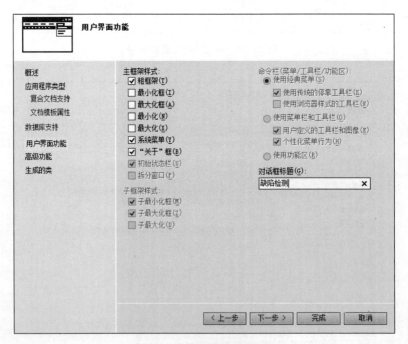

图 20-37　用户界面功能窗口

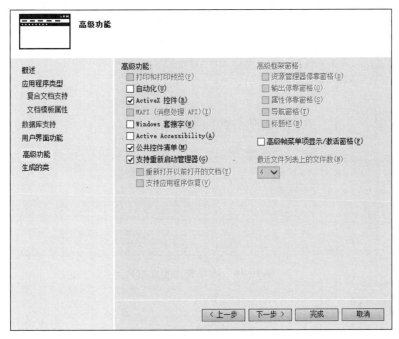

图 20-38　高级功能窗口

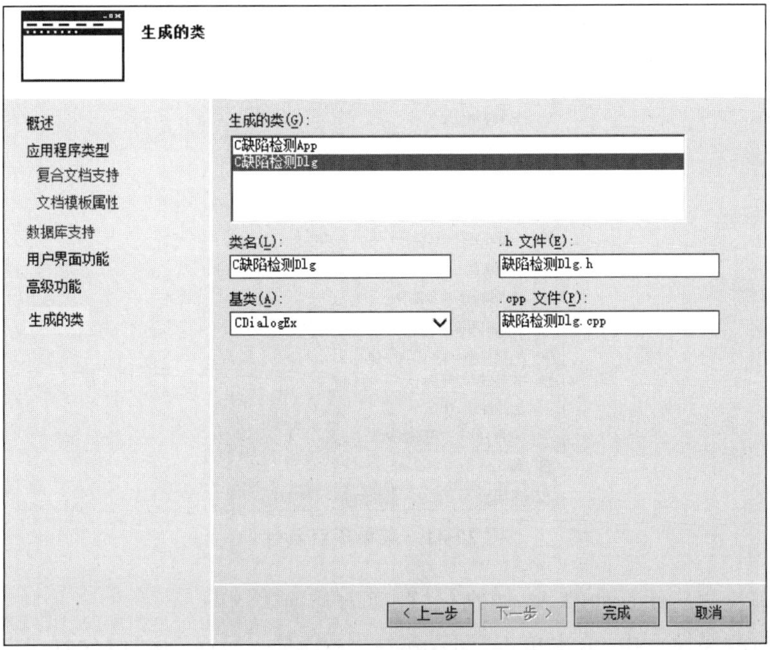

图 20-39　生成的类窗口

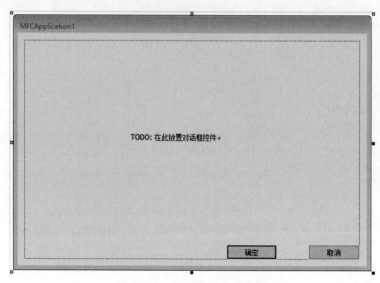

图 20-40　MCF 窗口生成结果

2. 配置环境

选择缺陷检测解决方案,依次单击"菜单"项目→"属性",图 20-41 所示为菜单项目属性。

图 20-41　菜单项目属性

弹出缺陷检测属性页如图 20-42 所示,把平台切换为 X64。

在缺陷检测属性页中,依次单击"配置属性"→"VC++ 目录"→"包含目录",单击右侧下拉三角符号,进行编辑,如图 20-43 所示。在包含目录里单击"新建",然后单击"浏览",选择 HALCON 目录下的 include 文件夹,如图 20-44 所示。

图 20-42　缺陷检测属性页

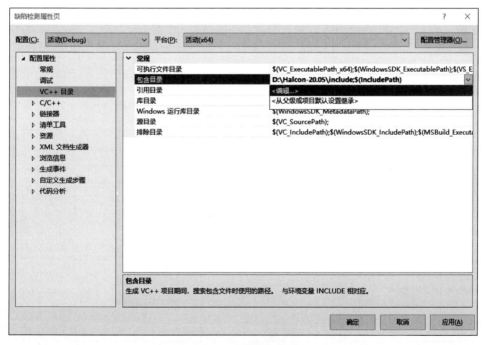

图 20-43　添加包含目录

图 20-44　包含目录窗口

　　然后依次单击"配置属性"→"VC++目录"→"库目录",并单击右侧下拉三角符号,进行编辑。在库目录里单击"新建",然后单击"浏览",选择 HALCON 目录下的 lib 文件夹下的 x64-win64 文件夹,如图 20-45 所示。

　　依次单击"配置属性"→"连接器"→"输入"→"附加依赖项",并单击右侧下拉三角符号,进行编辑。在附加依赖项里面手动输入"halconcpp. lib",如图 20-46 所示,最后单击"确定"按钮完成配置。

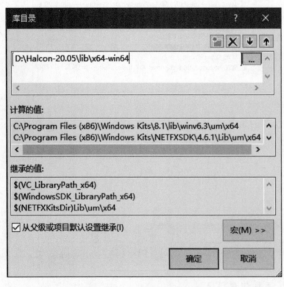

图 20-45　库目录文件夹

图 20-46　附加依赖项窗口

之后把 Halcon 目录下的 bin 文件夹中 X64-win64 文件夹下的 halcon. dll 和 halconcpp. dll 以及 hcanvas. dll 文件复制到工程目录下 X64 文件夹中的 Debug 文件夹中。如果文件夹不存在,需要编译后,文件夹才会创建。

3. 设计控件

在工具栏中添加两个 Button 按钮,如图 20-47 所示,一个为读取图像的按钮,另一个为检测按钮。添加图像窗口,如图 20-48 所示。添加结果如图 20-49 所示。

图 20-47 添加 Button 按钮　　图 20-48 添加 Picture Control

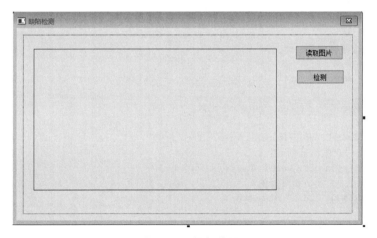

图 20-49 添加结果

4. HALCON 代码编写

HALCON 代码如下:

```
* 关闭更新
dev_update_off()
* 关闭窗口
dev_close_window()
* 读取图像
```

```
read_image(Image, 'defect.png')
* 获取图像大小
get_image_size(Image, Width, Height)
* 打开窗口
dev_open_window(0, 0, Width, Height, 'black', WindowHandle)
* 设置字体
set_display_font(WindowHandle, 14, 'mono', 'true', 'false')
* 设置绘制为边缘
dev_set_draw('margin')
* 设置线宽为 3
dev_set_line_width(3)
* 设置颜色为红色
dev_set_color('red')
* 优化 rft 运行速度
optimize_rft_speed(Width, Height, 'standard')
* 设置最大 sigma
Sigma1 := 10.0
* 设置最小 sigma
Sigma2 := 3.0
* 生成高斯频域掩膜
gen_gauss_filter(GaussFilter1, Sigma1, Sigma1, 0.0, 'none', 'rft', Width, Height)
* 生成高斯频域掩膜
gen_gauss_filter(GaussFilter2, Sigma2, Sigma2, 0.0, 'none', 'rft', Width, Height)
* 求取掩膜的带通
sub_image(GaussFilter1, GaussFilter2, Filter, 1, 0)
* 图像转为灰度
rgb1_to_gray(Image, Image)
* 图像转为频率图
rft_generic(Image, ImageFFT, 'to_freq', 'none', 'complex', Width)
* 进行滤波
convol_fft(ImageFFT, Filter, ImageConvol)
* 转换为时域
rft_generic(ImageConvol, ImageFiltered, 'from_freq', 'n', 'real', Width)
* 确定矩形内的灰度值范围
gray_range_rect(ImageFiltered, ImageResult, 10, 10)
* 获取矩形的最大、最小和范围值
min_max_gray(ImageResult, ImageResult, 0, Min, Max, Range)
* 阈值提前区域
threshold(ImageResult, RegionDynThresh, max([5.55,Max * 0.8]), 255)
* 区域独立
connection(RegionDynThresh, ConnectedRegions)
* 通过面积筛选区域
select_shape(ConnectedRegions, SelectedRegions, 'area', 'and', 4, 99999)
* 联合区域
union1(SelectedRegions, RegionUnion)
* 闭运算区域
closing_circle(RegionUnion, RegionClosing, 10)
* 独立区域
connection(RegionClosing, ConnectedRegions1)
* 选择区域面积
```

```
select_shape(ConnectedRegions1, SelectedRegions1, 'area', 'and', 10, 99999)
* 获取区域中心
area_center(SelectedRegions1, Area, Row, Column)
* 显示图像
dev_display(Image)
* 统计区域个数
Number : = |Area|
if(Number)
    * 绘制圆形
    gen_circle_contour_xld(ContCircle, Row, Column, gen_tuple_const(Number,30), gen_tuple_
const(Number,0), gen_tuple_const(Number,rad(360)), 'positive', 1)
    * 显示结果
    ResultMessage : = ['Not OK',Number + ' defect(s) found']
    * 设置红色
    Color : = ['red','black']
    * 显示圆形
    dev_display(ContCircle)
else
    * 显示结果
    ResultMessage : = 'OK'
    * 设置颜色
    Color : = 'forest green'
endif
* 显示信息
disp_message(WindowHandle, ResultMessage, 'window', 12, 12, Color, 'true')
```

5. 导出 HALCON 代码

依次单击菜单栏中的"文件"→"导出",如图 20-50 所示,导出 C++格式的文件,如图 20-51
所示。

图 20-50 文件导出

图 20-51 导出 C++程序

6. 把 HALCON C++程序填入 C++界面中

运行程序时,要把 defect. png 文件放在 C++工程下的"缺陷检测"对话框下。

(1) Dlg 头文件代码如下:

```
// 缺陷检测 Dlg.h : 头文件
//

# pragma once
# include "halconcpp/HALCONCpp.h"

using namespace HALCONCpp;

// C 缺陷检测 Dlg 对话框 -
class C 缺陷检测 Dlg : public CDialogEx
{
// 构造
public:
    C 缺陷检测 Dlg(CWnd * pParent = NULL);          // 标准构造函数

// 对话框数据
# ifdef AFX_DESIGN_TIME
    enum { IDD = IDD_MY_DIALOG };
# endif

    protected:
    virtual void DoDataExchange(CDataExchange * pDX);    // DDX/DDV 支持


// 实现
protected:
    HICON m_hIcon;

    // 生成的消息映射函数
    virtual BOOL OnInitDialog();
    afx_msg void OnSysCommand(UINT nID, LPARAM lParam);
    afx_msg void OnPaint();
    afx_msg HCURSOR OnQueryDragIcon();
    DECLARE_MESSAGE_MAP()

    //HALCON 函数
    void disp_message(HTuple hv_WindowHandle, HTuple hv_String, HTuple hv_CoordSystem,
        HTuple hv_Row, HTuple hv_Column, HTuple hv_Color, HTuple hv_Box);
    void set_display_font(HTuple hv_WindowHandle, HTuple hv_Size, HTuple hv_Font, HTuple hv_
Bold,HTuple hv_Slant);

    //HALCON 变量
```

```cpp
    HObject ho_Image, ho_GaussFilter1, ho_GaussFilter2;
    HObject ho_Filter, ho_ImageFFT, ho_ImageConvol, ho_ImageFiltered;
    HObject ho_ImageResult, ho_RegionDynThresh, ho_ConnectedRegions;
    HObject ho_SelectedRegions, ho_RegionUnion, ho_RegionClosing;
    HObject ho_ConnectedRegions1, ho_SelectedRegions1, ho_ContCircle;

    HTuple hv_Width, hv_Height, hv_WindowHandle;
    HTuple hv_Sigma1, hv_Sigma2, hv_Min, hv_Max, hv_Range;
    HTuple hv_Area, hv_Row, hv_Column, hv_Number, hv_ResultMessage;
    HTuple hv_Color;

    //MFC按钮触发函数
public:
    afx_msg void OnBnClickedButton1();
    afx_msg void OnBnClickedButton2();
};
```

(2) DlgCpp文件代码如下：

```cpp
// 缺陷检测Dlg.cpp：实现文件
//

# include "stdafx.h"
# include "缺陷检测.h"
# include "缺陷检测Dlg.h"
# include "afxdialogex.h"

# ifdef _DEBUG
# define new DEBUG_NEW
# endif


// 用于应用程序"关于"菜单项的CAboutDlg对话框

class CAboutDlg : public CDialogEx
{
public:
    CAboutDlg();

    // 对话框数据
# ifdef AFX_DESIGN_TIME
    enum { IDD = IDD_ABOUTBOX };
# endif

protected:
    virtual void DoDataExchange(CDataExchange * pDX);    // DDX/DDV 支持
```

```
// 实现
protected:
    DECLARE_MESSAGE_MAP()
};

CAboutDlg::CAboutDlg() : CDialogEx(IDD_ABOUTBOX)
{
}

void CAboutDlg::DoDataExchange(CDataExchange * pDX)
{
    CDialogEx::DoDataExchange(pDX);
}

BEGIN_MESSAGE_MAP(CAboutDlg, CDialogEx)
END_MESSAGE_MAP()


// C 缺陷检测 Dlg 对话框


C 缺陷检测 Dlg::C 缺陷检测 Dlg(CWnd * pParent / * = NULL * /)
    : CDialogEx(IDD_MY_DIALOG, pParent)
{
    m_hIcon = AfxGetApp() - > LoadIcon(IDR_MAINFRAME);
}

void C 缺陷检测 Dlg::DoDataExchange(CDataExchange * pDX)
{
    CDialogEx::DoDataExchange(pDX);
}

BEGIN_MESSAGE_MAP(C 缺陷检测 Dlg, CDialogEx)
    ON_WM_SYSCOMMAND()
    ON_WM_PAINT()
    ON_WM_QUERYDRAGICON()
    ON_BN_CLICKED(IDC_BUTTON1, &C 缺陷检测 Dlg::OnBnClickedButton1)
    ON_BN_CLICKED(IDC_BUTTON2, &C 缺陷检测 Dlg::OnBnClickedButton2)
END_MESSAGE_MAP()


// C 缺陷检测 Dlg 消息处理程序

BOOL C 缺陷检测 Dlg::OnInitDialog()
{
    CDialogEx::OnInitDialog();
```

```
// 将"关于..."菜单项添加到系统菜单中

// IDM_ABOUTBOX 必须在系统命令范围内
ASSERT((IDM_ABOUTBOX & 0xFFF0) == IDM_ABOUTBOX);
ASSERT(IDM_ABOUTBOX < 0xF000);

CMenu * pSysMenu = GetSystemMenu(FALSE);
if(pSysMenu != NULL)
{
    BOOL bNameValid;
    CString strAboutMenu;
    bNameValid = strAboutMenu.LoadString(IDS_ABOUTBOX);
    ASSERT(bNameValid);
    if(!strAboutMenu.IsEmpty())
    {
        pSysMenu -> AppendMenu(MF_SEPARATOR);
        pSysMenu -> AppendMenu(MF_STRING, IDM_ABOUTBOX, strAboutMenu);
    }
}

// 设置此对话框的图标,当应用程序主窗口不是对话框时,框架将自动
// 执行此操作
SetIcon(m_hIcon, TRUE);                              // 设置大图标
SetIcon(m_hIcon, FALSE);                             // 设置小图标

// TODO: 在此添加额外的初始化代码
ReadImage(&ho_Image, "defect.png");
//获取图像大小
GetImageSize(ho_Image, &hv_Width, &hv_Height);
//打开窗口
SetWindowAttr("background_color", "black");
//修改图像控件大小
GetDlgItem(IDC_STATIC) -> MoveWindow(10, 10, hv_Width.I(), hv_Height.I());
//控件句柄
HWND Handle;
//获取图像控件句柄
GetDlgItem(IDC_STATIC, &Handle);
//句柄转换为 long long 型
Hlong MainWndID = (Hlong)Handle;
//打开窗口
OpenWindow(0, 0, hv_Width, hv_Height, MainWndID, "visible", "", &hv_WindowHandle);
//激活窗口
HDevWindowStack::Push(hv_WindowHandle);
//设置颜色为红色
if(HDevWindowStack::IsOpen())
    SetColor(hv_WindowHandle, "red");
```

```
        //设置字体
        set_display_font(hv_WindowHandle, 14, "mono", "true", "false");
        //设置绘制为边缘
        if(HDevWindowStack::IsOpen())
            SetDraw(hv_WindowHandle, "margin");
        //设置线宽为3
        if(HDevWindowStack::IsOpen())
            SetLineWidth(hv_WindowHandle, 3);
        return TRUE;        // 除非将焦点设置到控件,否则返回 TRUE
}


void C 缺陷检测 Dlg::OnSysCommand(UINT nID, LPARAM lParam)
{
    if((nID & 0xFFF0) == IDM_ABOUTBOX)
    {
        CAboutDlg dlgAbout;
        dlgAbout.DoModal();
    }
    else
    {
        CDialogEx::OnSysCommand(nID, lParam);
    }
}


// 如果向对话框添加最小化按钮,则需要下面的代码来绘制该图标
// 对于使用文档/视图模型的 MFC 应用程序,这将由框架自动完成

void C 缺陷检测 Dlg::OnPaint()
{
    if(IsIconic())
    {
        CPaintDC dc(this);                          // 用于绘制的设备上下文

        SendMessage(WM_ICONERASEBKGND, reinterpret_cast < WPARAM >(dc.GetSafeHdc()), 0);

        // 使图标在工作区矩形中居中
        int cxIcon = GetSystemMetrics(SM_CXICON);
        int cyIcon = GetSystemMetrics(SM_CYICON);
        CRect rect;
        GetClientRect(&rect);
        int x = (rect.Width() - cxIcon + 1) / 2;
        int y = (rect.Height() - cyIcon + 1) / 2;

        // 绘制图标
        dc.DrawIcon(x, y, m_hIcon);
    }
    else
```

```
    {
        CDialogEx::OnPaint();
    }
}
```

```
//当用户拖动最小化窗口时系统调用此函数取得光标显示
HCURSOR C 缺陷检测 Dlg::OnQueryDragIcon()
{
    return static_cast < HCURSOR >(m_hIcon);
}
```

```
void C 缺陷检测 Dlg::OnBnClickedButton1()
{
    // TODO: 在此添加控件通知处理程序代码
    DispObj(ho_Image, hv_WindowHandle);
}
```

```
void C 缺陷检测 Dlg::OnBnClickedButton2()
{
    // TODO: 在此添加控件通知处理程序代码
    //优化 rft 运行速度
    OptimizeRftSpeed(hv_Width, hv_Height, "standard");
    //设置最大 sigma
    hv_Sigma1 = 10.0;
    //设置最小 sigma
    hv_Sigma2 = 3.0;
    //生成高斯频域掩膜
    GenGaussFilter(&ho_GaussFilter1, hv_Sigma1, hv_Sigma1, 0.0, "none", "rft", hv_Width,
hv_Height);
    //生成高斯频域掩膜
    GenGaussFilter(&ho_GaussFilter2, hv_Sigma2, hv_Sigma2, 0.0, "none", "rft", hv_Width,
hv_Height);
    //求取掩膜的带通
    SubImage(ho_GaussFilter1, ho_GaussFilter2, &ho_Filter, 1, 0);
    //图像转为灰度
    Rgb1ToGray(ho_Image, &ho_Image);
    //图像转为频率图
    RftGeneric(ho_Image, &ho_ImageFFT, "to_freq", "none", "complex", hv_Width);
    //进行滤波
    ConvolFft(ho_ImageFFT, ho_Filter, &ho_ImageConvol);
    //转换为时域
    RftGeneric(ho_ImageConvol, &ho_ImageFiltered, "from_freq", "n", "real", hv_Width);
    //确定矩形内的灰度值范围
    GrayRangeRect(ho_ImageFiltered, &ho_ImageResult, 10, 10);
    //获取矩形的最大、最小和范围值
    MinMaxGray(ho_ImageResult, ho_ImageResult, 0, &hv_Min, &hv_Max, &hv_Range);
```

```
//阈值提前区域
Threshold(ho_ImageResult, &ho_RegionDynThresh, (HTuple(5.55).TupleConcat(hv_Max *
0.8)).TupleMax(),255);
//区域独立
Connection(ho_RegionDynThresh, &ho_ConnectedRegions);
//通过面积筛选区域
SelectShape(ho_ConnectedRegions, &ho_SelectedRegions, "area", "and", 4, 99999);
//联合区域
Union1(ho_SelectedRegions, &ho_RegionUnion);
//闭运算区域
ClosingCircle(ho_RegionUnion, &ho_RegionClosing, 10);
//独立区域
Connection(ho_RegionClosing, &ho_ConnectedRegions1);
//选择区域面积
SelectShape(ho_ConnectedRegions1, &ho_SelectedRegions1, "area", "and", 10, 99999);
//获取区域中心
AreaCenter(ho_SelectedRegions1, &hv_Area, &hv_Row, &hv_Column);
//显示图像
if (HDevWindowStack::IsOpen())
    DispObj(ho_Image, HDevWindowStack::GetActive());
//统计区域个数
hv_Number = hv_Area.TupleLength();
if (0 != hv_Number)
{
    //绘制圆形
    GenCircleContourXld(&ho_ContCircle, hv_Row, hv_Column, HTuple(hv_Number, 30),
        HTuple(hv_Number, 0), HTuple(hv_Number, HTuple(360).TupleRad()), "positive",1);
    //显示结果
    hv_ResultMessage.Clear();
    hv_ResultMessage[0] = "Not OK";
    hv_ResultMessage.Append(hv_Number + " defect(s) found");
    //设置红色
    hv_Color.Clear();
    hv_Color[0] = "red";
    hv_Color[1] = "black";
    //显示圆形
    if (HDevWindowStack::IsOpen())
        DispObj(ho_ContCircle, HDevWindowStack::GetActive());
}
else
{
    //显示结果
    hv_ResultMessage = "OK";
    //设置颜色
    hv_Color = "forest green";
}
//显示信息
```

```
    disp_message(hv_WindowHandle, hv_ResultMessage, "window", 12, 12, hv_Color, "true");

}

void C缺陷检测Dlg::disp_message(HTuple hv_WindowHandle, HTuple hv_String, HTuple hv_
CoordSystem,
    HTuple hv_Row, HTuple hv_Column, HTuple hv_Color, HTuple hv_Box)
{

    //本地控制变量
    HTuple hv_GenParamName, hv_GenParamValue;

    //此过程在图形窗口中显示文本
    //输入参数
    //WindowHandle：图形窗口的句柄，消息在此处显示
    //CoordSystem：如果设置为"window"，文本位置将根据窗口坐标系统给出，如果设置为"image"，
    //则使用图像坐标
    //Row：所需文本位置的行坐标
    //Column：所需文本位置的列坐标
    //Color：将文本颜色定义为字符串
    //Box：如果Box[0]被设为"true"，文本将被写入一个橙色的Box中，设置为"false"，则不显示方框
    if (0 != (HTuple(int(hv_Row == HTuple())).TupleOr(int(hv_Column == HTuple()))))
    {
        return;
    }
    if (0 != (int(hv_Row == -1)))
    {
        hv_Row = 12;
    }
    if (0 != (int(hv_Column == -1)))
    {
        hv_Column = 12;
    }
    //将参数转换为通用参数
    hv_GenParamName = HTuple();
    hv_GenParamValue = HTuple();
    if (0 != (int((hv_Box.TupleLength()) > 0)))
    {
        if (0 != (int(HTuple(hv_Box[0]) == HTuple("false"))))
        {
            //不显示方框
            hv_GenParamName = hv_GenParamName.TupleConcat("box");
            hv_GenParamValue = hv_GenParamValue.TupleConcat("false");
        }
        else if (0 != (int(HTuple(hv_Box[0]) != HTuple("true"))))
        {
            //设置不同于默认颜色的方框
```

```
                        hv_GenParamName = hv_GenParamName.TupleConcat("box_color");
                        hv_GenParamValue = hv_GenParamValue.TupleConcat(HTuple(hv_Box[0]));
                }
        }
        if (0 != (int((hv_Box.TupleLength()) > 1)))
        {
                if (0 != (int(HTuple(hv_Box[1]) == HTuple("false"))))
                {
                        //不显示阴影
                        hv_GenParamName = hv_GenParamName.TupleConcat("shadow");
                        hv_GenParamValue = hv_GenParamValue.TupleConcat("false");
                }
                else if (0 != (int(HTuple(hv_Box[1]) != HTuple("true"))))
                {
                        //设置不同于默认颜色的阴影
                        hv_GenParamName = hv_GenParamName.TupleConcat("shadow_color");
                        hv_GenParamValue = hv_GenParamValue.TupleConcat(HTuple(hv_Box[1]));
                }
        }
        //恢复默认的 CoordSystem
        if (0 != (int(hv_CoordSystem != HTuple("window"))))
        {
                hv_CoordSystem = "image";
        }
        //
        if (0 != (int(hv_Color == HTuple(""))))
        {
                //不接受空字符串作为颜色
                hv_Color = HTuple();
        }
        //
        DispText(hv_WindowHandle, hv_String, hv_CoordSystem, hv_Row, hv_Column, hv_Color,
hv_GenParamName, hv_GenParamValue);
        return;
}


void C缺陷检测Dlg::set_display_font(HTuple hv_WindowHandle, HTuple hv_Size, HTuple hv_Font,
HTuple hv_Bold, HTuple hv_Slant)
{

        //本地控制变量
        HTuple hv_OS, hv_Fonts, hv_Style, hv_Exception;
        HTuple hv_AvailableFonts, hv_Fdx, hv_Indices;

        //本程序将当前窗口的文本设置为指定的属性
        //输入参数:
```

```
//WindowHandle: 字体设置的窗口句柄
//Size: 字体大小. 如果 Size = 1,则使用默认的 16
//Bold: 如果设置为"true",则使用粗体字体
//Slant: 如果设置为"true",则使用倾斜字体
GetSystem("operating_system", &hv_OS);
if (0 != (HTuple(int(hv_Size == HTuple())).TupleOr(int(hv_Size == -1)))))
{
    hv_Size = 16;
}
if (0 != (int((hv_OS.TupleSubstr(0, 2)) == HTuple("Win"))))
{
    //恢复之前的设置
    hv_Size = (1.13677 * hv_Size).TupleInt();
}
else
{
    hv_Size = hv_Size.TupleInt();
}
if (0 != (int(hv_Font == HTuple("Courier"))))
{
    hv_Fonts.Clear();
    hv_Fonts[0] = "Courier";
    hv_Fonts[1] = "Courier 10 Pitch";
    hv_Fonts[2] = "Courier New";
    hv_Fonts[3] = "CourierNew";
    hv_Fonts[4] = "Liberation Mono";
}
else if (0 != (int(hv_Font == HTuple("mono"))))
{
    hv_Fonts.Clear();
    hv_Fonts[0] = "Consolas";
    hv_Fonts[1] = "Menlo";
    hv_Fonts[2] = "Courier";
    hv_Fonts[3] = "Courier 10 Pitch";
    hv_Fonts[4] = "FreeMono";
    hv_Fonts[5] = "Liberation Mono";
}
else if (0 != (int(hv_Font == HTuple("sans"))))
{
    hv_Fonts.Clear();
    hv_Fonts[0] = "Luxi Sans";
    hv_Fonts[1] = "DejaVu Sans";
    hv_Fonts[2] = "FreeSans";
    hv_Fonts[3] = "Arial";
    hv_Fonts[4] = "Liberation Sans";
}
else if (0 != (int(hv_Font == HTuple("serif"))))
{
    hv_Fonts.Clear();
    hv_Fonts[0] = "Times New Roman";
```

```
        hv_Fonts[1] = "Luxi Serif";
        hv_Fonts[2] = "DejaVu Serif";
        hv_Fonts[3] = "FreeSerif";
        hv_Fonts[4] = "Utopia";
        hv_Fonts[5] = "Liberation Serif";
    }
    else
    {
        hv_Fonts = hv_Font;
    }
    hv_Style = "";
    if (0 != (int(hv_Bold == HTuple("true"))))
    {
        hv_Style += HTuple("Bold");
    }
    else if (0 != (int(hv_Bold != HTuple("false"))))
    {
        hv_Exception = "Wrong value of control parameter Bold";
        throw HException(hv_Exception);
    }
    if (0 != (int(hv_Slant == HTuple("true"))))
    {
        hv_Style += HTuple("Italic");
    }
    else if (0 != (int(hv_Slant != HTuple("false"))))
    {
        hv_Exception = "Wrong value of control parameter Slant";
        throw HException(hv_Exception);
    }
    if (0 != (int(hv_Style == HTuple(""))))
    {
        hv_Style = "Normal";
    }
    QueryFont(hv_WindowHandle, &hv_AvailableFonts);
    hv_Font = "";
    {
        HTuple end_val48 = (hv_Fonts.TupleLength()) - 1;
        HTuple step_val48 = 1;
        for (hv_Fdx = 0; hv_Fdx.Continue(end_val48, step_val48); hv_Fdx += step_val48)
        {
            hv_Indices = hv_AvailableFonts.TupleFind(HTuple(hv_Fonts[hv_Fdx]));
            if (0 != (int((hv_Indices.TupleLength()) > 0)))
            {
                if (0 != (int(HTuple(hv_Indices[0]) >= 0)))
                {
                    hv_Font = HTuple(hv_Fonts[hv_Fdx]);
```

```
                break;
            }
        }
    }
}
if (0 != (int(hv_Font == HTuple(""))))
{
    throw HException("Wrong value of control parameter Font");
}
hv_Font = (((hv_Font + " - ") + hv_Style) + " - ") + hv_Size;
HALCONCpp::SetFont(hv_WindowHandle, hv_Font);
return;
}
```

读取图像的结果如图 20-52 所示，测试结果如图 20-53 所示。

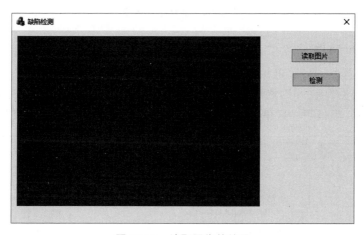

图 20-52　读取图像的结果

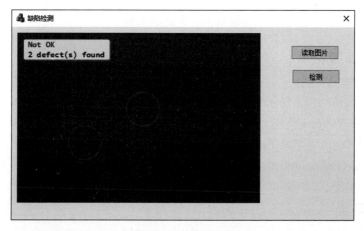

图 20-53　测试结果

20.4 HALCON 与 C++、Qt 联合编程——定位

定位是机器视觉的基础任务之一,在引导机器人抓取零件和搬运物料时都需要明确物体的定位点。一般情况下,使用物体的中心坐标作为定位点。对于不规则的零件会指定特定的定位点。定位的精度直接影响到装配和放置的准确性,也可能因为定位不准造成机器与材料相撞等事故。通过图像处理可以定位图像中的零件中心,如图 20-54 所示。

图 20-54　零件中心图像

1. 安装 Qt 插件

在 VS 中选择"工具"菜单栏,在"工具"菜单栏下面选择"扩展和更新",选择"联机"栏,在搜索框中搜索关键字"qt",然后安装 Qt Visual Studio Tools,如图 20-55 所示,安装完成后就可以创建 Qt 项目了。这里使用的是 2.4.2 的版本,其他版本的界面类似。

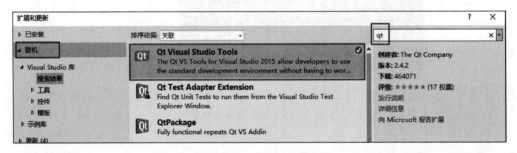

图 20-55　安装 Qt 插件

2. 创建 Qt 项目

如图 20-56 所示,选择一个 Qt GUI Application 项目,然后单击"确定"按钮。进入 Qt 项目向导界面,如图 20-57 所示;单击 Next 按钮,进入模块选择界面,如图 20-58 所示;选中 Core、GUI 和 Widgets 模块,然后单击 Next 按钮,进入窗口类选择界面,如图 20-59 所示;使用默认选择,然后单击 Finish 按钮完成创建。

通过双击 QtGuiApplication. ui 获取创建的结果,如图 20-60 所示。窗口视图如图 20-61 所示。

3. 配置环境

选择缺陷检测解决方案,依次单击"菜单"项目→"属性",如图 20-62 所示。

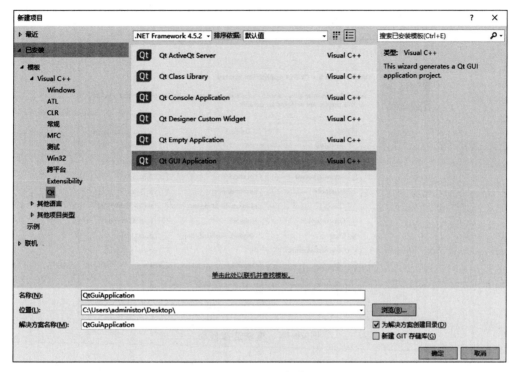

图 20-56　Qt 项目创建界面

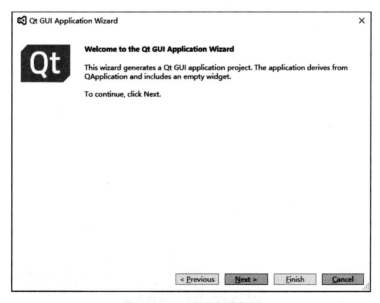

图 20-57　Qt 项目向导界面

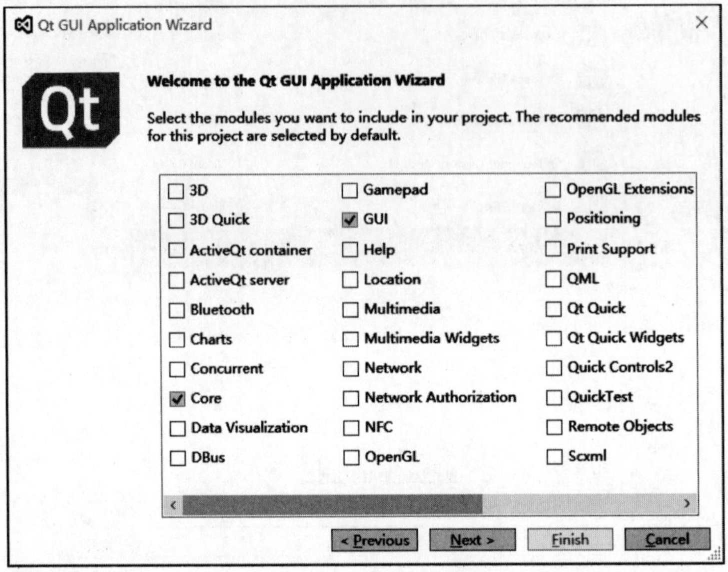

图 20-58 模块选择界面

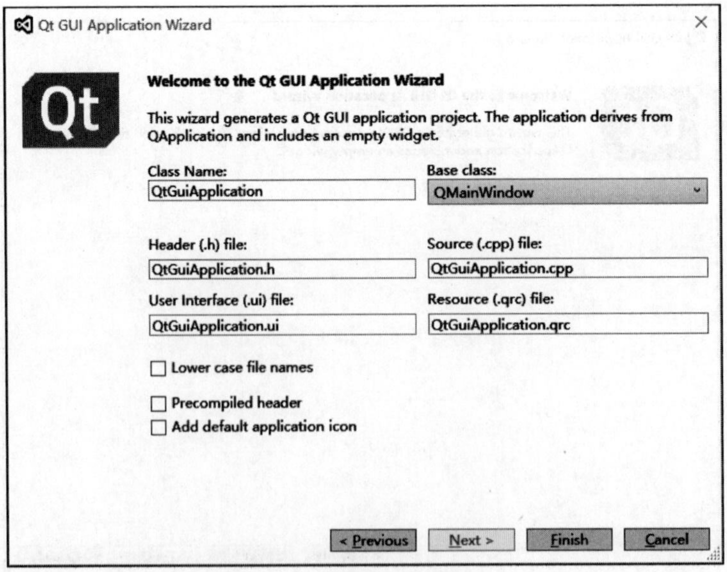

图 20-59 窗口类选择界面

图 20-60　双击 QtGuiApplication.ui 文件

图 20-61　窗口视图

图 20-62　菜单项目属性

弹出缺陷检测属性页,如图 20-63 所示,把平台切换为 X64。

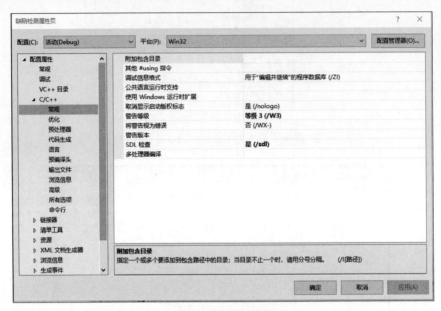

图 20-63　缺陷检测属性页

在缺陷检测属性页中,依次单击"配置属性"→"VC++目录"→"包含目录",并单击右侧下拉三角符号,进行编辑,如图 20-64 所示。在包含目录里面单击"新建",然后单击"浏览",选择 HALCON 目录下的 include 文件夹,如图 20-65 所示。

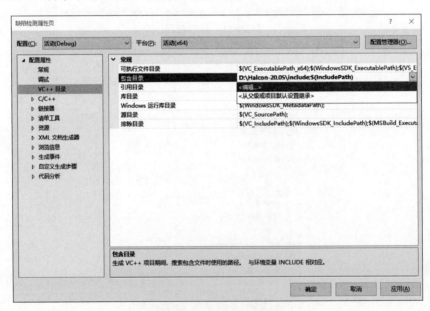

图 20-64　添加包含目录

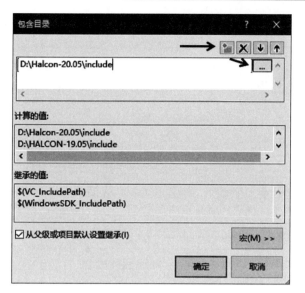

图 20-65　包含目录窗口

　　然后依次单击"配置属性"→"VC++目录"→"库目录",单击右侧下拉三角符号,进行编辑。在库目录里面单击"新建",然后单击"浏览",选择 HALCON 目录中 lib 文件夹下的 x64-win64 文件夹,如图 20-66 所示。

图 20-66　库目录文件夹

　　依次单击"配置属性"→"连接器"→"输入"→"附加依赖项",单击右侧下拉三角符号,进行编辑。在附加依赖项里手动输入"halconcpp. lib",如图 20-67 所示,最后单击"确定"按钮完成配置。

　　之后把 Halcon 目录下 bin 文件夹中 X64-win64 文件夹下的 halcon. dll 文件和 halconcpp. dll 文件复制到工程目录下 X64 文件夹中的 Debug 文件夹中。如果文件夹不存在,需要编译后文件夹才会创建。

图 20-67　附加依赖项窗口

把 Qt 的安装目录下的 msvc2015_64\bin 和 msvc2015_64\plugins 加入环境变量中,这样不需要把 dll 复制到工程目录下面,程序也能找到 Qt 的 dll。

添加步骤如下:

(1) 右击"我的电脑",选择"属性",进入系统界面。

(2) 如图 20-68 所示,选择左边的"高级系统设置",进入系统界面。

图 20-68　系统界面

(3) 单击右下角的"环境变量",如图 20-69 所示。

(4) 在系统变量栏中找到 Path 变量,单击下面的"编辑"按钮进入编辑状态,如图 20-70 所示。

(5) 在编辑界面单击"新建"按钮,如图 20-71 所示;把 D:\qt5.12.6\5.12.6\msvc2015_64\bin 和 D:\qt5.12.6\5.12.6\msvc2015_64\plugins 目录添加到 Path 变量内,然后单击"确定"按钮。这里的安装目录是 D:\qt5.12.6\5.12.6,用户可以根据自己的安装目录来填写。

图 20-69　系统属性窗口

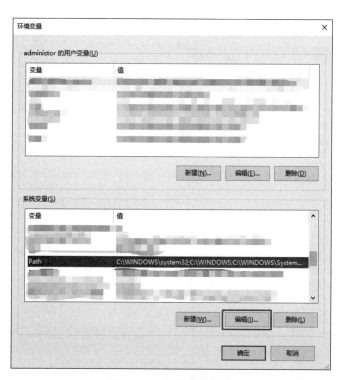

图 20-70　环境变量窗口

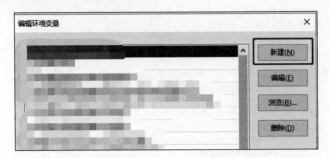

图 20-71　编辑环境变量窗口

4．设计控件

在 Buttons 选项卡中添加两个 Push Button 按钮，如图 20-72 所示；一个按钮作为读取图像的按钮，另一个作为定位按钮；添加 Widget 窗口，如图 20-73 所示，添加 4 个 Label 作为 x、y 坐标的标题和显示框，如图 20-74 所示；添加结果如图 20-75 所示。

图 20-72　Push Button 按钮

图 20-73　Widget 窗口

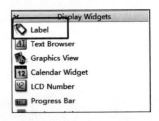

图 20-74　Label 控件

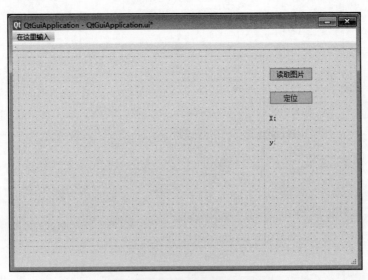

图 20-75　添加结果

5. HALCON 代码编写

HALCON 代码编写如下。

```
* 关闭窗口更新
dev_update_off()
* 关闭窗口
dev_close_window()
* 初始化定位结果行坐标
Row: = []
* 初始化定位结果列坐标
Column: = []
* 读取图像
read_image(Image, '定位.png')
* 获取图像大小
get_image_size(Image, Width, Height)
* 打开适合图像的窗口
dev_open_window(0, 0, Width, Height, 'black', WindowHandle)
* 亚像素阈值获取边界
threshold_sub_pix(Image, Border, 128)
* 筛选圆度大于 0.95 的边界
select_shape_xld(Border, SelectedXLD, 'circularity', 'and', 0.95, 1)
* 筛选内孔
select_shape_xld(SelectedXLD, SelectedXLD1, 'area', 'and', 1000, 3000)
* 获取内孔中心
area_center_points_xld(SelectedXLD1, Area, Row, Column)
* 生成十字点
gen_cross_contour_xld(Cross, Row, Column, 16, 0.785398)
* 设置颜色
dev_set_color('green')
* 设置线宽
dev_set_line_width(3)
* 显示图像
dev_display(Image)
* 显示内孔边界
dev_display(SelectedXLD1)
* 设置颜色
dev_set_color('red')
* 显示中心点
dev_display(Cross)
```

6. 导出 HALCON 代码

依次单击菜单栏中的"文件"→"导出",如图 20-76 所示；导出 C++ 文件,如图 20-77 所示。

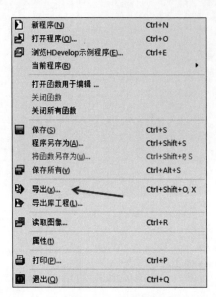

图 20-76　文件导出

图 20-77　导出 C++ 程序

7. 把 HALCON C++ 程序填入 Qt 界面中

运行代码之前,把 location. png 放到工程目录下的 QtGuiApplication 文件夹下。

(1) QtGuiApplication. h 文件代码如下:

```
#pragma once

#include <QtWidgets/QMainWindow>
#include "ui_QtGuiApplication.h"
#include "halconcpp/HALCONCpp.h"

using namespace HALCONCpp;

class QtGuiApplication : public QMainWindow
{
    Q_OBJECT

public:
    QtGuiApplication(QWidget * parent = Q_NULLPTR);

private:
    Ui::QtGuiApplicationClass ui;
    Hlong WindowHandle;
    HObject ho_Image;
```

```
        HObject ho_Border;
        HObject ho_SelectedXLD;
        HObject ho_SelectedXLD1;
        HObject ho_Cross;
        HTuple hv_Row;
        HTuple hv_Column;
        HTuple hv_Width;
        HTuple hv_Height;
        HTuple hv_WindowHandle;
        HTuple hv_Area;
public slots:
        void on_pushButton_clicked();
        void on_pushButton_2_clicked();
};
```

（2）QtGuiApplication.cpp 文件代码如下：

```
# include "QtGuiApplication.h"

QtGuiApplication::QtGuiApplication(QWidget * parent)
        : QMainWindow(parent)
{
    ui.setupUi(this);
    WindowHandle = ui.widget->winId();
    //设置背景颜色
    SetWindowAttr("background_color", "black");
    //打开窗口
    OpenWindow(0, 0, 431, 321, WindowHandle, "visible", "", &hv_WindowHandle);
    //激活窗口
    HDevWindowStack::Push(hv_WindowHandle);
}


void QtGuiApplication::on_pushButton_clicked()
{
    //读取图像
    ReadImage(&ho_Image, "location.png");
    //显示图像
    if (HDevWindowStack::IsOpen())
        DispObj(ho_Image, HDevWindowStack::GetActive());
}


void QtGuiApplication::on_pushButton_2_clicked()
{
    on_pushButton_clicked();
    //亚像素阈值获取边界
    ThresholdSubPix(ho_Image, &ho_Border, 128);
    //筛选圆度大于0.95的边界
    SelectShapeXld(ho_Border, &ho_SelectedXLD, "circularity", "and", 0.95, 1);
```

```
//筛选内孔
SelectShapeXld(ho_SelectedXLD, &ho_SelectedXLD1, "area", "and", 1000, 3000);
//获取内孔中心
AreaCenterPointsXld(ho_SelectedXLD1, &hv_Area, &hv_Row, &hv_Column);
//生成十字点
GenCrossContourXld(&ho_Cross, hv_Row, hv_Column, 16, 0.785398);
//设置颜色
if (HDevWindowStack::IsOpen())
    SetColor(HDevWindowStack::GetActive(), "green");
//设置线宽
if (HDevWindowStack::IsOpen())
    SetLineWidth(HDevWindowStack::GetActive(), 3);
//显示图像
if (HDevWindowStack::IsOpen())
    DispObj(ho_Image, HDevWindowStack::GetActive());
//显示内孔边界
if (HDevWindowStack::IsOpen())
    DispObj(ho_SelectedXLD1, HDevWindowStack::GetActive());
//设置颜色
if (HDevWindowStack::IsOpen())
    SetColor(HDevWindowStack::GetActive(), "red");
//显示中心点
if (HDevWindowStack::IsOpen())
    DispObj(ho_Cross, HDevWindowStack::GetActive());
//显示坐标
ui.label_2->setText(QString::number(hv_Column.D()));
ui.label_4->setText(QString::number(hv_Row.D()));


}
```

双击 UI 文件,进入 UI 编辑界面,单击窗体菜单下的"查看代码"按钮,可以查看到 UI 代码。

(3) UI 文件代码如下:

```
/********************************************************************
***********
** 读取 UI 文件 QtGuiApplicationVYGwtA.ui
**
** 创建:Qt 用户界面编译器版本 5.12.6
**
** 警告!当重新编译 UI 文件时,在此文件中所做的所有更改都将丢失!
********************************************************************
**********/

#ifndef QTGUIAPPLICATIONVYGWTA_H
#define QTGUIAPPLICATIONVYGWTA_H
```

```cpp
# include < QtCore/QVariant >
# include < QtWidgets/QApplication >
# include < QtWidgets/QLabel >
# include < QtWidgets/QMainWindow >
# include < QtWidgets/QMenuBar >
# include < QtWidgets/QPushButton >
# include < QtWidgets/QStatusBar >
# include < QtWidgets/QToolBar >
# include < QtWidgets/QWidget >

QT_BEGIN_NAMESPACE

class Ui_QtGuiApplicationClass
{
public:
QWidget * centralWidget;
QPushButton * pushButton;
QPushButton * pushButton_2;
QWidget * widget;
QLabel * label;
QLabel * label_2;
QLabel * label_3;
QLabel * label_4;
QMenuBar * menuBar;
QToolBar * mainToolBar;
QStatusBar * statusBar;

void setupUi(QMainWindow * QtGuiApplicationClass)
{
if (QtGuiApplicationClass - > objectName().isEmpty())
QtGuiApplicationClass - > setObjectName(QString::fromUtf8("QtGuiApplicationClass"));
QtGuiApplicationClass - > resize(600, 400);
centralWidget = new QWidget(QtGuiApplicationClass);
centralWidget - > setObjectName(QString::fromUtf8("centralWidget"));
pushButton = new QPushButton(centralWidget);
pushButton - > setObjectName(QString::fromUtf8("pushButton"));
pushButton - > setGeometry(QRect(450, 30, 75, 23));
pushButton_2 = new QPushButton(centralWidget);
pushButton_2 - > setObjectName(QString::fromUtf8("pushButton_2"));
pushButton_2 - > setGeometry(QRect(450, 70, 75, 23));
widget = new QWidget(centralWidget);
widget - > setObjectName(QString::fromUtf8("widget"));
widget - > setGeometry(QRect(10, 10, 431, 321));
label = new QLabel(centralWidget);
label - > setObjectName(QString::fromUtf8("label"));
label - > setGeometry(QRect(450, 110, 54, 12));
label_2 = new QLabel(centralWidget);
label_2 - > setObjectName(QString::fromUtf8("label_2"));
label_2 - > setGeometry(QRect(450, 130, 54, 12));
label_3 = new QLabel(centralWidget);
```

```
label_3 -> setObjectName(QString::fromUtf8("label_3"));
label_3 -> setGeometry(QRect(450, 150, 54, 12));
label_4 = new QLabel(centralWidget);
label_4 -> setObjectName(QString::fromUtf8("label_4"));
label_4 -> setGeometry(QRect(450, 170, 54, 12));
QtGuiApplicationClass -> setCentralWidget(centralWidget);
menuBar = new QMenuBar(QtGuiApplicationClass);
menuBar -> setObjectName(QString::fromUtf8("menuBar"));
menuBar -> setGeometry(QRect(0, 0, 600, 23));
QtGuiApplicationClass -> setMenuBar(menuBar);
mainToolBar = new QToolBar(QtGuiApplicationClass);
mainToolBar -> setObjectName(QString::fromUtf8("mainToolBar"));
QtGuiApplicationClass -> addToolBar(Qt::TopToolBarArea, mainToolBar);
statusBar = new QStatusBar(QtGuiApplicationClass);
statusBar -> setObjectName(QString::fromUtf8("statusBar"));
QtGuiApplicationClass -> setStatusBar(statusBar);

retranslateUi(QtGuiApplicationClass);

QMetaObject::connectSlotsByName(QtGuiApplicationClass);
} //设置 UI

void retranslateUi(QMainWindow * QtGuiApplicationClass)
{
QtGuiApplicationClass -> setWindowTitle(QApplication::translate("QtGuiApplicationClass",
"QtGuiApplication", nullptr));
pushButton -> setText(QApplication::translate("QtGuiApplicationClass", "\350\257\273\345\
217\226\345\233\276\347\211\207", nullptr));
pushButton_2 -> setText(QApplication::translate("QtGuiApplicationClass", "\345\256\232\344
\275\215", nullptr));
label -> setText(QApplication::translate("QtGuiApplicationClass", "X\357\274\232",
nullptr));
label_2 -> setText(QString());
label_3 -> setText(QApplication::translate("QtGuiApplicationClass", "y:", nullptr));
label_4 -> setText(QString());
} //重写 UI

};

namespace Ui {
class QtGuiApplicationClass: public Ui_QtGuiApplicationClass{};
} //名称空间

QT_END_NAMESPACE

# endif // QTGUIAPPLICATIONVYGWTA_H
```

(4) main.cpp 文件代码如下。

```
# include "QtGuiApplication.h"
```

```
# include < QtWidgets/QApplication >

int main( int argc, char * argv[ ])
{
    QApplication a( argc, argv);
    QtGuiApplication w;
    w. show( );
    return a. exec( );
}
```

使用 Qt 时,图像的名称和存储的地址避免出现中文,否则会引起读取错误。

读取图像结果如图 20-78 所示,处理结果如图 20-79 所示。

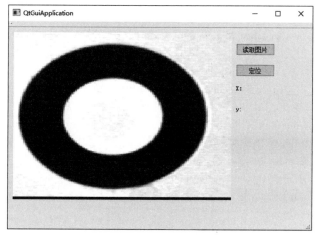

图 20-78　读取图像结果

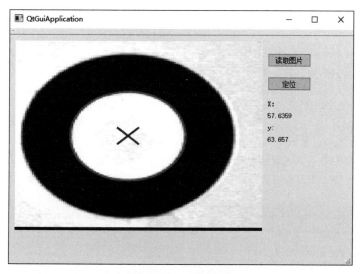

图 20-79　处理结果

参 考 文 献

［1］ Steger C，Ulrich M，Wiedemann C. Machine Vision Algorithms and Applications［M］. Weinheim：Wiley-VCH，2008.

［2］ 李莉，孙立军，陈长. 改进的路面图像背景校正算法［J］. 同济大学学报（自然科学版），2011，39（1）：79-84.

［3］ Doyle W. Operations Useful for Similarity-Invariant Pattern Recongnition. The Journal of the ACM，1962，9（2）：259-267.

［4］ Asharindavida F，Hundewale N，Aljahdali S. Study on Hexagonal Grid in Image Processing［D］. Taif：Taif University，2012.

［5］ Danielsson. Euclidean Distance Mapping［J］. Computer Graphics and Image Processing，1980，14：227-248.

［6］ Alahi A，Ortiz R，Vandergheynst P. FREAK：Fast Retina Keypoint［J］. IEEE Conference on Computer Vision & Pattern Recognition，2012，157（10）：510-517.

［7］ AIbus J S，Hong T H. Motion，depth and image flow［J］. In Proceedings of the 1990 IEEE International Conference on Robotics and Automation，1990，6（3）：1161-1170.

［8］ Baker S T，Thompson W B. Disparity analysis of images［J］. IEEE Transactions on Pattern Analysis and Machine Intelligence，1980，2（4）：33-340.

［9］ Baumberg A M，Hogg D C. An efficient method of contour tracking using active shape models［J］. In Proceedings od the IEEE Workshop on motion on Non-rigid and Aritculated Objects，1994，5（2）：194-199.

［10］ Hu M K. Visual Pattern Recognition by Moment Invariants［J］. IRE Transactions on Information Theory，1962，8（2）：179-187.

［11］ R M HARALICK，L G SHAPIRO. Computer and Robot Vision ［M］. New Jersey：Addison Wesley，1992.

［12］ P SolLLE. Morphological Image Analysis［M］. 2nd edition. Berlin：Springer-VerLag，2003.

［13］ G Borgefors. Distance transformation in arbitrary dimensions［J］. Computer Vision，Graphics，and Image Processing，1984，27：321-345.

［14］ 张毓晋. 图像工程［M］. 3 版. 北京：清华大学出版社，2012.

［15］ 刁智华，吴贝贝，毋媛媛，等. 基于图像处理的骨架提取算法的应用研究［J］. 计算机科学，2016，43（sl）：232-235.

［16］ 李世雄. 小波变换及其应用［M］. 北京：高等教育出版社，1997.

［17］ 杨高科. 图像处理、分析与机器视觉：基于 LabVIEW［M］. 北京：清华大学出版社，2018.

［18］ HLAVAC V，BOYLE R. 图像处理、分析与机器视觉［M］. 兴军亮，等译. 4 版. 北京：清华大学出版社，2016.

［19］ Carsten Steger，Markus Ulrich，Christian Wiedemann. 机器视觉算法与应用［M］. 杨少荣，等译. 北京：清华大学出版社，2019.

图 书 资 源 支 持

感谢您一直以来对清华大学出版社图书的支持和爱护。为了配合本书的使用，本书提供配套的资源，有需求的读者请扫描下方的"书圈"微信公众号二维码，在图书专区下载，也可以拨打电话或发送电子邮件咨询。

如果您在使用本书的过程中遇到了什么问题，或者有相关图书出版计划，也请您发邮件告诉我们，以便我们更好地为您服务。

我们的联系方式：

教学资源·教学样书·新书信息

地　　址：北京市海淀区双清路学研大厦 A 座 701

邮　　编：100084

电　　话：010-83470236　010-83470237

资源下载：http://www.tup.com.cn

客服邮箱：tupjsj@vip.163.com

QQ：2301891038（请写明您的单位和姓名）

用微信扫一扫右边的二维码，即可关注清华大学出版社公众号。

人工智能科学与技术
人工智能|电子通信|自动控制

资料下载·样书申请

书圈